化学工业出版社"十四五"普通高等教育规划教材

普通高等教育一流本科专业建设成果教材

大数据管理

DASHUJU GUANLI

杨 柳
何 庆
杜逆索
张 欣 主编

化学工业出版社

·北京·

内 容 简 介

《大数据管理》既包括了大数据管理的相关技术知识，也涵盖了大数据管理在多个行业的应用与案例分析，包括：大数据基础、大数据采集、大数据存储、大数据分析、大数据融合、大数据隐私、大数据可视化、大数据前沿、医疗大数据、教育大数据、金融大数据、交通大数据。通过本书，读者能够全方位地认识和掌握大数据管理的相关知识，深入了解大数据的应用价值。

本书可作为高等学校大数据管理与应用、信息管理与信息系统等管理类、信息类以及智能建造、智能制造、智慧交通等新工科专业的本科生、研究生教材，还可作为大数据相关企业的管理者与实践者的培训用书和参考读物。

图书在版编目（CIP）数据

大数据管理/杨柳等主编 . —北京：化学工业出版社，2024.6
ISBN 978-7-122-45547-5

Ⅰ.①大⋯　Ⅱ.①杨⋯　Ⅲ.①数据处理-教材　Ⅳ.①TP274

中国国家版本馆 CIP 数据核字（2024）第 088966 号

··

责任编辑：刘丽菲
文字编辑：蔡晓雅
责任校对：李雨晴
装帧设计：刘丽华

··

出版发行：化学工业出版社
　　　　　（北京市东城区青年湖南街 13 号　邮政编码 100011）
印　　装：河北延风印务有限公司
787mm×1092mm　1/16　印张 13　字数 312 千字
2024 年 10 月北京第 1 版第 1 次印刷

··

购书咨询：010-64518888
售后服务：010-64518899
网　　址：http://www.cip.com.cn
凡购买本书，如有缺损质量问题，本社销售中心负责调换。

··

定　　价：42.00 元

前言

大数据时代已经来临，它为我们带来了前所未有的机遇和挑战。在这个数字化、互联网化的世界中，数据不仅是生产力的源泉，更是洞察、决策和创新的关键。大数据是指数据的规模庞大，而且数据内容多样、处理速度快和利用价值高。数据的来源很多，包括社交媒体、传感器、移动设备和互联网等，如何有效地捕捉、传输、存储、处理和分析这些数据，已经成为各行各业迫切需要解决的问题。

本书的目标是为读者提供关于大数据的全方位介绍，将引导读者深入了解大数据的核心概念，包括：分布式存储和计算、数据采集和处理、数据可视化和数据分析、数据隐私安全等多个方面的内容；还将对大数据在医疗、教育、金融和交通四个领域的应用案例进行深入分析。大数据是一个不断演进的领域，希望本书能够激发读者对大数据相关领域的兴趣，深入研究，并在实际工作中应用这些知识，为未来的数据驱动世界做出贡献。

本书共分为 12 章。第 1 章介绍了大数据的基础概念和意义；第 2 章介绍了大数据采集流程和技术；第 3 章介绍了大数据存储技术与应用；第 4 章介绍了大数据分析的核心算法；第 5 章介绍了大数据融合的概念及融合技术；第 6 章介绍了大数据隐私的基础概念和保护技术；第 7 章介绍了大数据可视化的理论、流程和框架；第 8 章介绍了大数据前沿关键技术。第 9 章至第 12 章分别从医疗、教育、金融、交通领域介绍了相关概念、应用现状以及发展趋势。

本书具有如下鲜明特色。

（1）本书全面地介绍了大数据管理中涉及的概念和技术。书中详细阐述大数据管理相关知识和技术方面的定义、特征和范围，让读者能清楚地理解大数据管理的本质。同时，本书深入浅出地介绍了大数据管理的各种技术，包括大数据采集、大数据存储、大数据分析、大数据融合、大数据隐私、大数据可视化等方面的概念、内容及趋势。通过本书的阅读，读者将深入了解大数据管理相关的基本概念和技术，学习各种工具和技术在大数据管理中的使用。

（2）本书不仅关注技术层面，还从实践的角度介绍了大数据管理的实践。书中通过大量的案例，生动地展示了大数据管理在医疗、教育、金融、交通四个领域的应用实例，使得读者可以更好地理解大数据管理的实用价值。通过本书的阅读，读者将学习到大数据管理相关技术的实践，了解并学习如何将这些实践应用于实际场景中。

（3）本书还注重培养读者的探索思维和创新能力。书中通过思考题，引导读者深入探索大数据管理相关知识的本质和应用价值，鼓励读者发挥自己的创造力和想象力，探索新的大数据管理技术和应用，为未来在大数据领域进一步学习奠定坚实的基础。

本书的编写得到了国家自然科学基金"面向侦查文书的证据链构建关键技术研究（编号：

62166006) ", 国家自然科学基金"空间公平性视角下贵州贫困山区乡村聚落空间重构研究——以滇黔桂石漠化区为例（编号：41861038)"的资助。本书由贵州大学公共管理学院、贵州大学大数据与信息工程学院、贵州省大数据产业发展应用研究院的 4 名教师协同编写完成，是贵州大学物联网工程专业省级一流本科专业建设成果教材。何庆博士负责本书的整体设计、指导编写、统稿、校对，以及第 1 章的撰写等工作；杨柳博士负责第 2 章，第 5 章，第 7 章的第 1、2节，第 8 章的第 5、6 节及第 12 章的编写；杜逆索博士编写第 3 章、第 4 章、第 6 章和第 8 章的第 1、2、4 节；张欣博士负责第 7 章的第 3、4、5 节，第 8 章的第 3 节，第 9 章、第 10 章和第11 章的编写。在撰写本书的过程中，贵州省大数据产业发展应用研究院龙剑老师与贵州大学大数据与信息工程学院的袁畅、汪钰姬、李言博、范梦云、代文卓、郑萌、陆顺意等硕士生做了大量辅助性工作，在此一并表示衷心感谢。

由于编者的水平有限，加之时间仓促，书中难免存在不足之处，敬请读者批评指正，提出宝贵建议。

编者

2024 年 4 月

目录

023 | 第 3 章　大数据存储

042 | 第 4 章　大数据分析

067 ｜ 第 5 章　大数据融合

080 ｜ 第 6 章　大数据隐私

101 第7章 大数据可视化

118　第8章　大数据前沿

第1章
绪论

1.1　大数据的基本概念

随着信息技术的迅速发展，社会已进入数字化时代。数字化的社会带来了前所未有的数据爆炸。一般认为大数据（big data）是指由于数据量巨大、复杂性高和处理速度快而难以使用传统的数据库管理工具进行捕捉、存储、管理和分析的数据集合。

"大数据"作为一种概念和思潮由计算领域发源，之后逐渐延伸到科学和商业领域。现在普遍认为，"大数据"这一概念最早公开出现于 1998 年，由美国高性能计算公司 SGI 的首席科学家约翰·马西在一个国际会议报告中指出：随着数据量的快速增长，必将出现数据难理解、难获取、难处理和难组织等四个难题，并用"big data（大数据）"来描述这一挑战，在计算领域引发思考。2007 年，数据库领域的先驱人物吉姆·格雷（Jim Gray）指出大数据将成为人类触摸、理解和逼近现实复杂系统的有效途径，并认为在实验观测、理论推导和计算仿真等三种科学研究范式后，将迎来第四范式——"数据探索"，后来同行学者将其总结为"数据密集型科学发现"，开启了从科研视角审视大数据的热潮。2012 年，维克托·迈尔-舍恩伯格在其著作《大数据时代》中指出，数据分析将从"随机采样"、"精确求解"和"强调因果"的传统模式演变为大数据时代的"全体数据"、"近似求解"和"只看关联不问因果"的新模式。

与传统数据相比，大数据不仅在数据量上显著增加，还涵盖了多样的数据类型，包括结构化数据（如数据库中的表格数据）、半结构化数据（如 XML、JSON 等）和非结构化数据（如文本、图像、音频、视频等）。普遍认为大数据包括 5V 特征：

① 数据量大（volume）。大数据的第一个显著特征是数据量庞大。以往，数据的规模通常在几十兆字节（MB）到几太字节（TB）之间，而现在，数据集的规模可以轻松地达到数百太字节（TB）甚至拍字节（PB）级别。例如，社交媒体、物联网、科学研究等领域产生了海量的数据，需要强大的存储和处理能力。

② 数据增长快（velocity）。数据的增长速度是大数据的另一个显著特征。随着各种数据源的增加，数据以惊人的速度不断涌现。社交媒体、移动应用、传感器技术等的普及，使数据的生成速度远远超过了过去。这就要求数据处理系统能够实时或近实时地处理数据，以及时提取有价值的信息。

③ 数据多样性（variety）。传统数据主要是结构化数据，即按照特定格式存储的数据，如数据库中的表格数据。然而，现在大部分数据都是半结构化或非结构化的，包括文本、图像、音频、视频等。这种多样性使得数据的分析和处理变得更加复杂，需要采用多种技术来处理不同类型的数据。

④ 数据价值（value）。数据的价值是大数据的核心。数据本身并没有价值，真正的价

值来自对数据的深度分析和挖掘。通过对大数据的分析，人们可以从中获取有关趋势、模式、关联等的信息，从而做出更明智的决策、发现新的商机、优化流程等。数据价值的实现需要有效的分析方法和工具。

⑤ 数据真实性（veracity）。随着大数据的增长，数据的质量和真实性成为一个重要问题。大数据中可能包含大量的噪声、错误或虚假信息，这会影响分析的准确性和结果的可信度。因此，保证数据的真实性和质量成为数据处理过程中的重要任务。

1.2　数据生命周期

大数据的生命周期是一个涵盖数据的产生、采集、存储、处理、分析和应用等多个阶段的过程。这个生命周期的不同阶段需要使用不同的技术和方法来确保数据的有效管理和利用。

数据产生阶段是数据生命周期的起点。数据可以有各种来源，包括传感器、设备、用户交互、网站访问、社交媒体活动等。这些数据源产生结构化、半结构化和非结构化的数据，涵盖了各种类型的信息。

数据采集是将产生的数据从不同的来源收集到中央存储系统的过程。这可能涉及数据传输、数据提取和数据抓取等技术。采集的数据可能具有不同的格式和结构，需要进行规范化和转换，以便后续处理和分析。

存储是将采集到的数据存储在合适的存储系统中的过程。对于大数据，通常采用分布式存储系统，如 Hadoop HDFS、NoSQL 数据库等。数据的存储需要考虑数据的容量、可扩展性和性能需求。

数据处理的目的是对存储的数据进行清洗、转换和整理，以便进一步分析。这可能包括数据清洗（去除错误和重复数据）、数据转换（将数据格式转换为适合分析的形式）和数据整合（将多个数据源合并）。

数据分析是数据生命周期中的关键环节，包括探索性分析、统计分析、数据挖掘和机器学习等。通过分析数据，可以揭示数据中的模式、关联、趋势和异常，从而获取有价值的信息。

数据应用阶段是将分析得到的结果应用于实际业务和决策的过程。这可以包括市场预测、个性化推荐、风险评估、业务优化等。数据应用可以帮助组织做出更明智的决策，优化流程，提升业务效率。数据共享是将分析得到的数据或结果与他人共享的过程。这可以促进合作、创新和知识传播。然而，数据共享也需要考虑隐私保护和数据安全等问题。

随着时间的推移，部分数据可能不再具有实际应用价值，但出于合规性、法规要求等原因，仍然需要长期保留和存档。这需要制订合适的数据保留策略。对于不再需要的数据，需要安全地销毁以防止数据泄露。特别是在涉及个人隐私数据的情况下，数据销毁变得尤为重要。在整个数据生命周期中，需要持续监控数据的质量、性能和安全性。此外，随着业务需求和技术变化，可能需要对数据处理流程进行调整和优化。

综合来说，数据生命周期不仅仅是一个线性的过程，而是一个循环迭代的过程。从数据产生到数据应用，每个阶段都需要精心设计和管理，以确保数据的有效利用和价值最大化。

1.3 大数据的意义

大数据在现代社会中具有重要的意义，它影响着各个领域和方面，从商业到科学，从医疗到政府，都在不同程度上受益于大数据的应用。

首先，大数据的作用体现在洞察数据的价值上。通过分析海量数据，企业能够揭示市场趋势、消费者行为以及产品需求，从而做出更准确的决策和战略规划。这种洞察有助于改善产品设计、精准定价，提高客户满意度，从而增强市场竞争力。

其次，大数据能够推动科学研究和创新。如在天文学、生物学、气象学等领域，大数据分析可以揭示未知模式和趋势，加速科学发现。特别是在药物研发和医疗领域，大数据支持个体化医疗、疾病预测，推动健康科学的进步。

此外，大数据在社会治理中发挥着关键作用。政府可以通过数据分析更好地规划城市发展、优化交通流量，实现智慧城市管理。同时，大数据的舆情分析能够帮助政府洞察民意，指导政策制定和危机应对。

大数据还推动着教育、文化等领域的变革。个性化教育、数字化文化遗产的保存，都得益于大数据的应用。医疗方面，个性化医疗方案、健康监测也通过大数据得以实现。

然而，大数据的意义不仅仅在于对数据的分析，更在于对社会的改变和创新。通过数据的共享和合作，能够促进社会协同发展，推动创新，促进经济增长。然而，随之而来的挑战包括数据隐私保护、数据安全等问题，需要在发挥大数据作用的同时，妥善处理相关问题。

综上所述，大数据的作用和意义显而易见，不仅在于数据的洞察与应用，更在于推动科技创新、社会治理进步以及经济社会的可持续发展。随着技术不断进步，大数据必将继续为人类社会带来更多的机遇和变革。

1.4 大数据的相关技术及作用

大数据技术是在面对海量、多样、高速数据时应对挑战的关键工具，它们构成了处理、分析和管理大规模数据的基础。大数据的核心技术涵盖分布式存储（如 Hadoop HDFS、HBase）、分布式计算框架（如 Hadoop MapReduce、Spark）、数据采集工具（如 Kafka、Flume）、数据处理与分析工具（如 Hive、Pig、Spark）、分布式数据库（如 Cassandra、MongoDB）、机器学习与深度学习框架（如 TensorFlow、PyTorch）、数据可视化工具（如 Tableau、D3.js）等。这些技术的作用可以归纳为：

① 分布式存储系统，用于有效地存储大量数据，确保数据的高可靠性和可扩展性。

② 分布式计算框架，用于并行处理大规模数据。

③ 数据采集工具，从不同来源收集数据。

④ 数据存储格式，大数据存储格式在减少存储空间和提高查询性能方面起着重要作用。

⑤ 分布式数据库，用于存储和管理大规模数据集，支持多样化数据模型。

⑥ 数据处理与分析工具，对数据进行处理和分析。数据处理和分析是大数据的关键环节，工具如 Apache Hive 和 Pig 可用于 SQL 查询和数据转换；Spark 提供更快的处理速度和更广泛的分析功能，支持流处理、图计算和机器学习。

⑦ 机器学习与深度学习框架，用于构建、训练和部署机器学习模型，帮助发掘数据中的模式和趋势。

⑧ 数据可视化工具，帮助将分析结果以图形化方式呈现，更容易理解和解释数据。

1.5　大数据的应用领域

大数据的应用范围非常广泛，几乎涵盖了所有行业和领域。

(1) 商业与市场营销

市场洞察与消费者行为分析：通过分析大数据，企业可以更好地了解消费者的需求、兴趣和购买行为，从而优化产品定位和市场营销策略。

个性化推荐：利用大数据分析用户的历史购买记录、浏览行为等，为用户推荐符合其兴趣的产品和服务。

价格优化：通过分析市场价格变动、竞争情况等，优化产品定价策略，提高销售量和利润。

(2) 医疗与生命科学

个性化医疗：通过分析患者的临床数据等，定制个性化的医疗方案和药物治疗。

药物研发：分析大规模的基因组、蛋白质结构等数据，加速新药研发和药物筛选过程。

流行病监测：通过分析社交媒体、疾病报告等数据，实时监测和预测疾病的传播趋势。

(3) 金融与风险管理

信用评估：分析客户的信用历史、交易行为等数据，评估借款人的信用风险。

欺诈检测：通过分析交易模式、异常行为等数据，及时发现并防止欺诈活动。

投资策略优化：通过分析市场数据、经济指标等，优化投资组合配置和决策。

(4) 智能城市与交通

交通管理：通过分析交通流量、拥堵情况等数据，优化交通信号控制和路线规划，改善交通流畅度。

能源管理：通过监测能源使用数据，实现城市能源的智能管理和节约。

环境监测：分析空气质量、噪声等数据，帮助城市监测环境污染情况，以助于提升环境质量。

(5) 社会舆情分析与公共决策

舆情分析：通过分析社交媒体、新闻等数据，为政府和组织制定政策提供参考。

(6) 科学研究和创新

基础科学研究：在天文学、物理学、生物学等领域，大数据分析帮助科研人员发现新的模式和机制。

药物发现：通过分析药物相互作用、分子结构等数据，加速新药研发。

(7) 媒体与娱乐

内容推荐：分析用户的兴趣和喜好，为用户推荐个性化的音乐、电影、书籍等内容。

社交媒体分析：分析社交媒体数据，了解用户情感、趋势和话题，指导广告策略。

（8）制造业与供应链管理

质量控制：分析生产过程中的传感器数据，实时监测产品质量，减少次品率。

供应链优化：分析供应链中的数据，优化物流、库存和生产计划，提高供应链效率。

（9）能源管理与环境保护

智能电网：通过分析能源生产和消耗数据，实现电网的智能管理和优化能源分配。

可持续发展：通过分析环境监测数据，推动可持续发展，优化资源使用和减少环境污染。

（10）农业与粮食安全

精准农业：分析土壤、气象等数据，实现精准施肥、灌溉，提高农作物产量和质量。

疫情预测：分析气象和环境数据，预测农作物疫情和病虫害暴发。

（11）教育与学术研究

个性化教学：分析学生学习数据，为每位学生提供个性化的教育计划和资源。

学术研究：在社会科学、人文学科等领域，通过大数据分析来发现社会趋势和文化变迁。

（12）人力资源管理

招聘优化：分析候选人的简历、面试反馈等数据，优化招聘流程和决策。

员工绩效分析：分析员工数据，了解员工绩效和满意度，优化人才管理策略。

（13）物联网与智能设备

智能家居：通过连接各种智能设备，收集和分析数据，实现家居自动化和智能化管理。

工业物联网：分析工业设备的运行数据，实现预测性维护和优化生产流程。

（14）航空航天

飞行安全：通过分析飞行数据、气象数据等，提高飞行安全和减少事故风险。

飞机航班管理：分析飞机航班数据，优化航班时间安排，降低成本，提升航班乘客的满意度。

（15）体育与娱乐

运动分析：分析运动员的运动数据，改进训练方法和战术。

游戏开发：分析玩家行为数据，优化游戏体验和游戏设计。

（16）社会福利与慈善事业

慈善捐赠优化：分析慈善捐赠数据，优化捐赠目标和策略，提高资金使用效率。

社会援助：分析社会弱势群体的数据，改进援助项目和资源分配。

（17）法律与安全领域

犯罪预测：分析犯罪数据、社会因素等，预测犯罪发生的可能性，帮助警方采取预防措施。

司法决策支持：分析案件数据、法律文书等，辅助法官和律师做出决策。

（18）艺术与文化

文化保护：分析文化遗产数据，实现文化保护和数字化保存。

创意产业：分析艺术市场和文化消费数据，支持创意产业发展和文化创作。

1.6 大数据面临的挑战

大数据虽然带来了许多机会和益处，但也面临着一系列挑战和问题。

数据隐私和安全。大数据中可能包含个人敏感信息，如个人身份、健康记录等。数据的收集、存储和处理可能威胁到个人隐私。大数据存储和传输过程中可能受到黑客攻击，导致数据泄露，造成严重的后果。

数据质量和可靠性。大数据中可能包含错误、不一致或不准确的数据，影响分析的可靠性和决策的准确性。部分数据可能缺失，导致分析结果不完整或有偏差。

数据处理和分析的复杂性。处理大规模数据需要高计算能力，而且实时性要求高，处理速度成为挑战。大数据可能有不同的来源和格式，数据集成和清洗过程可能非常复杂。

资源管理和成本。处理大数据需要大量的计算和存储资源，需要投入大量的硬件设备。购买、维护和管理这些硬件资源会带来显著的成本压力。

法律和伦理问题。不同地区和行业有不同的数据合规性法规，确保大数据应用符合法律法规是一大挑战。在使用大数据时，涉及个人隐私、歧视、公平性等伦理问题，需要慎重考虑。

数据治理和管理。大数据涉及多个数据源，数据的所有权和使用权问题较为复杂。不同数据源的标准和格式可能不同，因此如何高效地管理不同标准的数据是一个挑战。

技术复杂性。大数据生态系统中有许多不同的技术和工具，选择适合的技术组合可能是挑战。大数据领域技术发展迅速，跟上技术的更新和变化也是一项挑战。

规模问题。数据的规模呈指数级增长，管理和分析如此庞大的数据集是一项巨大挑战。大数据平台需要具备高可扩展性，以适应不断增长的数据量和负载。

社会影响。大数据和自动化可能导致某些岗位的减少，引发社会就业问题。由于数据采集和分析过程中可能存在偏见，大数据应用可能带来社会不平等问题。

 本章小结

本章首先介绍了大数据的基本概念，然后介绍了数据生命周期和大数据的意义，最后简要介绍了大数据的相关技术及作用、大数据的应用领域和大数据面临的挑战，为后续章节内容的展开奠定基础。

 习题

1. 简述大数据的特征。
2. 简述数据生命周期流程及其内容。
3. 简述大数据的意义。
4. 简述大数据所面临的挑战。

参考文献

［1］ MAYER-SCHONBERGER V，CUKIER K. Big data：a revolution that will transform how we live，work，and think ［M］. Boston：Houghton Mifflin Harcourt，2013.

［2］ NATHAN M，JAMES W. Big data：principles and best practices of scalable realtime data systems ［M］. New York：Manning Publications，2015.

［3］ 朱尔斯・J 伯曼. 大数据原理与实践：复杂信息的准备、共享和分析 ［M］. 张桂刚，刑春晓，译. 北京：机械工业出版社，2020.

［4］ 杨轶莘. 大数据时代下的统计学 ［M］. 2 版. 北京：电子工业出版社，2019.

［5］ CHEN M，MAO S，LIU Y. Big data：asurvey ［J］. Mobile Networks and Applications，2014，19：171-209.

［6］ TONY H，KRISTIN T，STEWART T. The fourth paradigm：data-intensive scientific discovery ［J］. E-Science and Information Management，2012，317：1.

［7］ JEFFREY D，SANJAY G. MapReduce：simplified data processing on large clusters ［C］ // Sixth Symposium on Operating System Design and Implementation. San Francisco，CA，2004：137-150.

［8］ TSAI C W，LAI C F，CHAO H C，et al. Big data analytics：a survey ［J］. Journal of Big Data 2，2015，21：1-32.

［9］ ARCHENAA J，MARY A E A. A survey of big data analytics in healthcare and government ［J］. Procedia Computer Science，2015，50：408-413.

［10］ SAMIRA P，YIMIN Y，SHU-CHING C，et al. Multimedia big data analytics：a survey ［J］. ACM Computing Surveys，2018，51 (1)：1-34.

［11］ NORJIHAN A G，SURAYA H，IBRAHIM A T H，et al. Social media big data analytics：a survey ［J］. Computers in Human Behavior，2019，101：417-428.

［12］ LI W，CHAI Y，KHAN F，et al. A comprehensive survey on machine learning-based big data analytics for IoT-enabled smart healthcaresystem ［J］. Mobile Networks and Applications，2021，26：234-252.

［13］ GUNASEKARAN M，DAPHNE L. A survey of big data architectures and machine learning algorithms in healthcare ［J］. International Journal of Biomedical Engineering and Technology，2017，25 (2/3/4)：182.

第 2 章
大数据采集

 本章导读

在大数据时代，采集大量的数据并进行汇总、处理和分析已经成为一项重要的任务。大数据采集最常用的途径是互联网和物联网，互联网数据采集主要是利用网络爬虫等方法从互联网上收集整理所需信息，而物联网数据采集则是通过各种传感器和设备来收集物理世界中的数据。

在进行大数据采集时，对于不同的数据来源，数据的质量和格式可能存在差别，因此在进行大数据处理之前，通常需要对收集到的数据进行预处理。数据预处理的过程中包含数据清洗、数据转换和数据消减等多个方面的技术。其中，数据清洗首要目的是解决数据中存在的缺失值和异常值等问题，数据转换是将数据从一种格式或结构转换为另一种格式或结构，数据消减则是将集中的数据进行压缩和抽样等操作，以便更好地管理和分析数据。

 学习目标

本章将比较传统数据采集与大数据采集的区别，然后引出数据处理与预处理的相关技术，再分别对互联网采集和物联网采集的特点、相关技术进行系统性的介绍。

2.1 大数据采集概述

2.1.1 基本概念

大数据采集包括"采集"和"集成"两个步骤。"采集"主要是指获取所需数据的过程，可以使用多种方法。而"集成"则是将数据进行清洗、连接和整合，将价值较小的数据转化为价值较大的信息。

因此，将大数据采集定义为为满足数据统计、分析和挖掘需要，通过各种技术、系统、平台等，利用程序或设备从社交网络、互联网平台、传感器和智能设备等系统采集大量数据，经过必要的数据清洗和处理后，最终将数据输入存储系统中的过程。

由于数据来源具有多样性的特点，大数据采集根据数据来源的不同对应不同的处理方式。根据不同的数据来源，大数据采集方式主要划分为以下两类。

① 互联网采集。指通过网络爬虫或网站公开服务接口等方式从网站获取数据的过程。

其工作方式类似于一个自动化的数据收集和分析工具，可以将非结构化和半结构化数据从网页中提取出来，并存储在本地存储系统中。它可以帮助企业快速获取大量的数据，并进行分析和处理，以便提取有用的信息和知识。企业通过使用互联网采集数据，可以及时发现并且阻止潜在的安全威胁，同时对采集到的数据进行分析，为企业的战略决策提供支持。

② 物联网采集。指通过相应的体系结构、协议和技术，将传感器、摄像头以及其他智能终端等设备自动采集数据的过程，包括信号、图像或视频等数据。为了有效地处理所采集到的数据，智能感知技术需要完成对海量数据的智能辨别、监督和管理等功能。

2.1.2　数据采集与大数据采集

传统数据采集和大数据采集在数据规模、数据来源和种类、数据处理方法等方面都存在显著的差异。

首先，数据规模上的差异。传统数据采集主要针对的是数量较小的数据，如企业内部的数据、个人数据等，数据量相对较少。而大数据采集则是针对数量巨大的数据集，包括互联网、物联网等各种数据来源，数据量往往是传统数据采集的几倍乃至几百倍。

其次，数据来源和种类的不同。传统数据采集的数据源主要是企业内部的系统、文件、数据库等，数据种类也相对单一。而大数据采集则包括社交媒体、物联网等各种数据源，数据种类多样，如文本、图片、视频等多种形式的数据。

再者，数据的处理方法也有所区别。传统意义上的数据采集方式通常采用关系型数据库进行存储和处理，这种数据处理方式与其他数据采集方式相对比较为单一。大数据采集通常借助分布式存储和计算技术，如 Hadoop、Spark 等，可有效实现海量数据的存储和处理，同时满足高速增长和高并发等数据处理需求。

此外，在大数据采集过程中，更应该关注数据质量和数据安全。由于数据源的多样性以及数据质量的异构性，因此平常使用大数据采集也需要更加注重数据质量的控制。同时，由于大数据采集会牵扯大量的个人隐私和商业机密，因此要求采取更加严格的数据保护措施。

2.2　数据质量和数据预处理

大数据时代数据的核心不是"大"，而是"有价值"，而有价值的关键在于"质量"。数据质量（data quality）是指数据满足一定的准确性、完整性、一致性、及时性和可靠性，符合使用目的并满足业务场景具体需求的程度。良好的数据质量是根据多个维度进行评估的，其对于有效的数据分析和决策制定具有至关重要的意义。

① 准确性：数据准确性是数据与实际情况相符程度的度量。准确的数据是没有错误或误差的数据，它能够正确地反映所描述的现象、事件或对象的属性。

② 完整性：数据完整性是指数据集包含了所有必需的信息，并且没有遗漏任何关键数据。完整的数据能够提供全面的视角，避免信息缺失导致的误解或错误分析。

③ 一致性：数据一致性是指数据在不同的数据源、数据集或时间点上的一致性。一致的数据应该具有相同的定义、格式、单位和值。数据一致性出现问题可能导致分析结果的不准确。

④ 及时性：数据及时性是指数据在可接受的时间范围内提供给用户的能力。对于某些应用场景，例如实时决策制定，及时性非常关键。

⑤ 可靠性：数据可靠性是指数据被正确地捕获、存储和处理的程度。可靠的数据应该经过验证和审查，以确保其完整性和准确性。此外，数据的安全性和保密性也是数据可靠性的重要方面，需要采取适当的措施来保护数据免受未经授权的访问或篡改。

通过确保良好的数据质量，组织可以更好地理解和利用数据，从而做出准确、可靠的决策，并推动业务的成功发展。对数据进行预处理可以提高数据的质量，从而提高后续分析模型的预测和泛化能力。在现实数据中，数据常常存在缺失值、噪声和异常点等问题，这些都会对模型的训练产生不利影响。因此，进行数据处理可以清理和修正数据中的错误、缺失值和异常点。

2.2.1   数据预处理

数据预处理（data preprocessing）是指在进行数据处理之前，对原始数据进行清洗、筛选、修正、补充等操作，以满足后续分析的需要。数据预处理的主要目的是保证数据的质量和可靠性，从而提高数据分析的准确性和可信度。数据预处理是数据分析的重要步骤，对于得到准确、可靠的结果具有至关重要的作用。

数据处理（data processing）是指将原始数据进行加工、计算、解析等操作，以得到有效信息或结果的过程。数据处理的目的是提取有用信息和知识，以便做出更好的决策或优化业务流程。

数据预处理的目的是确保数据的质量和可靠性，而数据处理则旨在获得有用的信息或最终的效果。数据分析的成功与否，取决于数据预处理的质量和准确性，因此需要在处理数据之前，对数据进行充分的预处理，避免出现在收集过程中的各种干扰，为后续工作的处理打好基础。

在大数据采集过程中，通常会涉及一个或多个数据源，例如同构或异构的互联网信息、服务接口、传感器等。为确保大数据分析和预测结果的准确性和价值性，通常需要在进行分析和预测之前对采集到的大数据集合进行预处理。因为这些数据源往往会受到数据噪声、数据缺失和数据冲突等问题的影响。

数据预处理主要分为三个步骤：数据清洗（data cleaning）、数据转换（data transform）和数据消减（data reduction）。这些步骤的主要目的是提高数据质量、改善数据分析效果和提高计算效率。

2.2.2   数据清洗

数据清洗是一种处理数据的过程，通过检测、改正或删除记录表、表格、数据中的损坏或不准确记录来使数据变得更加干净和准确，旨在提高数据的可用性。它是数据预处理环节中的一个重要步骤，其原理如图 2.1 所示，通过应用清洗策略和规则，对"脏"数据进行清洗，以获得符合数据质量要求的"干净"数据，以便更准确地进行数据分析和建模。其中，"脏"数据可能包括残缺数据、有偏差的数据、重复数据、不符合规则的数据、拼写错误的数据、命名不规范的数据，以及不合法的值、空值以及同一数值不同表示等。而"干净"数据指经过清洗后可以用于建模和分析的数据。

数据清洗的过程如图 2.2 所示，通常需要遵循五个步骤，分别是数据分析、定义清洗策

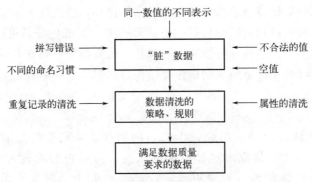

图 2.1　数据清洗原理图

略和规则、搜索错误实例、纠正错误实例和干净数据回流。这些步骤可以对数据进行初步检查，去除噪声、无关数据和空值，同时考虑数据的动态变化。首先，进行数据分析以了解数据的结构、质量和潜在问题。其次，定义清洗策略和规则，包括确定要删除、替换或保留的数据。接下来，搜索并确定错误实例，可以通过手动检查或使用自动化工具进行。然后，纠正错误实例，这通常需要人工干预，也可以使用自动化算法。最后，将干净的数据回流到数据流或数据库中，以供后续分析和使用。

图 2.2　数据清洗过程

常见的数据清洗方法包括以下三种。

① 缺失值清洗。对缺失值进行处理，通常可以分为两种类型，一种是忽略缺失值数据，另一种是填充缺失值数据。常见的缺失值清洗的方法包括：固定值填充、条件平均值填充、最近邻插补和多重插补法等。

② 重复值清洗。将数据按照某些属性排序，然后合并相邻的记录。常用的方法包括基于相似度计算和基于基本近邻排序算法等方法。

③ 错误值清洗。采用多种方法来识别和处理可能的错误值，包括统计分析方法、简单规则库、属性间约束以及外部数据等，自动或半自动地识别和修复错误值。其中，偏差分析、检测不符合分布或回归方程的值都属于统计分析方法；简单规则库包括预定义的规则，这些规则通常是基于常识性、业务规定或数据的特定属性等制定的，用于识别和处理可能的错误值。属性间约束方法则通过不同属性之间的逻辑关系来检查错误值；而使用外部数据则可以通过与外部数据比较来检查和处理错误值。

2.2.3　数据转换

数据转换是通过标准化、离散化和分层化等方法，将清洗和集成后的数据转换为一致的格式，更易于被模型处理。数据转换可以实现不同数据源之间的无缝集成和交互，提高数据的质量和价值，为数据分析提供更加准确和全面的支持。数据转换的策略包括规范化、属性构造、数据离散化和数据泛化等处理。

（1）规范化

将一个非规范化的数据转换成符合规范化标准的过程，以消除不同属性之间量纲差异带来的影响，以及将数据映射到特定的分布或函数形式中。规范化处理可以设计出更加高效、可靠和易于维护的数据结构，减少数据冗余和重复，提高数据一致性和完整性。但是，过度规范化也可能导致查询效率低下和数据操作复杂性增加等问题，因此需要在规范化处理和性能优化之间取得平衡。

（2）属性构造

通过对已有属性进行变换和组合，生成新的属性，从而更好地表达数据集的特征。属性构造可以从原有数据中提取出更加有用的信息，为分析和决策提供更多的支持，引入新属性，可以提高挖掘精度，发现更深层次的模式知识。例如，在处理客户数据时，可以使用年龄和收入属性构造一个新属性"财富指数"，以更好地理解客户的财务状况。但是，在进行属性构造时需要注意数据精度和数据一致性问题，避免引入新的错误和偏差。

（3）数据离散化

将连续型的属性值转换为离散型的属性值，通常使用区间或概念标签来代替原始值。这种方法可以减少数据的噪声和复杂度，提高挖掘算法的效率和准确率，同时也可以更好地处理缺失值。离散化连续属性将连续属性值转换为有限数量的区间，提高数据分析计算效率。离散化还可以提高数据的安全性，例如将某些敏感信息进行离散化处理后再进行存储和传输。

（4）数据泛化

将数据对象替换为更抽象或更高层次概念的技术，主要应用于标称数据的转换。其目的是将敏感信息替换为一些不太敏感的信息，同时仍然保持数据的可用性和有用性。数据泛化常用于数据隐私保护、数据共享和数据挖掘等领域，通过泛化可以减少对个体隐私的侵犯，同时仍能保留数据集的统计特征和趋势信息。例如，可以将年龄属性泛化为青年、中年和老年等概念，或将地理位置属性泛化为更高层次的地理区域，如省份或国家等；对于商场地点属性，假设用户选择了一组属性，包括街道、城市、省和国家，数据泛化处理可以帮助提取更高层次的信息，如地区、国家或大陆等，并将这些信息用于挖掘更深层次的模式。

2.2.4　数据消减

数据消减是指在保持原始数据集完整性的同时，从大型原始数据集中获取紧凑数据集。这是因为大规模数据的复杂数据分析通常需要花费大量时间，为了提高数据挖掘的效率，需要一个紧凑的数据集，可以保证从数据挖掘中获得的结果与使用原始数据集获得的结果相似。数据消减的主要策略有以下几种。

（1）维数消减

通过将原始数据集中的属性进行变换或选择，来减少数据集维数，使得数据更易于处理和分析。常见的维数消减方法包括主成分分析、线性判别分析等。一个数据集可能包含成百上千的属性，其中很多属性可能与挖掘任务无关或者是冗余的。如果通过人类专家来挑选有用的属性，可能会因为难度大而耗时费力尤其是在数据内涵不十分清楚的情况下。选择不相关的属性将会导致数据挖掘结果的不准确和无效，因为这些属性并没有对目标变量产生影响。另外，过多的属性会导致数据挖掘过程变得缓慢和低效，因为需要处理更多的数据和特征。因此，维数消减是非常必要和重要的数据预处理步骤，可以提高数据挖掘的准确性和效率。在进行维数消减时需要保证数据的重要特征不受影响，否则可能会导致结果的失真。

（2）数据压缩

数据压缩是利用数据内在的规律或特征来减少数据集大小的技术。它通常通过数据编码或数据转换来实现，以减少数据的冗余性和复杂性，从而提高数据处理和存储效率。数据压缩方法通常分为无损和有损两种，其中无损压缩可以通过压缩后的数据集还原原始数据集，有损压缩则不能完全还原原始数据集，得到的数据将会有某些方面的信息缺失。在数据挖掘领域中，这两种压缩方法都有广泛应用。离散小波变换方法和主成分分析这两种方法均是有损压缩方法。

（3）数据块消减

针对大型数据集的数据压缩方法，其基本思想是将原始数据分成若干个较小的数据块，然后对每个数据块进行压缩和存储。数据块消减方法主要分为参数方法和非参数方法两种基本方法。参数方法使用参数化模型来拟合原始数据，并使用这些模型来表示消减后的数据集。例如，线性回归模型可以根据一组变量预测计算另一个变量。而非参数方法则不使用预定义的模型，而是存储通过直方图、聚类或抽样等方法获取的消减后的数据集。

2.3　互联网采集

互联网（Internet）起源于 1969 年的阿帕网，最初用于军事，后服务于相关高校进行科研。随着接入主机数量的增加，更多的人将互联网用于通信，陆续有公司在互联网上开展业务活动，使其商业潜力得以挖掘，逐步应用在通信、信息检索、客服等方面。

互联网数据采集基于互联网数据的特点，有针对性地收集互联网上的数据，并按照一定规则和选择标准进行分类存储。

2.3.1　互联网数据特点

互联网目前已经形成庞大的规模，互联网应用走向多元化，包括搜索引擎、即时通信、信息门户和社交网络等。基于庞大的规模和多元化应用，互联网数据具有以下特点：

① 海量性：互联网数据量巨大，呈指数级增长。这是因为互联网的普及和数字化生产方式的普及，使得大量数据得以在线上产生。

② 多样性：互联网数据类型多种多样，包括文本、图像、音频、视频等，这些不同类型的数据形式需要不同的处理方式和分析方法。

③ 实时性：互联网数据是实时产生的，这是因为互联网的数据传输速度非常快，同时互联网用户的行为也是实时的。这种实时性要求对数据的处理和分析也需要快速响应。

④ 非结构性：互联网数据通常是非结构化的，它没有明显的关系和组织结构，需要通过数据挖掘和分析来提取出有价值的信息。

⑤ 高度共享性：互联网数据是高度共享的，这是因为互联网上的数据可以被多个用户访问和使用。这种共享性使得互联网数据能够产生更大的价值。

⑥ 不确定性：互联网数据的来源和真实性不确定，可能存在噪声和错误数据，需要通过数据清洗和验证来处理。

⑦ 隐私性：互联网数据中可能包含用户的隐私信息，因此需要保护用户的隐私。这是处理和分析互联网数据时需要考虑的重要问题。

2.3.2 互联网采集技术

互联网数据采集主要依靠名为网络爬虫（web crawler）的计算机程序和技术。网络爬虫也被称为网络蜘蛛、网络蚂蚁或网络机器人，可以按照预定规则自动从互联网上采集数据，用于高效获取和整合分散在互联网各处的数据，并为用户提供需要的数据信息。网络爬虫的发展可以分为以下几个阶段。

① 初期阶段：1990 年代到 2000 年代初期，网络爬虫主要用于搜索引擎的建立和维护。此时的网络爬虫主要面向静态网页，以采集网页内容为主要目标。当时主要的搜索引擎包括 Google、Yahoo 等。

② 中期阶段：2000 年代中期到 2010 年代初期，随着 Web 2.0 和社交媒体的兴起，网络爬虫的应用领域开始扩展。此时的网络爬虫开始涉及动态网页、社交媒体、在线商城等多种类型的网站。网络爬虫逐渐从搜索引擎的维护转向数据挖掘和商业应用。

③ 现阶段：2010 年代至今，随着大数据的普及，网络爬虫的应用范围也越来越广泛，涉及云计算、机器学习、自然语言处理等多个领域。网络爬虫的技术也得到了快速发展，包括多线程、分布式、反爬虫等技术的应用。同时，网络爬虫的应用也面临着隐私保护、版权保护等问题，需要合法和规范使用。

网络爬虫根据不同的系统结构和实现技术，具体实现方式也会有所不同。例如，在数据采集方面，结构化数据采集主要利用数据库、API 等接口进行数据抓取；而非结构化数据采集则需要通过文本分析、自然语言处理等技术对信息进行提取和处理。在网络爬虫方面，早期的爬虫主要是基于规则匹配和链接遍历的方式进行信息抓取，而现代的爬虫则更加注重智能化、自适应和隐私保护等方面的设计和优化，一般可分为下列四种类型：通用网络爬虫（general purpose web crawler）、聚焦网络爬虫（focused web crawler）、增量式网络爬虫（incremental web crawler）和深层网络爬虫（deep web crawler）。

① 通用网络爬虫。又称为全网爬虫，是一种用于从一些种子链接开始扩展到整个互联网的程序。主要用于信息获取、数据处理和应用开发等方面。它需要大量爬行网页，因此对于爬行速度和存储空间的要求较高，但不强制要求爬行页面的顺序。同时因为需要刷新的页面数量巨大，通用网络爬虫一般情况下采用并行工作方式，但页面数量过多，每次刷新页面花费的时间会较长。尽管该爬虫存在一定缺陷，但仍然适用于大规模爬取数据的场景。

② 聚焦网络爬虫。也称为主题网络爬虫，是一种有选择地爬取预定义主题相关页面的网络爬虫。与通用网络爬虫不同，主题网络爬虫需要事先确定所需的主题，并针对性地设计相应的抓取策略和算法，从而节省了大量的硬件和网络资源，并且适合于各种特定领域的信息采集和分析。此外，聚焦网络爬虫还增加了链接评价模块和内容评价模块，也有反爬虫模块、代理管理模块等，以提高主题网络爬虫的效率和稳定性。实现爬取的关键在于要根据具体的采集需求和目标网站的特点，设计出一套科学合理、高效可靠的爬取策略。不同的评估方法会导致不同的重要性计算，从而影响链接的访问顺序。目前，主要有基于内容评价、基于链接结构评价、基于增强学习、基于语境图和基于深度学习的爬取策略。

③ 增量式网络爬虫。对新增或变化的页面进行爬行和更新，而不是重新爬取整个网站，

以确保所获取的页面尽可能地新鲜。相对于定期重新爬取所有页面的爬虫，增量式网络爬虫只爬取新增或更新的页面，以便于下一次爬取时能够识别出哪些是新内容或者更新的内容。此方法可以有效提高爬取效率和降低对服务器的负载，但需要仔细设计和管理，以确保爬取的内容准确、完整和及时。

④ 深层网络爬虫。能够抓取深层网页（如动态网页、AJAX 网页、JavaScript 网页等）的网络爬虫，相对于传统的静态网页，深层网页的内容更加丰富、交互性更强，但也更具挑战性。网页根据存在方式可以分为静态页面和动态页面。静态页面也称为表层网页，是指由链接可达的静态网页组成的页面，通常被传统搜索引擎所索引。动态页面也被称为深层网页，它包含大量无法通过静态链接直接访问的内容，需要在用户提交关键词后才可获取，例如需要注册或登录后才能查看的网页，这些内容常常隐藏在搜索表单之后。深层网络爬虫需要使用一些附加策略（如 JavaScript 解析器、动态网页抓取框架等）才能够自动抓取深层网页的内容。在爬行深层网页的过程中，深层网络爬虫最重要的任务是有效地发现和抓取隐藏在网站深处的信息，这些信息可能被普通用户所忽略，但对于某些特定应用场景却具有重要价值。

实际应用中，搜索引擎的爬虫可以自动地抓取互联网上的网页信息，建立索引，从而提供更加准确和全面的搜索结果；舆情监测的爬虫可以帮助机构及时了解社交媒体上的舆情变化，制定有效的公关策略。同时，网络爬虫也存在一些潜在的问题和风险，如隐私保护、版权问题等。网络爬虫系统通常会采用多种不同的爬虫技术，以实现更高效、更全面的信息获取。在进行互联网采集和网络爬虫的时候，需要根据具体情况选择合适的系统架构和技术方案，以达到最佳的效果和效率。

2.3.3　互联网采集策略

（1）深度优先策略

指网络爬虫从起始页开始，沿着一个链接一直深入探索，直到到达最深处，然后再回溯到上一个节点，继续探索下一个链接。这种搜索方法通常会优先访问深度较大的页面，可能导致爬虫陷入某个较深的节点无法回溯，同时也可能错过其他页面。可以通过二叉树状图进行理解，在图 2.3 中深度优先的爬取顺序为 A-B-D-E-I-C-F-G-H（递归实现）。

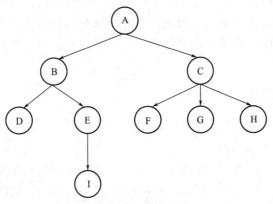

图 2.3　二叉树状图

深度优先策略通常使用递归或栈来实现，它的原则是尽可能深入每个可能的分支路径，直到它不能再深入为止，并且尽可能地优先访问每个节点的未探索分支。递归方法将当前节点的所有邻居节点作为参数调用自身函数，栈方法则将当前节点推入栈中，并不断弹出栈顶元素进行遍历，直到栈为空为止。

在深度优先策略过程中，每个节点只被访问一次。注意，深度优先策略二叉树有三种方式，分别是前序遍历、中序遍历和后序遍历。在这里我们使用前序遍历方式。

（2）广度优先策略

指网络爬虫先抓取起始页中所有链接的网页，然后按照层级顺序依次抓取每个网页中链接的网页，直到抓取完所有层级的网页为止。待抓取的 URL（统一资源定位符）会被放入一个队列中，网络爬虫按照队列的先进先出顺序进行访问。这种遍历方式可以保证抓取到的页面层级不会太深，同时也可以更全面地发现整个网站的内容，以此类推。这种遍历方式类似于按层次遍历树结构，从起始页开始依次访问该层中所有链接的网页，再按照深度逐层访问下一层中的链接网页，保证了网络爬虫抓取网页的广度和全面性。

广度优先策略是一种按层次顺序访问节点的遍历方式，从图的某个起始节点开始，依次访问其所有邻居节点，然后访问离起始点更远的节点。广度优先遍历的优点是可以找到最短路径也可以避免进入死循环。具体过程中，使用队列来维护待访问的节点，每次取出队列头部的节点进行访问，并将其未被访问的邻居节点加入队列尾部，直到队列为空。广度优先策略保证了从起始节点到所有可达节点的最短路径可以被找到，因此常用于寻找最短路径和最优解等问题。在广度优先遍历中，新发现的链接会直接插入待抓取 URL 队列的末尾。在图 2.3 中，广度优先策略的爬取顺序为 A-B-C-D-E-F-G-H-I（使用队列实现）。

两种策略各有优缺点。虽然都是常用的图遍历算法，但它们在搜索不同类型的图时各有优缺点，深度优先搜索算法占用的空间较少，但由于需要回溯操作，所以运行速度较慢。而广度优先搜索算法，由于会保留全部节点，因此占用空间较大，但是不需要进行回溯操作，即没有入栈和出栈操作，因此运行速度较快。

通常，深度优先搜索算法不会保留全部节点，已经扩展过的节点会从数据库中弹出并删去，这导致存储在数据库中的节点数一般等于深度值，占用空间较少。当搜索树的节点数量较多时，使用其他方法可能会出现内存溢出的情况，此时深度优先搜索就成为一种有效的求解方法。

由于广度优先策略算法会存储所有产生的节点，因此需要占用比深度优先策略更多的存储空间，需要在程序设计中考虑内存管理问题，特别是在处理大规模的搜索树时。综上所述，深度优先策略和广度优先策略各有优劣，选择哪种算法取决于具体的问题需求和实际情况。

2.3.4　互联网采集现状

随着互联网和互联网技术的快速发展和信息爆炸式增长，互联网采集目前面临的进一步发展趋势和现状：

① 应用范围更加广泛。互联网采集现在已不单纯用于搜索引擎的维护，也用于数据挖掘、商业应用、科学研究等领域。例如，利用互联网采集的数据可以获得社交媒体上的用户信息、商品价格信息等。

② 技术手段更加多样化。随着技术的发展，互联网采集的技术手段也越来越多样化，包括多线程、分布式、反爬虫等技术的应用。效率和稳定性也得到了大幅提升。

③ 面临着隐私保护和版权保护等问题。互联网采集面临着隐私保护和版权保护等问题，需要合法和规范使用。例如，在采集企业竞争情报时，需要遵守商业机密和隐私保护的规定。

互联网采集具有重要的作用，但也需要注意相应的合法和规范使用，以维护互联网生态的健康和稳定。

2.4　物联网采集

物联网（Internet of Things，IoT）的概念是在 1999 年提出的，是指将每种物品进行唯一标识后，通过各种传感器、控制器等设备采集物理世界中的数据，根据协议将物品与互联网连接，将这些数据上传到云端进行存储和处理，从而为实现智能化、自动化提供基础数据。简单来说，就是"物品级的互联网"或"有物品参与的互联网"。物联网的基本内涵如图 2.4 所示。

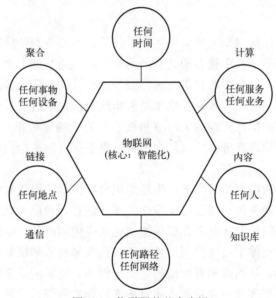

图 2.4　物联网的基本内涵

物联网的目标是实现物与物之间的互联互通，通过无线传感器网络、RFID 技术、云计算等技术手段将物理世界中的各种物品和设备连接起来，形成一个智能化的、自组织的系统，以提高生产效率、优化资源利用、改善人类生活和环境等方面的问题。

物联网组成一般包括如下部分。

① 硬件层。通常含有各种传感器、执行器、控制器和智能设备，如图像传感器、光学传感器、智能家居中的中央控制器、气压传感器、光照强度传感器等。

② 通信层。物联网设备之间需要进行信息传递和交换，因此需要各种通信技术，如Wi-Fi、蓝牙、ZigBee、LoRa 等。

③ 中间件层和数据库层。对于物联网设备的数据处理和分析，需要各种软件和算法，包括数据采集、存储、处理、分析和应用等方面的软件和算法。

物联网的应用场景非常广泛，可用于智能家居、医疗健康、农业等领域。在智能家居中，实现对家居环境的自动监测和控制，提高家居安全性、舒适度和便捷性；在医疗健康领域，可应用于远程医疗、健康监测等方面；在农业中，实现对土壤、气象等环境参数的监测和数据分析，提高农业生产效率和质量。

2.4.1　物联网体系结构

物联网的体系结构包含三个主要部分——感知层、网络层和应用层，用于实现智能控制。体系结构是由一组部件以及它们之间的关系组成的系统或网络。

（1）感知层

物联网的感知层是连接物理世界和数字世界的关键部分，包括各种传感器、执行器和嵌入式设备，目的是收集各种环境数据，并将其转换为数字信号。执行器可以根据数字信号控制物理设备的运动或行为，例如智能家居中的电灯、电视等；而嵌入式设备则是指集成了微处理器和各种传感器的小型计算机，它们通常用于物联网节点的数据采集、处理和通信等任务。为了保证数据的准确性和可靠性，必须对数据进行处理和分析，以便在应用平台上得出有价值的结论。

（2）网络层

物联网的网络层是连接感知层和应用层的中间层，主要负责传输数据和控制信息。它分为核心网和接入网两部分，其中核心网是基于现有互联网的基础上融合电信网、广播电视网等形成的栅格化网络，为处理中心和用户提供服务；接入网则是连接感知层和核心网的关键部分，包括无线接入网和有线接入网。感知层采集到的信息经过接入网传输到核心网处理中心或用户手中，是物联网信息传输的主通道和核心，为了确保数据传输的可靠性和高效性，接入网还需要进行数据处理和分析，以便在传输过程中尽可能减少数据丢失和传输延迟。

（3）应用层

物联网的应用层是指在网络层之上，为最终用户提供具体服务和应用的层次。应用层主要用于智能分析、处理和决策，通过智能演化实现从信息到知识再到控制指挥的转化，从而能够处理和解决特定的问题和任务，并提供智能化的应用和服务，由业务支撑平台和各种业务应用系统组成。业务支撑平台是应用层的核心，接收来自感知层和网络层的数据，并对这些数据进行处理和分析，从而得出有价值的信息。例如，物联网云平台就是一个业务支撑平台，它提供丰富的数据处理和存储功能，同时还支持开发者快速构建物联网应用程序；业务应用系统是基于业务支撑平台构建的各种具体应用程序，它们直接面向最终用户，为用户提供丰富的物联网服务和应用。例如，智能家居、智能医疗、智能交通等应用都属于业务应用系统的范畴。

2.4.2　物联网协议

物联网协议是指用于物联网设备之间的协议，通常分为传输协议和通信协议。传输协议主要负责子网内设备间的组网和通信，而通信协议则主要用于设备通过互联网进行数据交换和通信，通常是在传统的 TCP/IP 协议之上运行。传输协议是建立在局域网或广域网基础上的协议，旨在提供高效、可靠、安全的设备间通信服务。通信协议则负责在全球范围内实现设备之间的互联互通，保证物联网的信息交换和共享。通信协议通常采用开放式标准，以便各种设备和平台都能够互相通信和交换数据。物联网协议的发展，将极大地促进物联网的发展和应用。目前比较常见的物联网数据通信协议有 HTTP、XMPP、CoAP、MQTT、

DDS、AMQP 以及 JMS 等七种协议。

（1）HTTP（hyper text transfer protocol，超文本传输协议）

HTTP 是一种简单的请求-响应协议，用于在互联网上进行数据通信。工作原理是通过请求-响应模式实现，规定了客户端可能发送给服务器的请求消息以及服务器返回的响应消息格式和内容。HTTP 协议是一个无状态协议，每个请求都是独立的，即服务器不会保存与客户端之间的任何状态信息，可以提高系统的可伸缩性。该协议的优势在于其简单的请求/响应工作模式、明确的方法定义、合理的状态码设计以及对各种媒体类型的友好支持。然而，HTTP 也有其缺点，例如它是一种单向的明文协议，安全性较差。另外，由于 HTTP 是一种文本协议，因此数据传输是明文的，容易被窃听和篡改。

（2）XMPP（extensible messaging and presence protocol，可扩展消息和状态协议）

XMPP 是一种基于 XML 的开放式即时通信协议，旨在提供一种标准化、分布式的即时通信解决方案。它能够让因特网上的用户向任何其他用户发送即时消息，并在服务器之间实现准即时操作。XMPP 是一种灵活、可扩展和去中心化的协议，已经被广泛应用于各种即时通信、社交网络和物联网等应用中。该协议的优势在于，能去中心化架构，类似于邮件网络；具有安全性，支持 SASL 认证和 TLS 加密；灵活性强，基于 XML 格式可以自定义功能；应用广泛，可以在各种客户端和服务端上实现。但缺点在于，不支持服务质量（QoS）；基于文本协议可能会带来较高的网络负载。此外，XMPP 协议在传输二进制数据方面支持较差。尽管如此，XMPP 协议也被用于远程系统监控、物联网和实时通信等领域。

（3）CoAP（constrained application protocol，受限的应用协议）

CoAP 是一种运行在资源比较紧张的设备上的协议，使用类似于 HTTP 协议的请求/响应工作模式。该协议的优势在于，采用类似 HTTP 的请求和响应语义，使其易于使用和集成到现有的互联网基础设施中。使用二进制数据减小报文大小，提高通信效率。基于 UDP 协议运行，相比于 TCP 协议，CoAP 的数据包更小且无须建立连接，从而避免了握手的开销。但缺点在于，使用 UDP 协议传输方式的不可靠性。不过，通过采用重传机制和四种报文类型的组合，可以提高传输的可靠性。此外，UDP 的无连接传输方式也会限制不同网络之间消息的回传。因此，UDP 协议更适用于局域网中的一对一机器与机器（M2M）通信。

（4）MQTT（message queuing telemetry transport，消息队列遥测传输协议）

MQTT 是一种消息发布/订阅协议，旨在为性能较差的远程设备和不稳定网络下的发布/订阅消息提供支持。它基于客户端-服务器模式，可让设备发布或订阅感兴趣的主题，MQTT 服务器则负责转发消息。基于 TCP/IP 协议栈，具有低开销、简单易用、可靠性高等特点，适合在资源受限的设备上使用。该协议的优势在于，MQTT 采用发布/订阅消息模式，可以实现一对多的消息发布，并实现了程序解耦，可以实现灵活的消息路由和订阅管理。此外，MQTT 的网络传输开销非常小，其固定头部仅占用 2 字节；协议交换最小化，以降低网络流量。但缺点在于，MQTT 协议采用集中化部署，这意味着服务器需要承担较大的压力，同时在 MQTT 的设计中应考虑流程控制和高可用性。

（5）DDS（data distribution service，数据分发服务）

DDS 是一种面向实时系统的数据分布服务，用于实现分布式应用程序之间的高效通信。采用发布/订阅模型，通过数据共享来实现不同设备之间的协作，可用于设备间的数据分发和控制，以及设备与云端之间的数据传输。DDS具有高效的实时数据分发能力，能够在秒级内向众多设备同时分发数百万条消息。与其他协议相比，DDS在服务质量方面提供了更多的保障措施，因此适用于需要高可靠性和安全性的领域，如国防军事和工业控制等。然而，DDS主要应用于有线网络中，目前在无线网络和资源受限环境下的应用还比较少见。

（6）AMQP（advanced message queuing protocol，高级消息队列协议）

AMQP是一种开放式标准的消息传输协议，用于实现异步、跨平台、可靠的消息传递。采用队列和发布/订阅模型，支持多种编程语言和操作系统，并提供了多种QoS服务质量等级。AMQP协议被广泛应用于金融交易、电子商务、物联网等领域，以实现高效的消息传递和数据处理。该协议的优势在于描述了在网络上传输的数据的格式，以字节为流，面向消息、队列、路由（包括点对点和发布/订阅）、可靠性、安全协议实现。

（7）JMS（Java message service，Java消息服务）

JMS是Java平台中的消息队列协议，用于实现异步、可靠的消息传递。它采用队列和主题两种模型，支持多种消息类型和QoS服务质量等级，并提供了事务和持久化等特性。JMS客户端通过消息代理（也称为消息中间件或路由器）向其他JMS客户端发送消息。消息是JMS中的对象，由头和正文两部分组成。头包含路由信息和与该消息相关的元数据，正文包含应用程序数据或有效载荷。根据有效载荷的类型，消息可以分为六种类型：文本消息（text message）、对象消息（object message）、Map消息（map message）、字节消息（bytes message）、流消息（stream message）和空消息（message），它们分别携带不同类型的有效载荷。

由于不同的协议有不同的特点，因此在使用时需要根据具体的需求进行选择。以上这些协议都支持发布/订阅消息模式，允许多个设备同时订阅同一个主题，使得消息的发布者与接收者解耦合，从而提高了数据源的获取效率和可靠性。

此外，AMQP和JMS等协议具有服务自发现、动态扩展和事件过滤特性，可以有效地实现物的连接在空间上的解耦，无须知道通信地址，以及时间和同步上的解耦。这种协议特别适用于需要控制和管理网络带宽、内存空间等资源使用的场景。

对于需要控制数据的可靠性、实时性和数据的生存时间的场景，可以选择DDS协议，因为DDS协议具备灵活的服务质量策略，可以在窄带无线环境以及宽带有线通信环境下开发出满足实时性需求的数据分发系统。

在物联网的受限环境中，可以选择使用CoAP和MQTT协议来实现设备之间的通信。设备的远程监控与管理场景下，可以选择MQTT协议。

以智能家居为例，XMPP协议可用于控制智能灯的开关。智能家居电源的监控、发电厂的发电机组监控等可以通过DDS协议来完成。当电力传输到家庭时，MQTT协议可用于电力线的检查和维护。为了分析所有家用电器的用电量，可以使用AMQP协议将数据传输到云或家庭网关。最后，如果用户想将能耗查询服务发布到互联网，可以使用HTTP来打开API服务。

2.4.3　物联网数据采集技术

物联网数据采集技术是指通过物联网技术将各种设备、传感器、智能终端等连接起来，实现数据采集、传输和处理的技术。常用的物联网数据采集技术包括以下5种。

（1）无线传感器网络

无线传感器网络是一种自组织的、分布式的、自适应的多节点网络，用于采集环境中的各种信息。无线传感器网络具有易部署、灵活性高、可扩展性好等特点，可以广泛应用于环境监测、安全监控、智能交通等领域。例如，在智能家居中，通过无线传感器网络可以实现对温度、湿度、烟雾、气体等参数的实时监测和数据采集。

（2）RFID

RFID 是一种无线通信技术，用于识别和跟踪物体。通过将信息存储在标签或晶片中，并使用无线电波进行通信，实现对物品的远程识别和定位。RFID 技术适用于在物流、仓储等领域中对物品进行管理和追踪。例如，在物流领域，RFID 的应用可提高物品管理的效率和准确性，减少人工操作和错误。

（3）蓝牙技术

蓝牙技术是一种短距离无线通信技术，可以在数米范围内建立点对点或多点连接。蓝牙技术最初是为了解决手机与耳机之间的无线通信问题而发展起来的，现适用于在移动设备、智能家居等领域中进行数据采集和传输。例如，在智能家居中，通过蓝牙技术可以实现对门锁、灯光、空调等设备的控制和数据采集。近年来，蓝牙技术还发展出了一些新的应用，如蓝牙定位技术，可以实现精准的室内定位和导航等。

（4）ZigBee 技术

ZigBee 是一种低功耗、短距离的无线通信技术，主要优势是低成本、低功耗和高可靠性。它可以支持多种不同类型的设备之间连接。适用于在家庭自动化、智能建筑等领域中进行数据采集和控制。例如，在家庭自动化领域中，通过 ZigBee 技术可以实现对家电、智能家居设备的控制和数据采集。

（5）LoRa 技术

LoRa 技术是一种长距离、低功耗的无线通信技术，适用于在城市物联网、农业物联网等领域中进行数据采集和传输。例如，在城市物联网领域中，通过 LoRa 技术可以实现对城市交通、环境等参数的实时监测和数据采集。

总之，物联网数据采集技术种类繁多，不同的技术适用于不同的场景和应用领域。通过合理的选择和应用，可以实现对各种物联网设备和传感器的数据采集和处理，为物联网应用提供更加完善的技术支持。

 本章小结

本章首先阐述大数据采集的概念，介绍了大数据采集较为常用的方式，以及与传统数据采集的区别。

然后阐述了数据质量和数据预处理的相关内容，在进行数据采集之前为了得到完整、准确、可靠的数据要先进行大数据处理，在预处理阶段要经过数据清洗、数据转换以及数据消减等步骤。

最后详细讲解了互联网采集以及物联网采集，介绍了各自的数据特点、技术和协议等，同时介绍了互联网采集与物联网采集的差别，明确了解两者在数据源、数据类型、采集方式、数据处理及应用场景的不同。

习题

1. 请阐述传统数据采集与大数据采集的内容及特点有哪些区别。
2. 请描述大数据预处理的一般流程。
3. 请简述网络爬虫有哪些分类。
4. 请简述网络爬虫的基本原理。
5. 请简述物联网的七大协议。

参考文献

[1] ATMOKO R A, RIANTINI R, HASIN M K. IoT real time data acquisition using MQTT protocol [C]// Journal of Physics：Conference Series. IOP Publishing, 2017, 853 (1)：012003.

[2] ZHANG L C, HARALDSEN G. Secure big data collection and processing：framework, means and opportunities [J]. Journal of the Royal Statistical Society：Series A (Statistics in Society), 2022, 185 (4)：17.

[3] XING Y F, WANG X W, QIU C C, et al. Research on opinion polarization by big data analytics capabilities in online socialnetworks [J]. Technology in Society, 2022, 68：24.

[4] 杜鹏. 大数据技术在环境保护中的应用及影响因素分析 [J]. 产业科技创新, 2023, 5 (01)：90-92.

[5] RAHME, DO H H. Data cleaning：problems and current approaches [J]. IEEE Data Eng Bull, 2000, 23 (4)：3-13.

[6] 张之哲, 李兴源, 程时杰. 智能电网统一信息系统的框架、功能和实现 [J]. 中国电机工程学报, 2010, 30 (34)：1-7.

[7] MISHRA N, PANDYA S. Internet of things applications, security challenges, attacks, intrusion detection, and future visions：a systematic review [J]. IEEE Access, 2021, 9：59353-59377.

[8] PIVOTO D G S, de ALMEIDA L F F, da ROSA RIGHI R, et al. Cyber-physical systems architectures for industrial internet of things applications in Industry 4.0：a literature review [J]. Journal of manufacturing systems, 2021, 58：176-192.

[9] KAUSAR M A, DHAKA V S, SINGH S K. Web crawler：areview [J]. International Journal of Computer Applications, 2013, 63 (2)：31-36.

[10] 谢克武. 大数据环境下基于 Python 的网络爬虫技术 [J]. 电子制作, 2017 (09)：44-45.

[11] 钟机灵. 基于 Python 网络爬虫技术的数据采集系统研究 [J]. 信息通信, 2020 (04)：96-98.

[12] OLSTON C, NAJORK M. Web crawling [J]. Foundations and Trends® in Information Retrieval, 2010, 4 (3)：175-246.

[13] 廖建新. 大数据技术的应用现状与展望 [J]. 电信科学, 2015, 31 (07)：7-18.

[14] 刘智慧, 张泉灵. 大数据技术研究综述 [J]. 浙江大学学报 (工学版), 2014, 48 (06)：957-972.

[15] 杨定中, 赵刚, 王泰. 网络爬虫在 Web 信息搜索与数据挖掘中应用 [J]. 计算机工程与设计, 2009, 30 (24)：5658-5662.

[16] 曾伟辉, 李淼. 深层网络爬虫研究综述 [J]. 计算机系统应用, 2008 (05)：122-126.

[17] 黄源, 涂旭东, 罗少甫. 数据清洗 [M]. 北京：机械工业出版社, 2020.

[18] 王佳斌, 郑力新. 物联网技术及应用 [M]. 北京：清华大学出版社, 2019.

[19] 廖大强. 数据采集技术 [M]. 北京：清华大学出版社, 2022.

[20] 周林娥, 方荣卫, 王钰坤, 等. 互联网数据采集技术与应用 [M]. 北京：清华大学出版社, 2022.

[21] 曾剑平. Python 爬虫大数据采集与挖掘 [M]. 北京：清华大学出版社, 2020.

第3章
大数据存储

 本章导读

在当前数字化时代，数据已经成为企业的核心资源之一，而大数据作为数据的一种特殊形式，也在不断地发展和演化。为了有效地存储和管理大数据，存储架构的选择和优化至关重要。同时，数据库管理技术、分布式文件系统以及大数据存储管理也成了大数据存储和管理的核心领域。

大数据存储是大数据处理和应用中至关重要的环节。随着大数据的迅猛增长和多样化应用的需求，传统的存储技术和架构已经无法满足其规模和性能要求，因此，大数据存储面临着一系列挑战与机遇。在大数据存储领域，需要解决海量数据的存储容量、数据访问速度和数据安全性等课题。为此，新型存储介质和架构的引入变得至关重要，例如基于相变存储器（PCM）和闪存的主存架构提供更高的存储容量和读写性能。同时，采用分布式存储系统能够实现数据的并行处理和可扩展性，从而提高大数据存储的吞吐量和可扩展性。数据的安全性和可靠性也是大数据存储的关键点。通过数据加密、访问控制以及容灾备份等安全措施，能够有效地保护敏感数据并确保业务的连续性。此外，数据冗余去除技术和纠删码技术等方法能够提升数据的完整性和可靠性，从而降低数据损坏和丢失的风险。

 学习目标

本章首先介绍数据库管理技术的类型及现状，然后介绍分布式文件系统的基本概念、结构以及存储原理，最后介绍大数据存储管理中的容灾、冗余去除和纠删码与优化相关技术的现状、应用和挑战。

3.1 数据库管理技术

3.1.1 关系数据库与非关系数据库

关系数据库和非关系数据库都是现代计算机科学中非常重要的概念，它们在不同场景下有着不同的应用。本节将会介绍关系数据库和非关系数据库的基础概念、原理以及应用场景。

（1）关系数据库

关系数据库是指使用表格（或称为关系）来组织和存储数据的数据库。在关系数据库中，数据是以表格的形式存储的，每个表格有一个或多个列，每个列包含一个特定的数据类型，例如文本、整数、浮点数等。关系数据库中常用的概念包括关系、元组、属性、域、关键字和关系模式。

关系：每个二维表中每个关系都具有一个关系名，也就是表名；

元组：每个二维表中的一行，在数据库中叫做记录；

属性：每个二维表中的一列，在数据库中叫做字段；

域：属性的取值范围，即某一列在数据库中的取值极限；

关键字：能唯一标识元组属性的一组，在数据库中常被称为由一列或多列组成的主键；

关系模式：指对关系的描述，其格式为关系名（属性 1，属性 2，…，属性 N），在数据库中成为表结构。

关系数据库的优点可以归纳为以下 3 点：

① 易于理解。二维表结构是一个与逻辑世界非常接近的概念，相对于其他模型更容易理解。

② 易于上手。通用的 SQL 语言让关系型数据库的操作变得十分便捷。

③ 易于维护。充实的整体性使得数据冗余、数据前后不一致的概率大大降低。

虽然关系数据库使用便利、功能强大，但是仍然存在以下问题：

① 硬盘 I/O 的瓶颈。在高并发的情况下，关系数据库很难承受每秒上万次的读写请求，硬盘 I/O 成为一个很大的瓶颈。

② 查询效率低下。对于海量数据的表，关系型数据库在查询方面效率很低。

③ 难以横向扩展。需要停机维护和数据迁移的数据库，在基于 Web 的结构中横向扩展的难度最大。

④ 性能欠佳。多表关联查询和复杂 SQL 报表查询时性能欠佳。

⑤ ACID 要求。数据库事务必须具备 ACID 特性，这导致了在设计和维护方面的一些限制。ACID 特性分别指原子性（atomicity）、一致性（consistency）、隔离性（isolation）和持久性（durability）。原子性是指在数据库中，针对一个无法分割的最小工作单元所做的单独事务。一致性是指数据库始终在由一致状态转换为另一个一致状态。隔离性是一个事务所做了修改后才最终提交，对其他事务是不可见的。持久性是指一旦事务提交，所做的修改就会永久保存在数据库中。

(2) 非关系数据库

非关系数据库采用键值对的方式进行存储，它的数据结构并不是固定的，每个数据元组可以包含不同的字段。在这种数据库中，每个元组都可以按照需求添加自己的键值对，而不受固定结构的限制。这种特性不仅能够减少时间和空间上的开销，还使得数据库可以根据需求灵活地添加键值对。非关系数据库的数据组织和存储方式与关系数据库不同。它不需要预先定义的固定表格结构，而是支持更加多样化和灵活的数据存储方式以及查询方式。这种数据库使用不同的数据结构来存储数据，使得数据的组织方式更加多样化和适应性强。因此，非关系数据库的优点可以归纳为：

① 用户可以根据需要去添加自己需要的字段，不像关系数据库那样为了获取用户的不同信息进行多表关联查询，只需按照 id 取出对应的 value 即可完成查询。

② 适用于 SNS（social networking services）中，例如 Facebook、微博。随着系统升级

和功能增加，关系数据库的数据结构常常会经历巨大的变化，这会导致难以应对新需求。在这种情况下，非关系数据库应运而生。非关系数据库在存储数据时，不再依赖严格的结构化方式，使得它可以更灵活地适应各种新需求。然而，值得注意的是，由于非关系数据库并不局限于特定的数据结构，严格来说它不能被称为传统意义上的数据库，而更像是一种能够适应不同数据结构化存储方式的集合。

但是，非关系数据库的不足也比较明显，其只适用于一些比较简单的资料的存储，需要进行比较复杂查询的资料更适用于关系资料库。另外，非关系数据库不适合持久存储海量数据。

3.1.2　SQL 数据库

传统关系数据库主要有 3 类：Oracle、MySQL、Microsoft SQL Server。然而这三个数据库在产品功能趋同的情况下，也在进行差异化发展。这三个系统已经非常完善且功能基本一致。

① Oracle 数据库以其强大而全面的功能而闻名，提供了从软件到硬件的多种解决方案。它在传统金融和电信等行业中仍然是首选的数据库选项。近年来，Oracle 数据库已经不再局限于提供纯粹的数据库软件，而是开始提供一体机解决方案。Oracle 数据库一体机将 Oracle 数据库软件与服务器、存储和网络系统全面整合在一起，无须复杂的组装或布线。这一综合数据库设备主要针对中小型企业和部门级别的应用需求。

② MySQL 作为备受欢迎的开源数据库产品，采用了一种非常有效的数据存储方式，它并不将所有数据存放于单一仓库中，而是将数据分散保存于多个表格中。这种设计不仅提升了数据处理速度，还赋予了系统更高的灵活性。MySQL 属于关系数据库管理系统，其使用的 SQL 语言已成为目前应用最广泛的标准化数据库访问语言。在互联网领域，MySQL 被广泛采用，成为最常见的数据库解决方案之一。

③ Microsoft SQL Server 是一款全面的数据库平台，通过内置的商业智能（BI）工具，为企业级数据管理提供了支持。其数据库引擎能够安全可靠地存储关系型和结构化数据，可用于构建和管理高性能、高可用的数据应用程序，以满足业务需求。此外，Microsoft SQL Server 与 Windows 平台的紧密集成，提供了一体化的综合解决方案。然而，值得注意的是，由于它是一款针对 Windows 操作系统的数据库，部署限制在 Windows 环境中，可能在系统的稳定性方面存在一些挑战。同时，这也导致它在互联网应用领域的份额相对较小。

3.1.3　NoSQL 数据库

NoSQL 数据库，泛指非关系型的数据库。大数据应用需要实时的预测分析、个性化定制、动态定价、优质客户服务、欺诈检测和异常检测等。这些对数据库的需求可概括为：①简单的数据响应但必须确保高可用性；②内置支持版本控制和数据压缩；③查询执行必须接近于实时响应；④多种查询方法能支持非常复杂的 Ad-hoc 查询；⑤支持交互式查询；⑥并行处理能力。

这些特点对数据库的需求也不尽相同，如表 3.1 所示，不同 NoSQL 系统的功能和特性差异也较大，因此对它们的选择主要需要考虑应用场景的需求。

表 3.1   不同 NoSQL 数据库功能与特性的对比

项目	MongoDB	HBase	Cassandra	Redis
数据模型	文档	基于一列	基于一列	键-值对
数据存储	普通存储	HDFS	普通存储	内存
Map and Reduce 支持	支持	支持	支持	不支持
压缩	支持	支持	支持	不支持
数据一致性	最终一致性保证	一致性保证	最终一致性保证	无一致性保证
事务支持	不支持	不支持	不支持	不支持
二级索引	支持	支持	支持	不支持
全文索引	不支持	支持	不支持	不支持
地理索引	支持	支持	不支持	不支持

NoSQL 所能提供的特性可以分为六大方面，即可塑的数据模式、弹性查询、操作简便、社区化、可扩展性和低代价。

① 可塑的数据模式：在众多当代应用中，数据模型往往不是固定的，如广告推荐系统的用户兴趣信息项往往不是固定的。管理这类数据使用关系数据库的"先有模式，后有数据"的方式是不可行的。NoSQL 系统在设计之初就已经实现了可塑模式，如基于文档的数据模型或键-值对模型等，用户可以先加载数据，然后再定义模式。

② 弹性查询：有了可塑模式，上层查询就要发生变化，这种变化就是弹性数据库的查询。目前针对异构数据有效的解决方法就是将其元数据存入 NoSQL 数据库，并用可塑模式描述，查询依赖于正则表达式和关键字。

③ 操作简便：众所周知，传统单一节点的数据处理系统管理起来比较困难，因为数据规模的增大将导致可用性的降低。此外，大多数现代数据处理系统都部署在商业集群上，而集群组件的管理也比较困难，因为在应用程序中需要处理集群组件故障的情况。因此，高可用性在某种意义上比性能更为重要。然而高可用性在多数据中心环境下变得越来越难以保证，为了保证一个应用的高可用性，最好的办法是将这个应用部署在整个数据中心，而不是某些节点上。

④ 社区化：现在很多 NoSQL 数据库都是开源的，如 HBase，而开源促成了其强大的社区，而强大的社区会不断促进系统改进与升级。NoSQL 系统也尝试维持一个高活跃度的用户社区，而社区的管理是松散的，大家一般交流会很频繁但是很少制订有规律的计划。

⑤ 可扩展性：NoSQL 系统为了满足大数据的存储，必须是高可扩展的，而高可扩展性体现于在分布式集群上存储和管理数据。通过增加商用服务器，集群是很容易横向扩展的。例如，一些使用 MapReduce 具有大规模并行能力的集群可以通过扩展集群来达到性能要求。

⑥ 低代价：传统数据库软件一般会卖给用户一个序列号，安装程序可以在其官网下载。这种模式已经不适合当前的发展，首先，大数据时代，企业乐见于数据的增长快过当前数据创造价值的增长，如数据规模增长了一倍，但收益几乎没有变化。如果管理数据的软件成本非常高，势必严重阻碍公司的发展。其次，很多 NoSQL 数据库都是开源的，可以免费使用，如果进一步为了维护方便，可以以"云"的形式直接购买 NoSQL 服务，这样的成本比使用传统的关系数据库要低得多。

3.1.4　NewSQL 数据库

NewSQL 类数据库的两个代表分别是 Google Spanner 和阿里 OceanBase。这两个数据库中一个是国际上使用量最大的 NewSQL 数据库，另一个是国内使用量最大的 NewSQL 数据库。

（1）Google Spanner

Spanner 是 Google 的全球级分布式数据库。Spanner 具有高扩展性、多版本（multi-version）、世界级分布（globallydistributed）及同步复制（synchronously-replicated）等特性。Spanner 在高抽象层面上构建，利用 Paxos 协议将数据分布到位于全球各个数据中心的状态机中，实现了世界范围内的数据响应和自动切换，确保在出现故障时客户端副本能够自动切换。不仅如此，当数据总量或服务器数量发生变化时，Spanner 会自动进行数据的重分片和跨机器（甚至跨数据中心）的数据迁移，以平衡负载并处理故障。Spanner 的强大之处在于它能轻松地跨越数百个数据中心，将万亿级的数据库扩展到数百万台机器上。其高可靠性使得应用程序更加强大，即使在面对广泛的自然灾害时，系统的可靠性也能得到有效保障，这得益于 Spanner 具备的世界级数据转移能力。大多数其他应用程序都会在同一地理区域内将数据复制 3 到 5 份，以应对相对独立的故障模式。这意味着，许多应用程序在追求低延迟的同时，也会选择使用少部分数据中心来保证数据的可靠性。

（2）阿里 OceanBase

OceanBase 是一款高性能的分布式数据库系统，专注于支持海量数据的处理。它能够处理数千亿条记录和数百太字节（TB）的数据，实现了在数据规模庞大的情况下进行跨行跨表事务。在 OceanBase 的设计和实现中，研发团队采取了一种务实的方法，将有限的资源集中在关键功能上，暂时放弃了不那么紧急的 DBMS 功能，如临时表和视图。目前，OceanBase 的主要重点在于解决数据更新一致性、跨表读事务的高性能需求，以及范围查询、连接、数据全量和增量导入等任务上。该系统已经成功应用于淘宝的收藏夹功能中，用于存储用户的收藏条目、商品和店铺信息。每天，OceanBase 支持着大约 4000 万到 5000 万次的更新操作。

3.2　分布式文件系统

分布式文件系统（distributed file system）是一种通过网络在多台主机上实现文件分布式存储的文件系统，相对于传统的本地文件系统，一般采用"Client/Server"（客户/服务器）模式设计分布式文件系统。Client 通过网络与 Server 建立连接，以特定的通信协议提出文件存取请求，Client 与 Server 可以通过设置存取权限限制请求一方存取底层的数据存储块。

3.2.1　计算机集群的结构

计算机集群，通常简称为集群，是由一组紧密协同工作的计算机软件或硬件所构成的计算机系统。这些计算机节点（也称为节点）在集群系统中密切合作，完成各种计算任务。节点之间通过本地局域网或其他可能的连接方式相互连接。每个节点通常由处理器、内存、高速缓存以及本地磁盘等组件组成，能够独立地进行文件存储和处理。整个集群的基本架构如图 3.1 所示，计算机节点被组织在机架（rack）上，每个机架可容纳 8 到 64 个计算机节点。同一机架上的节点通过网络连接（通常使用千兆以太网或吉比特以太网）进行通信，而不同机架之间的节点则通过另一级网络或交换机相连。

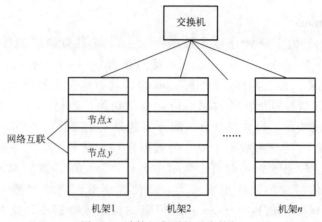

图 3.1   计算机集群的基本构架

3.2.2   分布式文件系统的结构

分布式文件系统在物理结构上是由计算机集群中的多个节点构成的，如图 3.2 所示。这些节点分为两类：一类叫"主节点"（master node），或者也被称为"名称节点"（name node）；另一类叫"从节点"（slave node），也可称为"数据节点"（data node）。主节点负责文件和目录的创建、删除、重命名等操作，同时管理数据节点和文件块的映射关系。因此，客户端只能通过访问主节点来确定请求文件块的位置，然后再前往相应的位置读取所需文件块。数据节点则负责存储和读取数据。在存储时，名称节点分配存储位置，然后数据直接写入对应的数据节点，由客户端负责存储和读取数据。在读取时，客户端获得数据节点和文件块的映射关系（从主节点处获取），随后访问相应的文件块。数据节点还负责创建和删除数据块，并根据主节点的指令进行冗余复制。分布式文件系统的设计初衷是为了应对大规模数据存储需求，主要用于处理大型文件，如 TB 级别的文件。因此，处理过小的文件不仅无法充分发挥其优势，还可能对系统的扩展性等产生负面影响。

计算机集群中的节点可能会出现故障，因此分布式文件系统通常会使用多副本（multi-

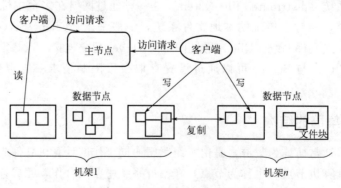

图 3.2   分布式文件系统的整体结构

copy）储存以确保数据的完整性，而在不同的节点上存放的文件区块会被复制成多个副本，而且存储同一文件块的不同副本的各个节点会分布在不同的机架上，这样在单个节点出现故障时，就可以快速调用副本重启单个节点上的计算过程，而不用重启整个计算过程，整个机架出现故障时也不会丢失所有文件块。文件块的大小和副本个数通常可以由用户指定。

3.2.3　分布式文件系统的设计需求

分布式文件系统在设计的时候，需要考虑满足不断增长的数据存储和处理需求、保证数据可靠性、提升数据安全性、增强系统的可用性等多方面的因素。因此，分布式文件系统的设计旨在实现透明性、并发控制、可伸缩性、容错性和安全性等目标。然而，在具体实施过程中，各产品的层次和方法有所差异。表 3.2 列出了分布式文件系统在不同目标中的设计需求及其含义，同时列出了 HDFS（Hadoop 分布式文件系统）在这些指标方面的实现情况。

表 3.2　分布式文件系统的设计需求

设计需求	含义	HDFS 的实现情况
透明性	具备访问透明性、位置透明性、性能和伸缩透明性等特点。访问透明性确保用户无须区分本地文件和远程文件，通过相同的操作访问资源。位置透明性使得路径名保持不变，即使文件副本数量和实际存储位置变化，用户也无感知，可以通过相同路径名访问文件。性能和伸缩透明性确保系统节点的增减和性能变化对用户而言都是无感知的，用户不会察觉节点的加入或退出	只能提供一定程度的访问透明性，完全支持位置透明性、性能和伸缩透明性
并发控制	客户端对于文件的读写不应该影响其他客户端对同一个文件的读写	机制很简单，只允许在某个程序中随时写入某个文件
文件复制	一个文件可以拥有在不同位置的多个副本	HDFS 采用了多副本机制
硬件和操作系统的异构性	可以在不同的操作系统和计算机上实现同样的客户端和服务器端程序	Java 语言开发跨平台能力好
可伸缩性	支持节点的动态加入或退出	建立在大规模廉价机器上的分布式文件系统集群，具有很好的可伸缩性
容错	当客户端或服务端出现问题时，确保文件服务能够正常使用	具有自动检测和修复故障的多副本机制
安全	保障系统的安全性	安全性较弱

3.2.4　分布式文件系统的存储原理

目前已广泛应用的分布式文件系统主要包括 GFS（Google file system）和 HDFS（Hadoop 分布式文件系统）等，后者是针对前者的开源实现。本节介绍分布式文件系统 HDFS 的存储原理，包括数据的冗余存储、数据存取策略、数据错误与恢复。

（1）数据的冗余存储

HDFS 作为分布式文件系统，为确保系统的容错性和可用性，采用了多副本的策略来进行数据的冗余存储。通常情况下，一个数据块的多个副本会分布在不同的数据节点上，如图 3.3 所示。例如，数据块 1 的多个副本分别存储在数据节点 A 和 C 上，而数据块 2 的副本则存储在数据节点 A 和 B 上。

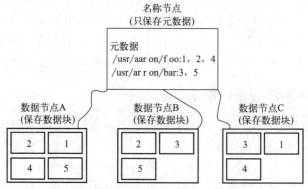

图 3.3   HDFS 数据块多副本存储

这种多文案的做法，好处有以下 3 点：

数据传输速度加快：当同一文件需要多个客户端同时存取时，不同数据块副本中的数据可以让每个客户端分别读取，这样就大大加快了数据的传输速度；

数据错误易查：利用多个副本，轻松判断通过网络传输数据的 HDFS 各个数据节点之间的数据传输是否存在错误；

保证数据的可靠性：即使某一数据节点失效也不会造成数据丢失。

（2）数据存取策略

数据存取策略包括数据存储、数据读取和数据复制等多个方面，是分布式文件系统的核心内容，在很大程度上会影响分布式文件系统整体的读写性能。

① 数据存储。HDFS 采用了基于机架（rack）的数据存储策略，以提升数据可靠性和系统的可用性，并充分利用网络带宽。典型的 HDFS 集群包含多个机架，其中不同机架之间通过交换机或路由器进行数据通信，而同一机架内的机器之间则无须通过交换机和路由器进行通信。这意味着，在同一机架内部，不同机器之间的通信带宽相对较大（相较于不同机架之间的通信）。此策略旨在优化数据传输效率，增强系统的性能和可靠性。通过这种方式，HDFS 可以更有效地管理数据的分发和存储，减少数据传输的延迟，提高数据读写速度，从而提供更高的数据处理效能。一般而言，HDFS 副本的放置策略如下（见图 3.4）。

a. 如果是集群内部发起作业请求的，将首份副本置于发起作业请求的数据节点上，实现数据就近书写；如果是集群外部的写入操作请求，则从集群内部选择一个磁盘不太满、CPU 不是很忙的数据节点，作为第一个副本的存放地。

b. 第二个副本会被放置在与第一个副本不同机架的数据节点上。

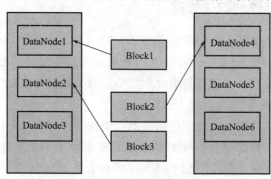

图 3.4   副本放置策略

c. 第三个副本会被放置在与第一个副本相同机架的其他节点上。

d. 如果还有更多的副本，则集群中数据节点继续随机抽取存放。

HDFS 默认每一个数据节点都在不同的机架上，这种方式在写入数据的时候会有这样的缺点，那就是无法充分利用同一机架内部机器之间的带宽，但是这种方式也带来了更加显著的优点：即使一个机架发生故障，也可获得位于其他机架上的较高数据可靠性的资料影印件，可继续使用；在读取资料时，可实现多机架并读，大大提高了资料的读取速度；可以更容易地实现系统内部负荷均衡和错误处理。

② 数据读取。HDFS 为客户端提供了一个 API，可以确定特定数据块副本所归属的框架 ID。客户端也可以通过调用这个 API 来获取自己的框架 ID。在客户端读取数据时，它会从包含该数据块副本的不同数据节点的存储位置列表中获取信息。当发现某个数据块副本的框架 ID 与客户端的框架 ID 一致时，客户端会调用 API 来确认这些数据节点的框架 ID，然后优先选择这些节点上的副本来读取数据。如果找不到与客户端框架 ID 匹配的副本，客户端将随机选择一个副本进行数据读取。

③ 数据复制。HDFS 的数据复制采用流水线复制的策略，使数据复制效率大大提高。当客户端要将文件写入 HDFS 时，会先将文件写入本地，切成若干块，由 HDFS 设定值决定每个块的大小。

(3) 数据错误与恢复

HDFS 具有高容错的机制，可兼容廉价硬体，它把硬件出错看作一种常态，而不是异常，针对检查数据错误设计对应机制并自动恢复，主要包含以下三种情形：

① 名称节点出错。名称节点在 HDFS 中扮演着保存所有元数据信息的关键角色，其中最为核心的数据结构是 Fsimage 和 Editlog。整个 HDFS 文件系统的可用性在这两个文件受损的情况下会受到影响。为确保名称节点的安全性，HDFS 采用了两种关键机制：

a. 把名称节点上的元数据信息同步存储到其他文件系统（比如远程挂载的网络文件系统 NFS）中。

b. 运行一个第二名称节点，当名称节点宕机以后，可以把第二名称节点作为一种弥补措施，利用第二名称节点中的元数据信息进行系统恢复。一般会将以上两种方式合并使用，当名称节点宕机后，先到远程挂载的网络文件系统中获取备份的元数据信息，放到第二个名称节点上进行恢复，使用第二个名称节点作为名称节点使用。

② 数据节点出错。每个数据节点定期向名称节点发送"心跳"信息，并向名称节点报告自身状态。如果某些数据节点发生故障或者网络断开，名称节点将无法收到这些数据节点的"心跳"信息，因此这些数据节点会被标记为"宕机"，同时这些节点上的所有数据会被标记为"不可读"。名称节点将停止向这些宕机节点发送任何 I/O 请求。这可能导致一些数据块的复本数量小于设定的冗余因子。名称节点会定期检查这种情况，一旦发现某个数据块的复本数量小于冗余因子，就会触发数据冗余复制，生成新的复本。HDFS 与其他分布式文件系统的最大区别在于，冗余数据的位置可以进行调整。

③ 数据出错。网络传输和磁盘错误等因素可能导致数据错误。为了确保数据的正确性，客户端在读取数据后会使用 md5 和 sha1 等校验方法对数据块进行校验。在创建文件时，客户端会记录每个文件块的信息，并将这些信息写入与路径相同的隐藏文件中。在读取文件时，客户端首先读取信息文件，然后利用信息文件中的数据对每个读取的数据块进行校验。如果校验失败，客户端会请求从另一个数据节点读取该文件块，并通知出现错误的数据块的

名称节点。此外，客户端会定期校验数据块，如果出现问题，会重新复制数据块以确保数据的正确性。

3.3　大数据存储管理

3.3.1　大数据存储管理概念

(1) 存储管理

大数据存储通常采用分布式异构存储策略，然而，传统的分布式存储方式主要基于副本技术。在异构存储系统中，一种被广泛采用的方法是日志缓存（buffered logging）技术。这种技术在性能最佳的存储系统中存放主要数据，而在成本较低的存储系统中存放副本和数据更新日志。这种策略在降低成本的同时也保证了性能，典型代表是 RamCloud。通过这种方式，异构存储系统能够在经济效益与性能之间实现平衡，同时充分利用不同存储层次的特点，提供高效的大数据存储和管理。

(2) 索引管理

在大数据管理中，索引的设计涵盖了多种查询类型，如高扩展性、高性能，以及有效支持非主键查询和多维查询等需求。主要的索引结构包括按照空间目标排序的索引、二级索引以及双层索引等。其中，二级索引由局部索引和全局索引组成，局部索引负责节点上的数据索引，而全局索引则以局部索引为基础构建。另外，双层索引适用于非键值列的快速查询，它结合了原数据表中的键值和索引列，以提供更高效的查询性能。这些索引结构在大数据管理中发挥着关键作用，使得数据的查询与分析更加高效和灵活。

(3) 查询处理

大数据的查询处理主要是在基于 MapReduce 的基础上考虑连接算法和查询执行的查询优化。查询优化中主要考虑执行计划选择和负载均衡两方面。任务调度算法通常需要考虑任务负载特性、硬体异构性等指标，其中硬体异构性包含 CPU 效能、网络带宽、存储器、存储系统效能等特性。在动态负载均衡方面，目前主要考虑存储用量推荐、数据的读写频率等因素。

(4) 事务处理

在关系数据库中正确执行事务必须符合 ACID 特性，使得关系数据库的扩展性变得极为有限。但很多大数据场景都无法应用对数据强一致性的严格要求。这种情况下，新的 BASE 特性出现了，即只要求满足 Basically Available（基本可用）、SoftState（柔性状态）和 Eventually Consistent（最终一致）。从分布式领域著名的 CAP 理论来看，ACID 追求的是一致性的"C"，而 BASE 则更看重的是可用性的"A"。因此，基于 BASE 特性重新设计的交易与日志管理算法，使得在内存片的处理器或专用加速器上可以直接执行锁操作中的临界区，大大提高了交易的效率。

(5) 大数据分析

当前主流的大数据分析平台，如 Hadoop MapReduce 和 Spark 等，都是面向传统的通用处理器——DRAM 架构的计算机系统而设计的。为了发挥处理和存储融合的新型架构优势，需要重新设计相应的大数据平台。以 MapReduce 为例，Map 阶段高带宽需求的特性要求运算尽可能放在内存片上处理器中进行。再如 Spark，由于其内存计算特性，对内存带宽有较大需求，可以考虑重新设计架构使其能够更有效地使用内存片上处理器。

3.3.2　大数据存储数据容灾技术

数据备份是数据容灾的基础。数据备份是系统数据崩溃时，最后一道可以用到的防线，可以快速恢复数据。虽然它也算一种容灾方案，但这种容灾能力非常有限，因为传统的备份主要是采用数据内置或外置的磁带机进行冷备份，备份磁带同时也在机房中统一管理，一旦整个机房出现了灾难，如火灾、盗窃和地震等，这些备份磁带也随之销毁，所存储的磁带备份也起不到任何容灾功能。

容灾不是简单备份。数据容灾是为了弥补传统的冷备份的不足之处，使整个系统在灾难发生的时候能够全面、及时地进行恢复的措施。容灾一般从保障程度上分为数据级、系统级和业务级三个等级。

数据级别容灾的关注点主要在于确保数据的安全性，即在灾难发生后，用户的数据不会丢失或受到破坏。与简单备份不同，数据级容灾要求将数据备份保存在异地，这也被称为异地备份。在数据级容灾中，重点是确保数据的完整性和可用性，以便在主系统受损后能够恢复数据。这种方法需要等待主系统的恢复，因此容灾恢复时间相对较长，但数据级容灾在容灾计划中具有基本的底线作用。

系统级容灾是在数据级容灾的基础上，将应用处理能力（业务服务器区）进行复制，即在备份的现场设置一个支持系统。通过这种方式，系统级容灾能够保证持续的应用服务，确保系统服务的完整性、可靠性和安全性。这样用户的应用服务请求可以持续地运行，同时用户对于灾难的感知也会减少，因为系统服务在灾难发生时仍能够保持正常运行。需要注意的是，数据级容灾和系统级容灾都属于 IT 范畴，但 IT 系统在保障正常业务方面可能存在一些不足。

灾区救援对于业务层级要求更高，这时就需要考虑业务级容灾。业务级容灾包括诸多非IT 系统，如电话通信、办公场所等。特别是在发生重大灾难时，用户的原有办公场所可能会受到损毁，因此在备份的工作场所中，除了需要原有的数据和应用系统外，还需要确保能够正常进行业务操作。

（1）远程镜像技术

远程镜像，也被称为远程复制，是容灾备份的关键技术，同时也是实现灾难恢复的基础，它确保数据在异地保持同步。这项技术利用分布在不同物理位置的存储设备之间的远程数据连接功能，在远程地点维护一套数据镜像，因此即使在发生灾难时，也能够保持分布在异地存储设备上的备份数据的完整性。远程镜像可以根据是否需要远程镜像站点的确认信息，分为同步远程镜像和异步远程镜像两种模式。

同步远程镜像（同步复制技术）是一种通过远程镜像软件将本地数据完全同步地复制到异地的方法。在这种方式中，每一笔本地的 I/O 交易都需要等待远程复制的确认信息，然后同步镜像才会被释放。这样的操作保证了在主站发生故障时，用户的应用能够切换到备份的替代站点并继续执行业务，同时避免了数据的丢失。换言之，同步远程镜像的数据恢复点目标（recovery point objective，RPO）值为零（即不丢失任何数据）。

异步远程镜像（异步复制技术）是由本地存储系统提供给请求镜像主机的 I/O 操作来完成确认信息，保证在更新远程存储视图前完成向本地存储系统输出/输入数据的基本操作，也就是说它的 RPO 值可能是以秒计算的，也可能是以分或小时为计算单位。由于所有的

I/O操作都是在后台同步进行的，所以本地系统在处理数据时，性能并没有受到太大影响，等待时间也大幅缩短。异步远程镜像还具有传输距离长（可达1000km以上）、不需要很高的网络带宽等优势。

同步远程镜像和异步远程镜像的最大好处在于，最小限度（异步）甚至零（同步）地降低了因灾难造成的数据损失的风险。其次，在灾害发生的时候，恢复过程所花的时间相对来说是比较短的，这是因为不需要通过可以支持异构服务器和应用程序的代理服务器来建立远程数据镜像。

远程镜像的实现类型可以分为：基于主机，基于存储系统，基于光纤交换机，基于应用的数据复制。

远程镜像技术缺陷主要包括：费用较高，不能防止灾害的发生，如系统失效、资料丢失、损毁、误删等；对异构磁盘阵列及内置存储元件不能支持，对软体类型的支持不足，档案信息无法提供等。

（2）快照技术

快照是指包含在某一时间点（开始拷贝的时间点）所对应数据的映像中的指定数据集合的完全可用副本。快照可以是其所表示的数据的一个副本，也可以是数据的一个复制品。快照可分为基于文件系统式、基于子系统式、基于卷管理器/虚拟化式三种基本形式。

快照的作用主要有2点：①在存储设备发生应用故障或文件损坏的情况下，可及时进行在线数据恢复，使数据能够恢复到快照产生时点的状态；②是为存储用户提供了另一条数据存储通道，用户可以在测试等工作中使用原数据进行在线应用处理或使用快照时访问快照数据。所以，防止数据丢失，快照也是有效的方法之一。

3.3.3　大数据存储数据冗余去除技术

数据库的一个重要特点就是数据冗余。数据是应用的核心，数据库是重要的、高效的数据管理与保存系统。数据冗余是数据和文件的重复存储，在数据库中，当一个数据文件或多个数据文件中多次备份文件时，就会出现数据冗余的情况。要求数据存储系统具有较高的可靠性和高容错性，因此有些数据冗余是为了防止数据丢失所必需的备份冗余，以确保数据安全。但这些数据的冗余，在海量数据的年代，大部分都是没有价值的，也是可以去除的。如今的信息资源管理必须解决的问题是增加数据的独立性，减少数据冗余。

去除数据冗余是检测冗余数据，进行冗余处理，通过对重复数据的压缩来保证存储中心存放的是独一无二的文件，减少数据容量消耗，提高存储空间的利用率，让数据中心存放更多的数据，同时也让数据和文件保存的时间更长。

基于不同的策略，常见的去除冗余的方法有基于重复内容的识别方法、基于去重粒度方法、基于消除冗余执行次序和基于消除冗余执行地点。

（1）基于内容识别的冗余数据去除

以重复内容识别为主的方法，可分为基于散列识别和基于内容识别。

基于散列识别，一般由三种操作完成，分别是数据分割操作、数据指纹计算操作、数据重复检测操作。数据分割操作将数据分割成独立的块，这些数据块是完成数据冗余去除以及数据压缩的基本单位。数据指纹计算操作是在每个数据块内都生成一个散列，计算其散列键值，并将其作为数据指纹。数据重复检测是在不考虑哈希值冲突的情况下，如果数据指纹相同，则认为这是相同的数据，进而对重复数据进行压缩。

基于内容识别方法是通过元数据的信息来识别文件，通过逐一字节的比对，将不同的字节存储在另一个增量文件中。

（2）基于去重粒度的冗余数据去除

根据去重粒度不同，可以分为文件级、数据块级、字节级。

文件级去冗余是以文件为单位检查和删除冗余数据，通过哈希值方法查找是否有相同的文件存在。这种方法具有计算快的优点，但是相似文件的重复数据很难去除，能够达到的压缩效果有限。

数据块级去冗余是以数据块为单位查找数据冗余，通过删除内容相同的数据块达到去除冗余的目的。这种方法计算速度相对较快，是使用较多的去冗余方法，但是受数据变化的影响较大。

字节级别的去除冗余是以字节为基本单位查找和删除冗余数据的。其优点是具有很高的去重率，但是速度比较慢，开销非常大。

（3）基于消除冗余执行次序

去除冗余的时间长短不一样，按时间长短分为离线式去冗余和在线式去冗余两种。

离线式去冗余将要处理的数据存储在存储设备的磁盘缓冲区中，在系统的空闲时段，再根据一定的处理机制进行去除冗余操作。这种方法可以不影响其他业务的进行，但是需要预留很大的存储空间。

在线式去冗余是在数据存储之前对数据进行处理，所以不需要预留大量的空间或者保存原有的数据，但是它的吞吐量相对于离线去冗余来说不够高，这样会影响存储器的性能。

（4）基于消除冗余执行地点

根据去除冗余具有不同的去冗余地点，可以根据源端和目标端进行划分，分为源端去重和目标端去重。

源端是数据的发送端，一般是指客户端。源端去重是指寻找和去除源端重复数据的工作，减少数据传输的传输量，在带宽较低的情况下进行。但是源端去重会占用发送端的资源，使得发送端的程序性能受到影响。

目标端是数据的接收端和存储端，一般是指服务器端。目标端去重是指在数据的接收端进行查找以及去重的操作，这样不会影响源端的性能，在带宽比较高的情况下使用。

数据去冗余虽然可以节约时间和空间消耗，但是数据的可靠性也随之受到影响。尽管已经有了一些解决方案，但面对海量数据的处理，尤其是达到 PB 甚至 EB 级别的数据，数据去重的可扩展性还有待提高（技术和存储设备的限制）。同时，大量数据带来的数据去重将对去重性能造成严重影响。

3.3.4 大数据存储纠删码技术与优化

（1）基于纠删码的分布式存储技术

在大数据环境下，纠删码逐渐成为分布式存储系统中数据冗余技术使用频率最高的一种，这是随着数据量的不断增加而出现的。基于数据的存储周期，基于纠删码的分布式存储系统主要包括三项关键技术：数据写入、数据修复和数据更新。

数据写入是指数据从产生到存储到系统的过程，不同的写入方法对系统的性能影响也是不同的。在以副本为基础的数据撰写中，数据只需通过流水线方式，以数据块的方式依次完成数据的写入和传输就可以了。并且在以纠删码为基础的数据写入中，数据的写入技术除了需要区分资料区块和编码区块外，编码工作也需要先完成后再进行编码区块的写入。

数据修复是指数据失效时，数据恢复的过程。对系统负载和应用性能产生重要影响的是数据修复技术的性能。新生节点在基于副本技术的数据修复中，无须涉及其他操作，只需将失效数据块的副本从相关节点中读取即可。修复过程涉及大量的数据读取和数据编解码操作，是基于纠删码技术的数据修复。图 3.5 为纠删码数据的修复过程。

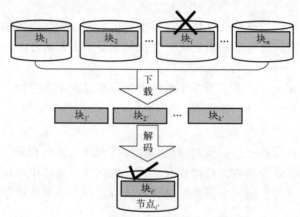

图 3.5　纠删码数据修复过程示意图

数据更新是指在完成相关数据更新之前，系统发出修改信息并记录的过程。更新过程的不同，对系统表现的影响也是千差万别的。在以副本为基础的资料更新中，数据的更新过程与数据的写入过程类似，只需以流水线方式依次完成数据的传送和更新，以更新数据为单位。在以纠删码为基础的数据更新中，数据的更新过程不会只涉及两种类型的数据区块与编码区块，在编码区块更新时也需要完成相应的计算。基于纠删码的更新将需要更多的数据传输，完成更多的计算，而不是副本的直接传输更新。

（2）纠删码数据修复技术

节点失效逐渐成为大规模分布式存储系统的常态。修复纠删码数据的过程，要完成修复失效数据，需要耗费大量的网络开销和时间。于是纠删码数据修复方法的高效低开销设计就成了当下研究的热点之一。常用的纠删码数据修复方法可分为基于度数限制的纠删码修复方法、基于网络编码的纠删码修复方法、基于位置选择的纠删码修复方法和基于拓扑优化的纠删码修复方法，这些方法都是基于网络编码的纠删码数据修复方法。

① 基于度数限制的纠删码修复方法。在数据块或编码块的修复过程中，修复成本与修复效率和节点度数有很大的关系。具体来说，失效区块度数越大，修复过程中需要连接的节点越多，数据量也就越多，需要下载的数据量也就越大，反之，较小的失效块度数则需要下载较少的数据量，即能对故障块度进行修复。因此，研究者通过限制节点在编码过程中所涉及的度数（也就是使用基于度数限制的纠删码修复方法），减少了修复费用。简而言之，通过较小的额外空间开销，基于度数限制的纠删码修复方法可以换取较多的修复费用减少。但度数的限制是在可靠性相当的前提下，与存储空间的开销成反比的，也就是度数限制越小，编码块就越需要存储。

② 基于网络编码的纠删码修复方法。基于网络编码的纠删码修复方法，通过加入参与节点计算的方法来减少修复过程中的数据传输数量。网络编码打破了传统的路由器只对传输

的数据进行存储转发的模式，建立了全新的网络体系结构编码-传输模式。总之，再生码的提出提供了一个新的研究方向，以减少纠删码的修复支出。现有的方法也对再生码的可行性进行了多方面的探索，并分别提出了与修复算法相对应的编码算法等。但系数所在的有限域要足够大，才能保证系数的存在，而要达到一定的编码要求，如精确修复等，在理论上仍处于探索阶段，而编码系数的选取方法并不规则，也不容易实现。

③ 基于位置选择的纠删码修复方法。在修复修正和删减失效数据的过程中，研究人员探索如何不读取提供者节点存储的所有数据，而是在修复过程中有针对性地读取修复计算所需的部分，从而降低修复过程中所需的数据传输量，即基于位置选择的纠删码修复方法。简而言之，基于位置选择的纠删码修复方法通过特定的编码算法，将最有利于修复的数据组合在提供者节点的众多数据中搜索出来，从而在故障数据修复过程中最大限度地减少数据下载量。但这类修复技术在选择编码片时极其困难，其时间复杂度为指数级，要选出最佳组合，必须穷尽所有选项。

④ 基于拓扑优化的纠删码修复方法。除了修复时传输的数据量之外，修复效率的高低还取决于修复时的传输路径。在传输同等数据量的情况下，能够充分利用网络可用带宽的数据传输路径就有可能更快完成数据的传输。研究人员对基于拓扑优化的拓扑修复进行了多角度的优化，即基于拓扑优化的纠删码修复方法。简而言之，树形结构的修复方法通过多种技术手段提高了数据的传输效率，减少了故障数据的修复时间，如挖掘网络中的高可用带宽、数据传输的流水线化和数据计算的分布化等。但现有的树形结构修复方法都是建立在节点间可用带宽的基础上，在一定程度上影响了可用性。这是因为可用带宽随网络的负荷每时每刻都在变化，而实时测量可用带宽则会使系统负担过重，甚至影响到正常的应用程序。因此，树形结构方法的适用范围受到可用带宽作为树形结构构建标准的限制。

(3) 纠删码数据更新技术

更新过程的不同，对系统表现的影响也是千差万别的。纠删码数据更新过程数据传输量大，计算复杂，如何设计出高效率、低成本的数据更新方法，是纠删码数据更新的挑战性问题。常用的纠删码数据更新技术主要有基于数据量优化的纠删码更新技术、基于更新方式优化的纠删码更新技术、基于传输优化的纠删码更新技术。

① 基于数据量优化的纠删码更新技术。纠删码的数据更新方法可以根据更新过程中传输的数据量，分为基于 RAID 块的数据更新方法和基于 Delta 块的数据更新方法。

a. 基于 RAID 块的数据更新方法主要有三种：全写更新、修复更新、读写更新。更新时以 RAID 区块为基础的数据更新方式传送的数据为整块数据或整块编码区块。同时，这种方法的更新性能还依赖于数据接收能力、数据计算能力以及更新节点的数据发送能力。已有部分研究通过分布更新节点任务提高了更新效率，但更新过程中基于 RAID 区块的数据更新方式需要较大的网络支出，使得该方式的应用受限。

b. 基于 Delta 块的数据更新方法是指更新时传输的数据是更新后的数据块不同于原来素材区块的部分，其示意图如图 3.6 所示。数据块更新的数据量相对来说要小一些。该方法通过挖掘只需在更新过程中传输数据块修改部分的线性编码中的线性特性来减少更新过程中的数据传输量。同时更新时所需的更新运算也因为传输的数据量较小而变得简单。因此，基于 Delta 区块的数据更新方法被大多数存储系统所采用。

② 基于更新方式优化的纠删码更新技术。基于更新方式优化的纠删码更新技术更新过

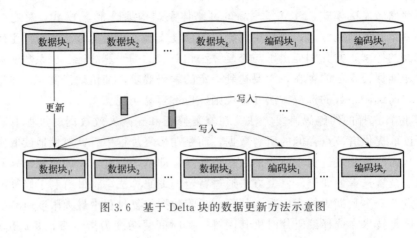

图 3.6　基于 Delta 块的数据更新方法示意图

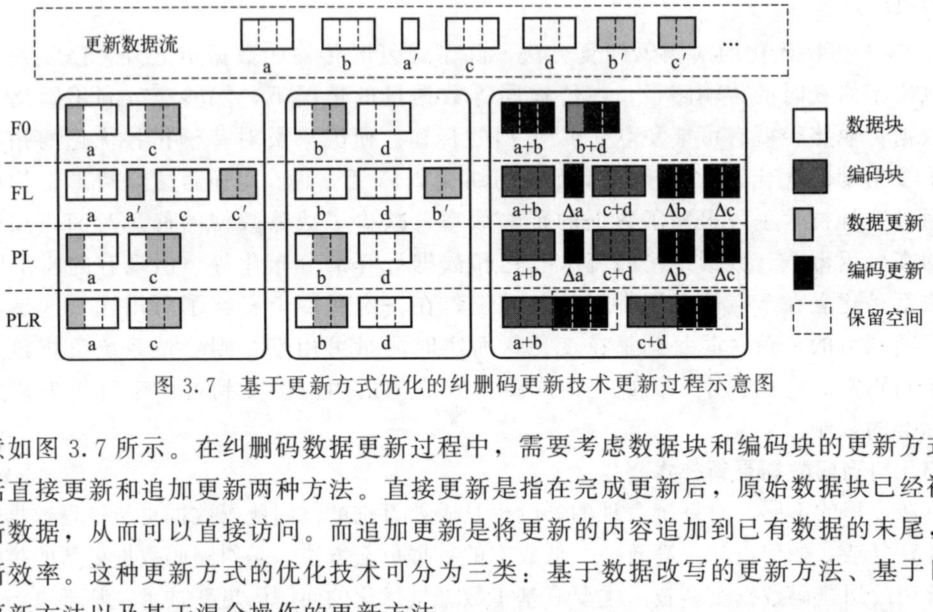

图 3.7　基于更新方式优化的纠删码更新技术更新过程示意图

程示意如图 3.7 所示。在纠删码数据更新过程中，需要考虑数据块和编码块的更新方式，通常包括直接更新和追加更新两种方法。直接更新是指在完成更新后，原始数据块已经被更新为最新数据，从而可以直接访问。而追加更新是将更新的内容追加到已有数据的末尾，以提升更新效率。这种更新方式的优化技术可分为三类：基于数据改写的更新方法、基于日志追加的更新方法以及基于混合操作的更新方法。

a. 基于数据改写的更新方法是指在更新过程中，数据块和编码块同时进行更新，即用更新后的数据覆盖原始数据。这种方法确保数据块和编码块的一致性，使得它们始终保持最新的数据状态。这个特性在应用运行的效率和准确性方面都具有重要影响，尤其对于失效数据的修复性能至关重要。然而，纠删码数据的更新涉及较多的数据传输，因此更新效率可能会受到影响。

b. 基于日志追加的更新方法是在更新过程中，将所有更新数据，包括数据块和编码块，追加到原始数据块和编码块之后。在一定的时间阈值内或数据访问时，触发更新操作以合并原始数据和更新数据。相对于基于数据改写的方法，基于日志追加的数据更新方法通过追加更新数据的方式减少了磁盘 I/O 并提高了追加效率。然而，该方法存在两个主要问题：数据的不一致性和更新的延迟。数据的不一致性指的是，在基于日志追加的方法中，尽管更新数据已经追加，但展示给应用的数据仍然是更新之前的数据，包括数据块和编码块。更新的延迟指的是在基于日志追加的方法中，追加操作只完成了部分更新工作，因为实际的更新分为两个步骤：追加和合并。

c. 基于混合操作的更新方法可以被视为基于数据改写的数据更新方法和基于日志追加的数据更新方法的结合体。因此,这种方法能够同时满足数据块一致性和编码块更新效率的需求。然而,传统的基于混合操作的数据更新方法在追加编码数据时采用了随机的方式,这意味着需要多次访问编码节点才能完成编码块的合并更新操作。这也就是说,传统的基于混合操作的数据更新方法存在较为繁重的磁盘 I/O 负担。

③ 基于传输优化的纠删码更新技术。现有的基于传输优化的纠删码更新技术主要包括基于数据节点的数据更新方法和基于更新节点的数据更新方法。

a. 基于数据节点的数据更新方法通过数据节点计算生成一些编码区块,并向相应的编码节点发送一些编码区块。将接收到的编码区块的一部分与原编码区块进行合并,编码节点完成数据的更新。在这个过程中,数据节点承担的任务是数据接收、数据运算、数据发送,三个环节同时进行,在更新过程中极易成为瓶颈。因此,只更新单一数据节点而不更新多数据节点的数据更新方法,比较适用于基于数据节点的数据更新方法。因为以数据节点为基础的资料更新方式,需要对多项更新进行串行处理,依次进行。具体过程如图 3.8 所示。

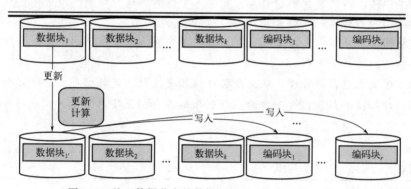

图 3.8　基于数据节点的数据更新方法更新过程示意图

b. 基于更新节点的数据更新方法将更新数据节点的任务转移到一个单独的更新节点上,从而实现更高效的更新处理。通过这种方式,更新节点可以汇总所有的更新信息,然后计算出完整的部分编码块,而无须按照串行方式逐个计算。这种方法特别适用于多节点更新的情境,通过同时处理多个数据块的更新来提高更新的效率。然而,尽管这种方法可以显著提升多点更新的效率,但由于单独的更新节点需要负责数据的接收和计算更新,它有可能成为更新过程中的瓶颈。同时,在对单独的数据节点进行更新时,需要同时读取更新后的数据块和原始数据块,这可能会带来较大的更新开销。图 3.9 展示了基于更新节点的数据更新方法在同时更新两个数据块 (d1 和 d2) 时的示意图。

简单地说,基于更新节点的数据更新方法实际上是通过提高多点更新效率,来实现同时对多个数据块进行处理的节点更新。然而,无论是基于数据节点的数据更新方法还是基于更新节点的数据更新方法,这两种方法在更新过程中都采用了以数据节点或更新节点为中心,以编码节点为子节点的星形结构来进行更新。数据节点或更新节点直接连接多个编码节点,这可能导致在整个更新过程中出现瓶颈问题。因此,在纠删码数据更新研究中,构建新的节点连接结构以提高更新效率成为一个关键问题。

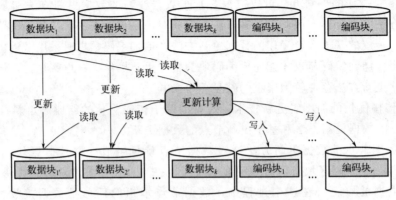

图 3.9　基于更新节点的数据更新方法更新过程示意图

 本章小结

　　本章首先阐述了大数据存储的概念，介绍了不同数据库的基本概念以及优缺点，并比较了不同数据库之间的特性和功能差异。

　　然后重点阐述了分布式文件系统，其中分别对分布式文件系统的结构、设计需求和存储原理的内容、特点进行了介绍。

　　最后阐述了大数据存储管理，从大数据存储容灾技术、大数据存储数据冗余去除技术和大数据存储纠删码技术与优化 3 个方面，分别介绍各自相关技术的现状、应用和挑战。

 习题

　　1. 请列举至少三种不同类型的存储设备，并简要介绍它们的特点。

　　2. 请阐述关系型与非关系型数据库的区别。

　　3. 试述分布式文件系统的结构。

　　4. 请阐述分布式文件系统如何实现较高水平扩展。

　　5. 请阐述数据冗余，以及如何去除和分类。

　　6. 请阐述大数据存储纠删码技术的优点。

　　7. 请列举大数据存储纠删码技术的优化方法。

参考文献

[1]　孟小峰，慈祥. 大数据管理：概念、技术与挑战 [J]. 计算机研究与发展，2013（1）：146-169.

[2]　王江涛，赖文豫，孟小峰. 闪存数据库：现状，技术与展望 [J]. 计算机学报，2013，36（8）：1549-1567.

[3]　牛艺霏，刘嵩岩，陈妍霖，等. 固态存储技术研究概述 [J]. 计算机产品与流通，2019（07）：22.

[4]　SCHMIDT S, WAUER T, FRITZSCHE R, et al. A storage ontology for hierarchical storage management systems [C]// CEUR Workshop Proceedings，2013，1091：81-92.

[5]　ALBRECHT C, MERCHANT A, STOKELY M, et al. Janus: optimal flash provisioning for cloud storage workloads [C]// In 2013 Annual Technical Conference，2013：91-102.

[6]　陈卓，熊劲，马灿. 基于 SSD 的机群文件系统元数据存储系统 [J]. 计算机研究与发展，2012（S1）：269-275.

［7］ OUSTERHOUT J，AGRAWAL P，ERICKSON D，et al. The case for RAMClouds：scalable high-performance storage entirely inDRAM ［J］. ACM SIGOPS Operating Systems Review，2010，43（4）：92-105.

［8］ GUDIVADA V N，RAOD，RAGHAVAN V V. Renaissance in database management：navigating the landscape of candidate systems ［J］. Computer，2016，49（4）：31-42.

［9］ BIJWE S，RAMTEKE P. Database in cloud computing-database-as-a service（DBaas）with its challenges' ［J］. International Journal of Computer Science and Mobile Computing，2015，4（2）：73-79.

［10］ PATEL J M. Operational NoSQL systems：what's new and what's next? ［J］. Computer，2016，49（4）：23-30.

［11］ CHANG F，DEAN J，GHEMAWAT S，et al. Bigtable：a distributed storage system for structured data ［J］. ACM Transactions on Computer Systems，2008，26（2）：1-26.

［12］ CORBETT J C，DEAN J，EPSTEIN M，et al. Spanner：Google's globally distributed database ［J］. ACM Transactions on Computer Systems（TOCS），2013，31（3）：1-22.

［13］ 肖革新，马家奇. 公共卫生数据中心存储系统设计思路与实践探讨 ［J］. 信息网络安全，2012（02）：71-73，77.

［14］ 白燕，楼燊航. 存储系统中数据冗余去除技术 ［J］. 电子制作，2014（12）：72-73.

［15］ 王意洁，许方亮，裴晓强. 分布式存储中的纠删码容错技术研究 ［J］. 计算机学报，2017，40（01）：236-255.

第3章

第 4 章
大数据分析

 本章导读

对大数据的分析，需要处理大量具有不同格式和大小的数据，因此需要不同的机器学习技术和深度学习技术。近年来随着大数据越来越广泛地应用于生产生活的各个领域，大数据分析技术也成为其他领域开展科学研究的重要技术之一。

机器学习和深度学习是大数据分析技术领域的重要分析方法。机器学习方法使得复杂的问题得以简化，大大节省了大数据分析所需要的时间。深度学习的灵感来自人类大脑的功能。深度学习模型旨在通过利用深度神经网络提取和表示特征来模拟大脑的学习过程。深度神经网络并不是完全新颖的概念，它指的是由多个隐藏层组成的神经网络架构，背后的动机是通过对各个方面进行调整来提高神经网络的训练效率，例如神经元之间的连接模式。这些调整是为了建立和模拟神经网络，该网络可以以类似于人脑机制的方式分析数据并从中学习，如文本、图像、声音，这使得人们可以对更多、更丰富的数据进行分析。

 学习目标

本章首先介绍监督学习、无监督学习和集成学习等多种机器学习的特点和方法，然后介绍深度学习中的基本概念和方法，最后介绍大数据分析模型的评估方法。

4.1 机器学习

机器学习作为人工智能的核心，是一门融合了多个领域的学科。它利用自学习算法来模拟或复制人类的学习行为。利用这些算法，机器学习可以重新排列现有的知识结构，从而获得新的知识并提高性能。

4.1.1 基础概念

监督算法是一种机器学习算法，指模型学习时有特定目标，即目标是人工标注的，主要用作分类或者回归。训练机器学习模型的过程包括使用标记的训练样本，这些样本用概念标记或分类进行注释，以使模型能够准确地对看不见的数据进行分类和预测。在这种情况下，训练样本是明确定义的，并且在所提供的标记方面存在低的模糊性。训练的目标是最大限度地提高模型从已知标记中归纳的能力，并准确地标记或分类新的、看不见的数据点。通过将模型暴露于一组不同的训练样本及其相应的概念标记中，它学会识别模式、特征和关系，从而能够对类似数据进行准确的预测或分类。常用的有监督学习主要有 Logistic 回归（逻辑回归）、决策树、随机森林等。

无监督学习中，输入数据由一组具有未知类别或分类的样本组成。目标是分析数据，并根据其内在特征或相似性将相似样本分组在一起。这些组被称为集群，有助于揭示数据的底层结构或组织。由于无监督学习中的训练样本缺乏明确的标签或标记，因此数据中的模糊性很高。该算法需要依赖于模式、统计度量或相似性度量来识别和定义数据中的聚类。这个过程包括检查样本的分布、密度或接近程度，以确定它们的分组。常用的无监督模型主要指各种聚类，主要有 K 均值聚类、层次聚类、密度聚类等。

在有监督学习过程中，模型泛化（generalization）是指经过训练的模型对训练阶段未暴露的新的、看不见的数据进行准确预测或分类的能力。模型泛化的目标是确保模型从训练数据中学习到有意义的模式和关系，并能有效地应用这些知识对不可见的数据进行预测。

机器学习中欠拟合（underfitting）和过拟合（overfitting）是一个很常见的问题，在训练模型的过程中，我们通常希望达到以下两个目的：

① 最小化训练过程中的损失值。

② 训练的损失值与测试的损失值之间的差距尽可能地小。

当第一个目的没有达到时，说明模型没有训练出很好的效果，模型对于判别数据的模式或特征的能力不强，则认为它是欠拟合的。

当第一个目的达到，第二个没有达到时，表明模型没有有效地学习数据的基本模式或特征，产生了欠拟合。这种情况通常发生在模型过于简单或训练过程不足时。欠拟合是指模型无法捕获数据的复杂性，因此在区分模式或做出准确预测方面表现不佳的情况。它具有高偏差和低方差的特点。

欠拟合的特征通常包括训练数据和测试数据上的较大损失值。这表明该模型无法捕获底层模式，无法很好地推广到看不见的数据，也表明该模型过于简单或缺乏有效表示数据复杂性的能力。

过拟合的特点是在训练数据上损失较小，但在测试数据上损失较大。当模型过度拟合训练数据（包括噪声或无关模式）且不能很好地推广到新数据时，就会出现过度拟合。模型变得过于复杂，开始记忆训练示例，而不是学习底层模式。

对于一个足够复杂度或足够参数量的模型来说，随着训练的进行，会经历一个"欠拟合-适度拟合-过拟合"的过程。

4.1.2　监督算法

（1）Logistic 回归

Logistic 回归是监督学习中广泛使用的统计模型。它是一个广义线性回归分析模型，主要用于二分类问题，但也可以扩展到处理多分类问题。在 Logistic 回归中，使用由 n 个数据实例组成的给定训练集对模型进行训练。每个数据实例由 p 个预测变量或指标组成。该模型学习预测器和二元结果变量之间的关系，目的是在给定预测器值的情况下估计正类的概率。

一般对于二分类任务，让其中一类标签为 0，另一类为 1。然后需要一个函数，对于输入的每一组数据，都能映射成 $0\sim1$ 之间的数。如果预测概率大于所选择的阈值（通常为 0.5），则实例被分类为属于正类；否则，它被分类为属于负类。在训练过程中，模型迭代地调整参数值，以最小化训练集中预测概率与实际类标签之间的差异。

这个函数就是 sigmoid 函数，形式为：

$$\sigma(x) = \frac{1}{1 + e^{-x}} \tag{4.1}$$

所以可以设函数为：

$$h(\boldsymbol{x}_i) = \frac{1}{1 + e^{-(\boldsymbol{w}^{\mathrm{T}}\boldsymbol{x}_i + b)}} \tag{4.2}$$

式中，$\boldsymbol{x}_i$ 是测试集的第 i 个数据，是 p 维列向量；$\boldsymbol{w}$ 是 p 维列向量，为待求参数；b 是一个数，也是待求参数。

接下来使用最大似然估计求解参数。Logistic 回归中的最大似然估计包括基于 Logistic 函数和观察到的类标签构造似然函数，然后找到使该似然函数最大化或使相应损失函数最小的参数值。对于样本 i，其类别为 $y_i \in (0,1)$。对于样本 i，可以把 $h(\boldsymbol{x}_i)$ 看成一种概率。y_i 对应是 1 时，概率是 $h(\boldsymbol{x}_i)$，即 $\boldsymbol{x}_i$ 属于 1 的可能性；y_i 对应是 0 时，概率是 $1 - h(\boldsymbol{x}_i)$，即 $\boldsymbol{x}_i$ 属于 0 的可能性。那么它构造极大似然函数：

$$\prod_{i=1}^{i=k} h(\boldsymbol{x}_i) \prod_{i=k+1}^{n} \left[1 - h(\boldsymbol{x}_i)\right] \tag{4.3}$$

其中，i 从 1 到 k 是属于类别 1 的个数 k，i 从 $k+1$ 到 n 是属于类别 0 的个数 $n-k$。由于 y 是标签 0 或 1，所以上面的式子也可以写成：

$$\prod_{i=1}^{n} h(\boldsymbol{x}_i)^{y_i} \left[1 - h(\boldsymbol{x}_i)\right]^{1-y_i} \tag{4.4}$$

这样无论 y 是 0 还是 1，其中始终有一项会变成 0 次方，也就是 1，和第一个式子是等价的。为了解决势梯度爆炸问题和便于优化，通常将负对数似然或交叉熵损失除以训练集中的总样本数，将损失除以 n 有助于稳定学习过程，并确保梯度更新在合理的范围内。表示为：

$$L(\boldsymbol{w}) = \frac{1}{n} \sum_{i=1}^{n} -y_i \ln[h(\boldsymbol{x}_i)] - (1 - y_i) y_i \ln[1 - h(\boldsymbol{x}_i)] \tag{4.5}$$

Logistic 回归的实现简单，广泛应用于工业问题。优点是计算速度快，存储要求低，分类任务效率高；方便观察样本概率得分；能很好地处理多重共线性，特别是与 L2 正则化相结合时；计算量小，易于理解和实现。但是，在处理较大的特征空间时，性能可能会下降；容易拟合不足，导致精度较低；难以有效处理大量多类特征或变量；局限于二分类问题（Softmax 可用于多类问题），依赖于线性可分性；非线性特征需要转换或变换才能获得更好的性能。

（2）支持向量机

支持向量机（support vector machines，SVM）是一种二值分类模型，与感知器算法相比具有明显的特点。它采用特征空间中最大边距的线性分类器作为基本模型。此外，支持向量机结合了核技术，使其具有非线性分类器的能力。支持向量机的基本原理是使区间最大化，它可以表示为求解凸二次规划或最小化正则化的铰链损失函数。针对凸二次规划优化问题，设计了支持向量机学习算法。

支持向量机学习的基本原理是寻找一个分离的超平面，该超平面可以有效地分割训练数据集，同时最大化几何间隔。如图 4.1 所示，$w \cdot x + b = 0$ 该分离超平面表示判定边界。在数据可以线性分离的场景中，存在无限多个这样的超平面，通常称为感知器。然而，具有最大几何边距的分离超平面是独特的。

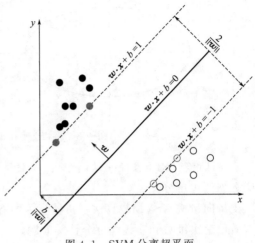

图 4.1　SVM 分离超平面

假设给定一个特征空间上的训练数据集 $T = \{(x_1, y_1), (x_2, y_2), \cdots, (x_n, y_n)\}$。其中，$x_i \in \mathbb{R}^n$，$y_i \in \{+1, -1\}$，$i = 1, 2, \cdots, N$，$x_i$ 为第 i 个特征向量，y_i 为类标记，当它等于 $+1$ 时为正例，为 -1 时为负例。再假设训练数据集是线性可分的。

几何间隔：对于给定的数据集 T 和超平面 $w \cdot x + b = 0$，定义超平面关于样本点（x_i，y_i）的几何间隔为：

$$\gamma_i = y_i \left(\frac{w}{\|w\|} \cdot x_i + \frac{b}{\|w\|} \right) \tag{4.6}$$

超平面关于所有样本点的几何间隔的最小值为：

$$\gamma = \min_{i=1,2,\cdots,N} \gamma_i \tag{4.7}$$

实际上这个距离就是支持向量到超平面的距离。

综上，输入训练数据集 $T = \{(x_1, y_1), (x_2, y_2), \cdots, (x_n, y_n)\}$，其中，$x_i \in \mathbb{R}^n$，$y_i \in \{+1, -1\}$，$i = 1, 2, \cdots, N$，输出分离超平面和分类决策函数。

当存在线性不可分的场景时，如图 4.2 所示，需要使用核函数来提高训练样本的维度，或者将训练样本投向高维。在 SVM 中引入核方法便可使得 SVM 变为非线性分类器，给定非线性可分数据集如图 4.2 所示，此时找不到一个分类平面来将数据分开，核方法可以将数据投影到新空间，使得投影后的数据线性可分，图 4.3 说明了将数据点从原始空间 $x = (x^{(1)}, x^{(2)})$ 转换到新空间 $z = \Phi(x) = \{(x^{(1)})^2, (x^{(2)})^2\}$ 的映射过程。通过检查图形，我们可以观察样本点由于该映射而经历的变化，此时样本便为线性可分的了，直接用 $W_1 z^{(1)} + W_2 z^{(2)} + b = 0$ 分类即可。

常用的核函数主要有三种：

① 线性核：一般是不增加数据维度，而是预先计算内积，提高速度。

② 多项式核：一般是通过增加多项式特征，提升数据维度，并计算内积。

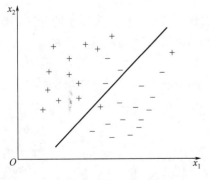

图 4.2　非线性可分数据集

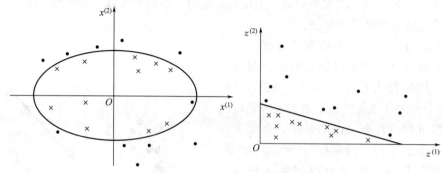

图 4.3　将数据点由原始空间转换到新空间

③ 高斯核（RBF、径向基函数）：一般是通过将样本投射到无限维空间，使得原来不可分的数据变得可分。

支持向量机（SVM）算法在机器学习中有很多优点，特别是在训练样本有限的情况下。它有效地解决维数和非线性可分性等问题，简化了分类和回归问题。支持向量机所采用的核函数方法可以在不增加计算复杂度的情况下映射到高维空间。这意味着算法的计算复杂度取决于支持向量的数量而不是样本空间的维数。支持向量机还采用松弛变量来处理点偏离原始要求的情况，最大限度地减少它们对模型学习的影响。

在处理大规模训练样本时，SVM 算法利用二次规划求解支持向量，计算高阶矩阵。因此，对于较大的矩阵阶数，它会消耗大量的内存和计算时间。SVM 最初是为二分类而设计的，但实际的数据挖掘往往涉及多类分类，在解决此类问题时的性能可能并不理想。并且，SVM 算法的有效性很大程度上取决于核函数的选择。此外，目前常用的 SVM 理论采用固定惩罚系数 C，导致正样本误差和负样本误差造成的损失并没有得到同等对待。

（3）决策树

决策树模型是一种广泛应用于分类和回归任务的基于树的结构。它由节点和有向边组成，形成层次结构。通常，决策树包括根节点、若干内部节点和多个叶节点。决策树中的决策过程从根节点开始，将要评估的数据与树中的属性节点进行比较。基于比较结果，该过程移动到下一个分支并继续，直到到达叶节点，从而提供最终决策或预测。

决策树算法中的特征选择是从现有的特征集合中找出最适合的属性或特征，作为树中每个节点的分割准则。其目标是在递归分区过程中最大化生成的分支或数据子集中样本的同质性或纯度。

决策树算法通过选择最优的划分属性，尽可能多地创建包含属于同一类样本的分支，提高了节点的纯度，也提高了决策树模型的判别能力。不同的决策树算法采用不同的准则来确定最优划分属性，导致算法的行为和性能发生变化。

① 熵（混乱程度）。在信息论和概率统计中，熵（entropy）是一个基本概念，它量化了与随机变量相关的不确定性或随机性。它测量变量的每个结果中包含的信息平均数量。

设 X 是一个取有限值的离散随机变量，其概率分布为：

$$P(x=x_i)=p_i \qquad i=1,2,\cdots,n \tag{4.8}$$

则随机变量 X 的熵定义为：

$$H(X) = -\sum_{i=1}^{n} p_i \lg p_i \tag{4.9}$$

② 条件熵。给定已知随机变量 X 的条件的随机变量 Y 的条件熵是 X 已知时 Y 的不确定度的度量。它量化了在已知 X 的情况下，与 Y 的可能结果相关的信息平均数量。随机变量 X 给定的条件下随机变量 Y 的条件熵 $H(Y|X)$ 定义为 X 给定条件下 Y 的条件概率分布的熵对 X 的数学期望：

$$H(Y|X) = \sum_{i=1}^{n} p_i H(Y|X=x_i) \tag{4.10}$$

其中：

$$p_i = P(x=x_i) \qquad i=1,2,\cdots,n \tag{4.11}$$

③ 信息增益。信息增益是测量目标变量中由于特定特征的知识而减少的不确定性量。它量化了考虑特征获得的关于目标变量的信息量。

为了计算训练数据集 D 上特征 A 的信息增益，我们计算数据集 D 的熵与给定特征 A 值的 D 的条件熵之间的差值：

$$g(D,A) = H(D) - H(D|A) \tag{4.12}$$

④ 信息增益率。训练数据集 D 上特征 A 的信息增益率 $g_R(D,A)$ 定义为其信息增益与数据集 D 关于特征 A 的熵的比率。它提供了信息增益的归一化度量，同时考虑了特征的熵，即：

$$g_R(D,A) = \frac{g(D,A)}{H_A(D)} \tag{4.13}$$

⑤ 基尼指数。在 k 类的分类问题中，基尼指数 Gini(D) 表示集合 D 的不确定性或杂质。它测量从集合 D 中随机选择元素的错误分类概率。样本点属于第 k 类的概率为 p_k，则概率分布的基尼指数定义为：

$$\text{Gini}(D) = \sum_{k=1}^{K} p_k(1-p_k) = 1 - \sum_{k=1}^{K} p_k^2 \tag{4.14}$$

如果样本集合 D 根据特征 A 是否取某一可能值 a 被分割成 D_1 和 D_2 两部分，即：

$$D_1 = \{(x,y) \in D | A(x) = a\}, D_2 = D - D_1 \tag{4.15}$$

则在特征 A 的条件下，集合 D 的基尼指数定义为：

$$\text{Gini}(D,A=a) = \frac{|D_1|}{D}\text{Gini}(D_1) + \frac{|D_2|}{D}\text{Gini}(D_2) \tag{4.16}$$

决策树生成有三种经典算法：ID3、C4.5、分类回归树（CART）。其中 ID3 和 C4.5 的建树过程几乎一样，只是计算不纯净度的方法不一样。

ID3 算法是一种经典的决策树算法，它根据每个节点的信息增益准则选择特征，递归地构造决策树。选择在分类和预测目标变量时具有最大区分能力的特征，这有助于根据所选特征对数据进行有效分区，从而创建信息量更大、更准确的决策树。

C4.5 算法是 ID3 算法的扩展，该算法解决了信息增益对具有大量不同值的特征的偏差。信息增益比被用作克服这个问题的修改。信息增益比定义：通过将特征 A 的信息增益 Gini(D,A) 除以训练数据集 D 的熵 $H(D)$ 来计算信息增益比。GiniRatio(D,A) 被定义为信息增益与经验熵的比值。

在 CART 算法中，基尼指数 Gini(D) 被用来对数据集 D 或数据子集中的不确定性进行衡量。在决策树算法的背景下，当基于特定属性或特征对数据进行划分时，基尼指数用于评估分割的质量。

剪枝是决策树学习中用于防止过度拟合的一种技术。当决策树模型变得过于复杂，并捕捉到训练数据中的噪声或随机变化，导致对看不见的数据的泛化能力较差时，就会发生过度拟合。

① 预剪枝。预剪枝是决策树构建中的一种技术，算法在实际拆分节点之前，根据某些标准决定停止对节点的进一步划分。这样做是为了避免决策树模型中的过拟合和不必要的复杂性。预剪枝通过防止树中的过度复杂和不必要的分裂，降低决策树模型中过拟合的风险。但是，预剪枝在某些节点停止决策树的生长，存在数据不足的风险。它依赖于早期停止标准或启发式来确定何时停止对节点进行分区。如果停止标准过于严格，或者过早地阻止了重要的拆分，则决策树可能无法捕获数据中的所有相关模式和关系。

② 后剪枝。后剪枝包括首先构建一个完整的决策树，然后选择性地去除或替换节点，以提高模型的泛化性能。这个过程从树的底部开始，一直到树根。与预剪枝相比，后剪枝往往会在决策树中保留更多的分支。通过首先构建一个完整的决策树，然后根据子树对泛化性能的影响，选择性地用叶节点替换子树，后剪枝保留了更多的原始树结构。但是，后剪枝需要额外的计算，因为它涉及评估和潜在地替换决策树中的非叶节点。这个过程是在训练阶段生成完整的决策树之后执行的。

决策树算法易理解，机理解释起来简单，可以用于小数据集；并且时间复杂度较小，为用于训练决策树的数据点的对数。相比于其他算法智能分析一种类型变量，决策树算法可处理数字和数据的类别和多输出的问题。

传统的决策树算法主要用于处理分类或离散特征。其根据离散特征值对数据进行划分，这使得直接处理连续字段具有挑战性。此外，决策树有过度拟合训练数据的趋势，尤其是当树变得太深和太复杂时。当树捕获训练数据中的噪声或不相关模式时，会发生过度拟合，导致对看不见的数据的泛化能力较差。

4.1.3　无监督算法

（1）K-Means 聚类算法

当数据集中没有给定的标签变量或因变量（即 y 值）时，会使用无监督的数据挖掘算法，如聚类算法。这些算法的目标是在没有类或类别的先验知识的情况下发现数据中的模式、结构或关系。K-Means 聚类算法是一种应用广泛的聚类算法。它通过根据数据点与聚类质心的接近度或距离将数据点指定给指定的 K 个聚类之一来操作。该算法旨在最小化簇内差异（簇内方差）并最大化簇间差异。

K-Means 算法由四个主要步骤组成：

① 初始化：算法从随机初始化 K 个簇质心开始。这些质心作为簇的初始中心。

② 分配：根据距离度量（通常是欧几里得距离）将每个数据点分配给最近的质心。计算数据点和质心之间的距离，并将每个点指定给离质心最近的簇。

③ 更新：在初始分配之后，算法通过计算分配给每个聚类的所有数据点的平均值来更新质心。此步骤将重新计算质心坐标，使其更靠近各自簇内数据点的中心。

④ 迭代：迭代地重复步骤②和③，直到达到收敛。当数据点到簇的分配不再改变或达到预定义的最大迭代次数时，就会发生收敛。在这一点上，该算法已经找到了稳定的集群

分配。

K-Means 算法的简单性和效率使其适用于大型数据集，并且可以处理各种类型的数据。但是，在 K-Means 中选择聚类的数量 K 通常需要先验知识或实验来确定。此外，聚类中心的初始选择对最终聚类结果有显著影响，因为初始选择可能导致次优解或收敛到局部最优解。同时，由于 K-Means 需要对每个数据点和聚类中心的距离进行计算，所以随着数据集大小的增加，K-Means 的计算成本显著增加。

（2）主成分分析

主成分分析（PCA）是一种探索多个变量之间关系的多元统计技术。它试图通过推导一小组主要成分来捕捉变量的基本结构，这些成分从原始变量中保留尽可能多的信息。这些主要组成部分被设计为彼此不相关，从而允许数据的简明表示。主成分分析通常用于确定用于评估现象或物体的综合指标，为这些指标中包含的信息提供有意义的见解。

PCA 将 n 个潜在的相关变量 X_1、X_2、$\cdots$、X_n 转换为 m 个新的不相关复合变量 F_1、F_2、$\cdots$、F_m。通过重组原始变量（通常表示为 p 变量），主成分分析生成了一个降维表示，该表示捕获了数据中存在的最重要的信息。将原来 p 个变量做线性组合作为新的综合变量，即 $\mathrm{Var}(F_1)$ 越大，表示 F_1 包含的信息越多，因此在所有的线性组合中所选取的 F_1 应该是方差最大的，故称之为第一主成分。

如果把两个变量用一个变量来表示，同时这一个新的变量又尽可能包含原来的两个变量的信息，这就是降维的过程。

以两个变量 X_1 和 X_2 为例，找出的这些新变量是原来变量的线性组合，叫作主成分 $[Z=a_1X_1+a_2X_2]$。

主成分构造原则：主要部件的构造遵循一个特定的原则。通过利用正交旋转变换，将多个因素指标转换为一组被称为主成分的综合指标。目标是最大限度地减少转换过程中数据信息的丢失。每个主成分都是原始变量的线性组合，且各个主成分之间相互独立（互不相关）：

$$r(X,Y)=\frac{\mathrm{Cov}(X,Y)}{\sqrt{\mathrm{Var}[X]\mathrm{Var}[Y]}} \tag{4.17}$$

其中，Cov 为协方差；Var 为方差。

主成分选取原则（任一个满足即可）：①各主成分的累积方差贡献率＞80%；②特征值 $\lambda>1$。

主成分分析算法的具体步骤如下：

① 标准化：对原始 p 指标的数据进行标准化，以消除任何量表差异，并确保所有变量对分析具有可比性影响。这个步骤包括从每个变量中减去平均值，然后除以标准差。

② 协方差矩阵计算：相关系数矩阵（在本文中相当于协方差矩阵）是基于标准化数据矩阵计算的。这个矩阵表示变量之间的关系和依赖关系。

③ 特征值和特征向量计算：计算协方差矩阵的特征值和本征向量。特征值表示每个特征向量（主分量）所解释的方差，而特征向量定义了原始变量空间中数据变化最大的方向。

④ 确定主成分：主成分是根据特征值和特征向量确定的。主成分是原始变量的线性组合，其中每个主成分代表数据中唯一的变化模式。第一个主分量捕获最大的方差，第二个分量捕获第二大的方差，以此类推。

⑤ 主成分的解释：通过检查线性组合中原始变量的贡献和权重来解释每个主成分。变量在主成分中的权重越大，它对该成分的影响就越大。这种解释提供了对数据中存在的潜在

模式和关系的见解。

PCA 通过特征值分解得到的主分量彼此正交。这种正交性确保了分量是独立的，不受彼此影响，从而允许基本模式的清晰分离，并减少变量之间的多重共线性。主成分分析的主要操作是特征值分解，这是一种公认的数学技术。该算法实现相对简单，计算效率高，可用于实际应用。

虽然主成分捕捉到了数据中最显著的变化，但就原始特征而言，其可解释性可能不那么简单。每个主成分都是原始变量的线性组合，这使得直接将特定含义赋予每个特征维度具有挑战性。主成分分析涉及通过选择捕获大部分变化的主成分子集来降低数据的维数。然而，这种维度的降低是以丢弃一些信息为代价的。一些方差较小的成分可能仍然包含重要的细节或样本之间的细微差异。

4.1.4　集成学习

（1）Bagging

Bagging 算法（bootstrap aggregating，引导聚集算法），是机器学习中一种流行的集成学习方法。它旨在通过将其他分类或回归算法相结合来提高它们的准确性和稳定性。

Bagging 算法的流程如图 4.4 所示，具体步骤为：

① 数据采样：通过一个称为引导采样的过程创建训练数据的多个随机子集。每个子集的大小与原始数据集的大小相同，但可能包含重复的实例。

② 模型训练：对于数据的每个子集，使用各自的子集独立地训练单独的基础模型（例如，决策树、神经网络等）。

③ 模型聚合：将每个基础模型的预测进行组合，以做出最终预测。聚合可以通过投票（对于分类问题）或平均（对于回归问题）来完成。

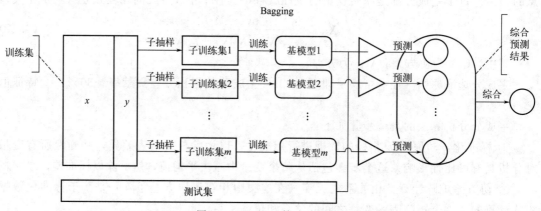

图 4.4　Bagging 算法流程图

通过组合多个模型的预测，Bagging 减少了单个模型误差的影响，并倾向于提供更准确的预测。Bagging 减少了模型预测的方差，使其更稳定，对训练数据的微小变化不那么敏感。通过使用自举采样和聚合预测，Bagging 有助于避免过拟合，特别是当基本模型有过拟合训练数据的趋势时。但是，Bagging 算法中的自举采样过程包括通过随机采样和替换来创建原始数据的多个子集，这种重新采样技术可能会给数据带来一定程度的偏差。

（2）随机森林

随机森林是使用决策树作为基础模型的集成算法。它以两种方式引入随机性：

① 训练数据的随机采样：随机森林算法通过对具有替换的训练数据进行随机采样来生成多个引导样本。每个引导样本用于训练单独的决策树。通过对训练数据进行采样，它在用于训练每棵树的数据集中引入了多样性，减小了方差并有助于避免过拟合。

② 随机特征选择：当在决策树的每个节点搜索最佳分割时，随机森林从特征的集合中随机选择特征的子集。这种随机特征选择确保了集合中的每个决策树考虑不同的特征子集，从而为集合增加了更多的多样性。它有助于减少树之间的相关性，并带来更好的泛化性能。

通过将这两种随机性来源结合起来，随机森林创建了一个决策树集合，这些决策树协同工作来进行预测。集合的聚合预测是通过多数投票（在分类中）或平均（在回归中）获得的，这提高了模型的准确性和稳健性。随机森林是多棵决策树的集成，决策树结构如图 4.5 所示。

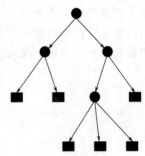

图 4.5 决策树模型

树的构建包括两个部分：样本和特征。

样本：对于一个总体训练集 T，T 中共有 N 个样本，每次有放回地随机选择 N（因为有放回，所以虽然是 N 但是不可能遍历所有样本）个样本。这样选择好了的 N 个样本用来训练一个决策树。

特征：假设训练集的特征个数为 d，每次仅选择 $k(k<d)$ 个构建决策树。

众多决策树构成了随机森林，每棵决策树都会有一个投票结果，最终投票结果最多的类别，就是最终的模型预测结果。

随机森林训练可以很容易地并行化，允许在大型数据集上进行高效训练。这在大数据时代尤其有益，通过将训练过程分布在多个处理器或机器上，可以显著减少训练时间。随机森林能够有效地处理特征数量大的高维数据。通过为每个决策树随机选择特征子集，该算法可以有效地捕捉相关模式，并减少不相关或有噪声特征的影响。

与此同时，随机森林模型可能受到噪声或误导性数据的影响。如果数据集包含大量噪声或异常值，则集合中的各个决策树可能会捕获并放大这些噪声模式，从而导致过拟合。虽然随机森林提供了特征重要性度量，但需要注意的是，这些度量是基于训练数据和算法的内部决策过程。具有多个值划分或高基数的特征可能会对决策过程产生更大的影响，从而可能导致过度拟合。

（3）XGBoost

XGBoost（eXtreme gradient boosting）又叫极度梯度提升树，是 boosting 算法的一种实现方式。XGBoost 在各种数据竞赛中大放异彩，而且在工业界也是应用广泛，主要是因为其具有效果优异、使用简单、速度快等优点。

XGBoost 的基本算法原理如下：

首先，假设数据集 D 有 n 个样本 m 个特征：

$$D = (x_i, y_i)(|D| = n, x_i \in \mathbf{R}^m, y_i \in \mathbf{R}) \tag{4.18}$$

树集成算法使用加法模型对 K 个基学习器进行合成，作为最终的预测输出。

为了使上述预测的结果尽可能地接近实际值，我们首先定义模型的优化目标函数，优化目标函数如下所示：

$$L(\phi) = \sum_i l(\overline{y}_i, y_i) + \sum \Omega(f_k) \qquad (4.19)$$

其中：

$$\sum \Omega(f_k) = \gamma T + \frac{1}{2}\lambda \|\omega\|^2 \qquad (4.20)$$

式中，L 表示一个可微的凸损失函数，例如均方误差（MSE）或平均绝对误差（MAE），该损失函数测量模型预测值与目标值之间的差异；T 代表每棵树的叶子数量，在回归树模型中，树结构是通过将数据拆分为不同的叶来定义的，T 确定了树可以拥有的最大叶数，控制叶子的数量有助于调节模型的复杂性；ω 表示模型对每个叶节点的预测值，树中的每个叶节点都与一个预测值相关联。第二项 $\sum \Omega(f_k)$ 是惩罚项，又称正则项。它被添加到目标函数中，以控制回归树模型的复杂性。正则化的目的是防止过拟合，并鼓励模型选择更简单的预测模型。当第 t 棵树生成的时候，可以将公式变成如下形式：

$$L^t = \sum_i^n l[\overline{y}_i{}^{t-1} + f_t(x_i), y_i] + \gamma J + \frac{1}{2}\lambda \omega_{tj}^2 \qquad (4.21)$$

在此处，使用泰勒公式展开，来对公式中的第一项进行二阶导数展开，展开后公式变为如下：

$$L^t \approx \sum_i^n [l(\overline{y}_i{}^{t-1}, y_i) + g_i f_t(x_i) + \frac{1}{2}h_i f_t^2(x_i)] + \gamma J + \frac{1}{2}\lambda \sum_{j=1}^J \omega_{tj}^2 \qquad (4.22)$$

为了便于公式中第一项和第三项的合并，我们将公式转换为以叶子节点 j 作为累加，可将上式转换为如下形式：

$$
\begin{aligned}
L^t &\approx \sum_i^n [l(\overline{y}_i{}^{t-1}, y_i) + g_i f_t(x_i) + \frac{1}{2}h_i f_t^2(x_i)] + \gamma J + \frac{1}{2}\lambda \sum_{j=1}^J \omega_{tj}^2 \\
&= \sum_{j=1}^J (\sum_{x_i \in R_{tj}} g_{ti}\omega_{tj} + \frac{1}{2}\sum_{x_i \in R_{tj}} h_{tj}\omega_{tj}^2) + \gamma J + \frac{1}{2}\lambda \sum_{j=1}^J \omega_{tj}^2 \\
&= \sum_{j=1}^J [(\sum_{x_i \in R_{tj}} g_{tj})\omega_{tj} + \frac{1}{2}(\sum_{x_i \in R_{tj}} h_{ti} + \lambda)\omega_{tj}^2] + \gamma J \\
&= \sum_{j=1}^J [G_{tj}\omega_{tj} + \frac{1}{2}(H_{tj} + \lambda)\omega_{tj}^2] + \gamma J
\end{aligned}
\qquad (4.23)
$$

当 ω_{tj} 取得最优值的时候，公式可以转换为如下形式：

$$L^t = -\frac{1}{2}\sum_{j=1}^J \frac{G_{tj}^2}{H_{tj} + \lambda} + \gamma J \qquad (4.24)$$

当生成 t 棵树的时候，每次选择划分节点的时候，都希望公式的数值能够减少得更多一些，假设当前节点左右子树的一阶二阶导数和为 G_L、H_L、G_R、H_R，则我们期望最大化下式：

$$
\begin{aligned}
L^t &= -\frac{1}{2}\sum_{j=1}^J \frac{(G_L + R)^2}{H_L + H_R + \lambda} + \gamma J - \left[-\frac{1}{2}\times \frac{G_L^2}{H_L + \lambda} - \frac{1}{2}\times \frac{G_L^2}{H_R + \lambda} + \gamma(J+1) \right] \\
&= \frac{1}{2}\times \frac{G_L^2}{H_L + \lambda} - \frac{1}{2}\times \frac{G_L^2}{H_R + \lambda} - \frac{1}{2}\times \frac{(G_L + R)^2}{H_L + H_R + \lambda} - \gamma
\end{aligned}
\qquad (4.25)
$$

此公式就是在生成第 t 棵树的时候，用来选择最优划分节点的标准。

XGBoost 利用损失函数的二阶泰勒膨胀来近似广泛的损失函数。这种扩展允许 XGBoost 结合二阶信息，如梯度，这可以导致更准确的预测。XGBoost 允许用户根据自己的具体问题自定义损失函数，从而提供了定义损失函数的灵活性，并且在目标函数中包含正则化项，以控制模型的复杂性。但是，XGBoost 中的预排序过程会消耗大量内存。它不仅需要存储特征值，还需要存储对应样本的梯度统计的索引。这种额外的存储可能导致更高的空间复杂性，与传统的梯度增强算法相比，消耗的内存是前者的两倍。

（4）LightGBM

LightGBM 是一个梯度增强框架，旨在实现高效和高度可扩展。它在原理上类似于 GBDT（梯度提升决策树）和 XGBoost。LightGBM 还使用损失函数的负梯度来近似残差，并以迭代的方式拟合新的决策树。算法原理分为 3 个部分：

① 直方图算法。LightGBM 使用的直方图算法将连续浮点值离散为固定数量的整数（k），并构建直方图。在训练过程中，该算法遍历数据，并基于离散值作为索引在直方图仓中累积统计信息。该累积步骤有效地计算用于找到最佳分割点所需的统计数据。

使用直方图算法有很多优点。直方图算法只需要存储特征的离散值，而不需要预先排序的结果，从而降低了内存需求。然后直方图算法为直方图中的每个离散值计算分割增益，该分割增益通常远小于特征中唯一浮点值的数量。这降低了计算复杂度并加快了训练过程。

虽然特征值的离散化可能会在确定分割点时引入一些精度损失，但经验结果表明，它通常不会对模型的最终精度产生重大影响。决策树作为弱模型，与其他算法相比，对精确的分割点不太敏感。事实上，较粗的分割点可以作为正则化的一种形式，有助于防止过拟合并提高泛化能力。

② LightGBM 的直方图做差加速。通常为叶节点构建直方图需要遍历分配给该叶的所有数据点，然而，使用直方图细化技术，LightGBM 只需要遍历直方图的 k 个区间即可更新叶的直方图。通过从其兄弟节点的直方图中减去父节点的直方图，可以有效地获得叶节点的直方图。

③ 带深度限制的 Leaf-wise 的叶子生长策略。基于树模型中的 LightGBM 可以同时拆分同一级别的叶子，其拆分方式示意图如图 4.6 所示。这种方法具有一定的优点，例如能够执行多线程优化和控制模型的复杂性。此外，与其他算法相比，分层算法不太容易过拟合。然而，分层算法在实践中确实是低效的。这是因为它不分青红皂白地处理同一级别上的所有叶子，这可能会导致不必要的开销。许多叶片可能具有较低的分裂增益，这意味着进一步分裂它们不会显著提高模型的性能。

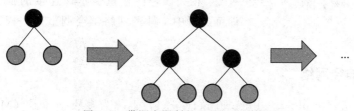

图 4.6　带深度限制的 Leaf-wise 算法

Leaf-wise 则是一种更为高效的策略，在每次迭代时选择具有最高分裂增益的叶子进行分裂，与逐级算法相比，可以更高效并导致更好的精度。通过关注具有最高增益的叶，叶策略可以在相同分割次数的情况下减少更多误差，从而提高模型性能。

基于直方图的算法、Leaf-wise 和数据并行，可以显著减少训练时间，使其适用于大规模数据集。LightGBM 通过采用基于直方图的算法来优化内存使用率，该算法将连续特征离散化为离散仓。这种方法消除了存储所有单个数据点的需要，与其他梯度增强实现相比，这导致了更低的内存需求。LightGBM 采用了先进的策略，如 Leaf-wise 和排他性特征绑定，这可以产生更准确的模型，减少分裂，提高泛化能力。

但是，由于 LightGBM 使用一次性编码方法来处理分类特征，可能会导致内存使用率增加，尤其是在处理大数据集或具有大量唯一值的分类特征时。一个热编码可以导致特征空间维度的显著增加。尽管 LightGBM 使用包括正则化项等机制来控制模型复杂性，但它仍然容易过拟合，特别是在使用深层树时。使用更大的最大深度或允许不受限制的树木生长会增加过度拟合的风险，尤其是在数据集较小或有噪声的情况下。

4.2　深度学习——神经网络

深度学习的灵感来自人脑的结构和功能，特别是由相互连接的神经元组成的神经网络。深度学习模型的架构由多层模拟信息分层处理的人工神经元组成，可以在有大量数据可供训练的场景中表现出色。凭借从大量数据中学习复杂模式和表示的能力，深度学习模型在计算机视觉、自然语言处理和语音识别等各个领域取得了显著成果。深度学习在许多行业都有应用，包括医疗保健、金融、零售、汽车等。它为搜索引擎、推荐系统、语音助手、自动驾驶汽车、医学成像分析以及许多使用复杂模式识别和数据分析领域的进步做出了贡献。

4.2.1　基本概念

神经网络是一种由相互连接的人工神经元组成的计算模型，旨在模拟人脑中生物神经网络的结构和功能。神经网络算法旨在通过多层互连神经元处理信息来识别和学习数据中的模式。在神经网络中，每个人工神经元（也称为节点或单元）接收输入信号，对其进行计算，并产生输出信号。这些神经元被组织成层，每一层都连接到下一层，形成一个网络架构。输入层接收原始数据，输出层产生最终结果，中间的隐藏层通过中间计算提取和转换数据。神经元模型如图 4.7 所示。

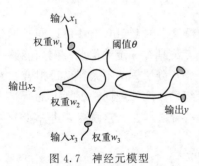

图 4.7　神经元模型

在神经网络中，神经元之间的每个连接都与一个权重 w_i 相关联，该权重表示该连接的强度或重要性。在训练过程中，神经网络学会调整这些权重，以优化其在特定任务上的性能。

4.2.2　前馈神经网络

前馈神经网络（feedforward neural network），也称为多层感知器（MLP），是最简单的神经网络结构类型，其结构如图 4.8 所示。它由一系列神经元层组成，其中给定层中的每个神经元都连接到前一层中的神经元。信息以单向方式流经网络，从输入层通过隐藏层到达输出层，层之间没有任何反馈连接。

前馈神经网络的输入层接收输入数据，输入层中每个神经元的输出作为输入传递给下一

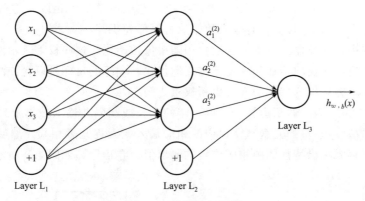

图 4.8　前馈神经网络

层中的神经元。这个过程一直持续到信息到达输出层，在那里产生网络的最终预测或输出。隐藏层和输出层中的每个神经元将特定的激活函数应用于其输入的加权和，转换输入信息并产生输出。连接网络不同层神经元的权重决定了连接的强度，并在塑造网络行为方面发挥着至关重要的作用。在训练期间，网络通过优化算法（如反向传播）调整这些权重，以最小化其预测与期望输出之间的差异。

神经网络的前馈结构使其能够有效地处理和转换输入数据，提取有意义的特征，并产生输出预测或分类。虽然前馈神经网络相对简单，但它们仍然可以是强大的模型，能够学习复杂的模式并做出准确的预测，尤其是当与多个隐藏层和适当的激活函数相结合时。

4.2.3　卷积神经网络

卷积神经网络（convolution neural network，CNN）是一种利用卷积层的前馈神经网络。卷积神经网络在处理具有网格状结构的数据（如图像）方面特别有效，因为它们能够捕捉空间相关性。

卷积神经网络的关键特征是使用卷积层，将滤波器（也称为核）应用于输入数据。滤波器以滑动窗口的方式扫描输入数据，执行逐元素的乘法和求和运算，称为卷积。这个过程有助于从输入数据中提取局部模式和特征，使网络能够学习分层表示。有三个主要组成部分有助于卷积神经网络的有效性。

局部感受野：卷积神经网络利用了局部感受野的概念，其中卷积层中的每个神经元只连接到输入数据的一个小区域。这种局部连接使网络能够专注于捕捉局部模式和空间关系，这对图像识别等任务特别有用。

权重共享：在卷积神经网络中，同一组权重（滤波器参数）在输入数据的不同空间位置上共享。这种权重共享显著减少了网络参数的数量，使模型在学习和泛化方面更加高效。它还使网络能够学习空间不变的特征，这意味着无论模式在输入数据中的具体位置如何，网络都可以识别模式。

池化层：卷积神经网络通常包括池化层，这进一步降低了卷积层产生的特征图的维数。合并包括通过选择给定区域内最具代表性或主导性的值来对特征图进行下采样。这有助于降低网络对小空间变化的敏感性，使学习到的表示更加稳健，不太容易过拟合。

(1) 卷积层

在卷积层中，滤波器（也称为卷积核）是三维结构。滤波器的深度由它们所应用的输入数据的深度决定。每个滤波器由多个卷积核组成，卷积核是二维矩阵。这些核的大小很小（例如，3×3 或 5×5），并且负责对输入数据执行局部卷积。

在训练过程中，滤波器的权重（参数）用随机值初始化。这些权重表示网络的可学习参数，并基于训练集通过反向传播和梯度下降逐渐优化。训练的目标是以允许滤波器从输入数据中学习有意义和有区别的特征的方式更新权重。

① 卷积核（kernel）。卷积运算涉及以一定的步长或间隔在输入数据上滑动窗口（卷积核）。在每个位置，卷积核的元素与窗口内的相应输入元素逐元素相乘。然后对得到的乘积求和，并将和保存为输出特征图中相应位置的输出值。卷积运算如图 4.9 所示。

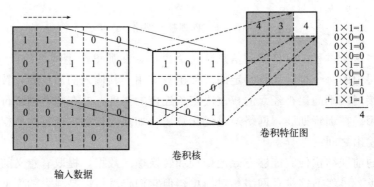

图 4.9　卷积核的卷积运算方式

卷积层中的卷积核（$f \times f$）的大小可以变化，包括核大小为 1×1 或 5×5 的情况等。当内核大小不等于 3×3 时，有必要调整填充大小，以确保正确处理输入和输出维度。通常，奇数内核大小是优选的，因为它们有一个中心元素，这有助于对称处理输入。在这种情况下，调整填充以确保输出维度与所需的输出大小相匹配。卷积核尺寸为奇数时，填充尺寸可以根据以下公式确定：

$$\text{PaddingSize} = \frac{f-1}{2} \tag{4.26}$$

② 填充/填白（padding）。填充通常应用于卷积层中的输入数据，以调整输出特征图的大小，其操作方式如图 4.10 所示。填充包括在输入数据周围添加额外的元素（如零），这有效地增加了输入的空间维度。

③ 步幅/步长（stride）。步幅/步长即为卷积核一次滑动几个像素。之前，我们假设卷积核一次滑动一个像素，但事实上，它也可以一次滑动两个像素。每张幻灯片的像素数称为"步长"。

如果希望输出比输入小得多，可以采取措施增加步长。然而，步长为 2 的步长不能频繁使用，就好像输出变得太小一样，即使卷积核参数优化得很好，也不可避免地会丢失大量信息。如果用 f 表示卷积核大小，s 表示步长，w 表示图片宽度，h 表示图片高度，那么输出尺寸可以表示为：

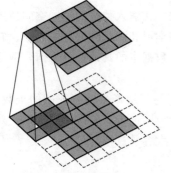

图 4.10　填充操作

$$w_{\text{out}} = \frac{w + 2 \times \text{PaddingSize} - f}{s} + 1 \tag{4.27}$$

$$h_{out} = \frac{h + 2 \times PaddingSize - f}{s} + 1 \qquad (4.28)$$

④ 滤波器（filter）。对于卷积层中的每个滤波器，通常有一个输出通道。层中过滤器的数量决定了输出通道的数量。每个滤波器负责学习不同的特征或模式，所有滤波器的输出共同形成层的输出体积。

（2）池化层

池化，也称为子采样或聚合，是 CNN 中的一种常见操作，有助于减少输入的空间维度，同时保留重要特征。

池化通常在卷积层之后应用，并具有以下几个目的。

降维：通过减少输入的空间大小，池化有助于减少后续层中的参数数量，使模型更高效，计算速度更快。

平移不变性：池化通过将局部邻域的主要特征汇总为单个值来捕捉它们。这有助于使网络对输入中的小空间平移更加鲁棒，使其能够识别相同的模式，即使它们出现在稍微不同的位置。

信息压缩：汇集来自相邻区域的信息，有效地总结和压缩空间特征。这可以帮助捕获最显著的特征，同时丢弃不相关或冗余的信息。

常用的池化方式主要有平均池化、最大池化和随机池化，3 种池化操作示意图如图 4.11

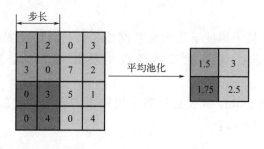

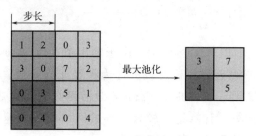

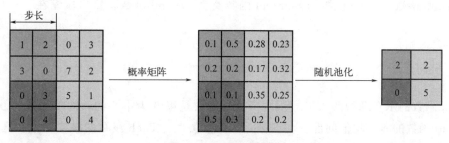

图 4.11　3 种池化操作

所示。这 3 种池化方式各有优缺点，具体如下。

平均池化是计算池化区域内特征点的平均值，它有助于捕捉该地区的整体表现，并有助于保存全局信息，但平均池化可能会模糊或稀释局部细节，因为它采用平均值可能导致精确的空间信息的丢失。

最大池化是选择池化区域内特征点的最大值。它可以捕捉该区域内最突出或最显著的特征，并有效地保存局部细节，但最大池丢弃非最大值，可能会丢失有关区域内特征分布的宝贵信息，可能不适合于捕捉平均或不太占优势的特征。

随机池化是根据像素的数值为其分配概率，引入了随机元素，它可以在平均值和选择最大值之间提供平衡，从而实现区域的灵活表示，但随机池化引入了随机性，这可能会使池化过程的确定性降低，也更难解释。

平均池化和最大池化由于其简单、有效和可解释性而被广泛使用。它们服务于不同的目的，适用于不同的场景，具体取决于特定的任务和要求。

（3）激活函数

神经网络激活函数的主要作用就是将线性函数转换成非线性函数。神经网络都是由一系列的 $y = wx + b$ 组成的，$y = wx + b$ 是线性函数，不管采用多少个隐藏层其组合也都是线性函数，不能解决非线性问题，因此，需要引入激活函数来进行非线性变换。如果不采用激活函数，那么不论神经网络有多少层，每层输出都是线性函数的组合，这就相当于只有一层隐藏层。

神经网络大多数是基于梯度下降来更新网络参数的，因此要求激活函数是可微的以保证能够进行梯度下降。常见的激活函数主要有 Sigmoid、Tanh、Softmax 和 Relu 函数。

① Sigmoid 函数。Sigmoid 函数是早期使用较多的函数，它能将输出限制在 (0, 1) 内，可以将其转化成概率，即：

$$f(x) = \frac{1}{1 + e^{-x}} \tag{4.29}$$

Sigmoid 函数的示意图如图 4.12 所示，由于输出值在 (0,1) 之间，所以广泛应用于概率分布问题。当 x 在 0 附近时，梯度较大，为神经元兴奋区，当 x 趋于无穷时，为神经元抑制区。但是，在 x 趋于无穷时，Sigmoid 激活函数的梯度趋于 0，出现梯度离散现象。并且其计算是指数运算，计算量比较大，导致网络的训练速度慢。另外，Sigmoid 的输出是非 0 均值，会导致其更新参数呈现正梯度。

② Tanh 函数。Tanh 函数与 Sigmoid 函数类似，Tanh 函数将输出压缩在 (−1,1) 区间，即：

$$f(x) = \frac{e^x - e^{-x}}{e^x + e^{-x}} \tag{4.30}$$

Tanh 函数的示意图如图 4.13 所示，Tanh 函数是以 0 为中心的，输出均值为 0，解决了 Sigmoid 函数的非零均值问题。与 Sigmoid 函数类似，Tanh 函数的梯度在饱和区域非常平缓，很容易造成梯度消失的问题，减缓收敛速度。

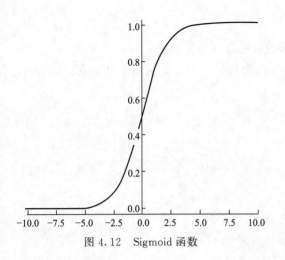

图 4.12　Sigmoid 函数

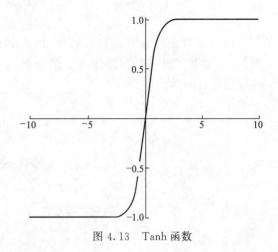

图 4.13　Tanh 函数

③ Softmax 函数。Softmax 函数一般作为多分类模型的输出层，以输出一个关于类别（离散型）的概率分布，即：

$$s_i = \frac{e^{V_i}}{\sum\limits_j e^{V_j}} \tag{4.31}$$

Softmax 函数的示意图如图 4.14 所示。Softmax 将网络的输出转换为简单的形式，方便机器进行分类，而且可以将无论是正值或者负值都转换到（0,1）区间内，不仅可以进行二分类，还可以根据计算到的概率进行多分类。但是 Softmax 在零点不可微，而且负输入的梯度为零，这意味着对于该区域的激活，权重不会在反向传播期间更新，因此会产生永不激活的死亡神经元。

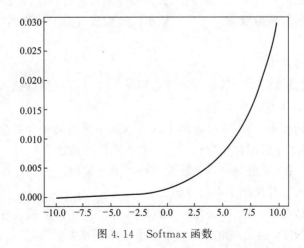

图 4.14　Softmax 函数

④ Relu 函数。Relu 函数是目前应用比较多的激活函数，提供了一种简单的非线性变化，即：

$$f(x) = \begin{cases} x & x > 0 \\ ax & x \leqslant 0 \end{cases} \tag{4.32}$$

Relu 函数的示意图如图 4.15 所示。Relu 函数解决梯度消失现象，$x > 0$，梯度为 1，否则为 0，加快了网络的训练速度。但是 Relu 激活函数只对大于 0 的数值产生效果，小于 0 的数值没有激活效果。

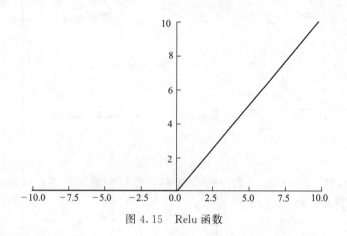

图 4.15   Relu 函数

4.2.4   循环神经网络

循环神经网络（recurrent neural network，RNN）是一种用于处理序列数据的神经网络架构，其中数据点的顺序很重要。与前馈神经网络不同，前馈神经网络在从输入到输出的单程过程中处理数据，而 RNN 具有形成有向循环的连接，使它们能够保持内部记忆或上下文，从而能够处理可变长度的序列。

RNN 的主要组成部分是循环层，它由循环单元（或细胞）组成。每个循环单元都保持一个隐藏状态，作为其内存。在每个时间步长，循环单元都会将输入与先前的隐藏状态一起获取，处理信息，更新其隐藏状态，并产生输出。该输出可用于预测或作为输入传递到下一时间步长。

（1）典型循环神经网络

RNN 在处理不同类型的序列数据方面是通用的，并且可以根据输入输出映射用于各种任务。其使用方式主要分为以下 3 类。

一对多：在这种情况下，RNN 接收单个输入（如图像或句子）并生成一系列输出。例如，在图像字幕中，RNN 将图像作为输入，并生成图像的描述。

多对一：在这里，RNN 处理一系列输入并产生单个输出。例如，在情感分析中，RNN 将一系列单词作为输入，并预测文本的情感。

多对多：在这种情况下，RNN 采用一系列输入并产生相应的输出序列。语言翻译是一个典型的例子，其中 RNN 通过获取源语言中的单词序列并生成目标语言中的词序列来将句子从一种语言翻译到另一种语言。

典型 RNN 的结构图如图 4.16 所示。

图 4.17 展示了标准 RNN 的前向传播。以 x 表示输入，h 是隐层单元，o 是输出，L 为

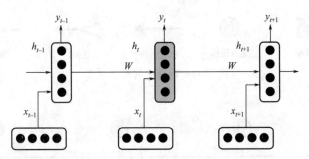

图 4.16　典型 RNN 结构

损失函数，y 为训练集标签。t 表示 t 时刻的状态，V、U、W 是权值，同一类型的连接权值相同。

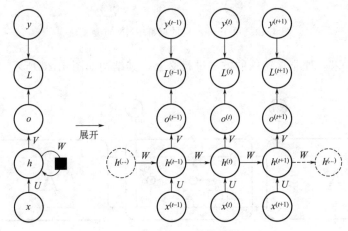

图 4.17　RNN 前向传播

（2）长短时记忆神经网络

长短时记忆神经网络（long short termmemory networks，LSTM）是一种循环神经网络（RNN）架构，它解决了消失梯度问题，并允许对序列数据中的长期依赖性进行更好的建模。引入 LSTM 是为了克服传统 RNN 在捕获和保存长序列信息方面的局限性。LSTM背后的关键思想是引入存储单元，它负责随着时间的推移存储和访问信息。存储器单元具有内部状态，该内部状态可以基于每个时间步长的输入来更新，并且可以用于将相关信息携带到未来的时间步长。

LSTM 通过使用三个主要组件来实现这一点：输入门、遗忘门和输出门。这些门控制信息流入和流出存储器单元，允许网络选择性地更新和利用存储器。网络中包含 5 种基本操作，如图 4.18 所示分别是神经网络层（用于学习）、逐点操作（逐点相乘、逐点相加）、向量转移（向量沿箭头方向移动）、连接（将两个向量连接在一起）、复制（将向量复制为两份）。

所有的 LSTM 都有重复神经网络模块的链式形式。在标准的 RNN 中，这个重复的模块可以是非常简单的结构，如图 4.19 中所示的单个 tanh 层。

LSTM 同样也有类似的链式结构，但是重复的模块有不同的结构。不只有一个神经网

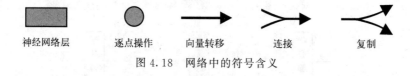

图 4.18　网络中的符号含义

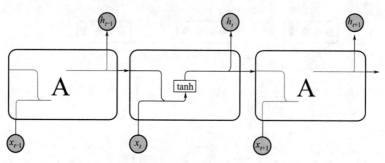

图 4.19　单个 tanh 层的标准 RNN 重复模块

络层，而是四个，以一种非常特殊的方式进行交互，其结构如图 4.20 所示。

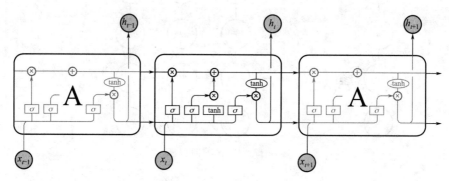

图 4.20　单个 tanh 层的标准 LSTM 重复模块

　　长短时记忆网络的关键组成部分之一是细胞状态，它作为一种记忆机制，允许信息沿着序列流动并长距离保存。细胞状态由穿过 LSTM 图顶部的水平线描述。门结构是 LSTM 的关键组件，负责选择性地允许信息通过并更新单元状态。它由 Sigmoid 激活函数和逐元素乘法运算组成。Sigmoid 激活函数用于将输入值转换为 0 和 1 之间的范围，此范围表示"门"或"过滤"行为，其中接近 0 的值表示相应的信息被抑制或阻止，接近 1 的值表示信息被允许通过。其结构由三个门组成，如图 4.21 所示，分别是遗忘门、输入门和输出门。

　　LSTM 中的遗忘门负责确定目前状态 C_{t-1} 的哪些信息应该被丢弃或遗忘。它将先前的隐藏状态 h_{t-1} 和当前输入 x_t 作为输入，并将它们通过 Sigmoid 激活函数。当遗忘门值接近 0 时，信元状态下的相应信息乘以 0，有效地遗忘了它。另一方面，当遗忘门值接近 1 时，相应的信息被保留。

　　LSTM 中输入门的作用则是在遗忘了一些信息后，还需要根据最新状态补充一些有用的信息，这个时候就需要用"输入门"来决定哪些信息被新加入。输入门会根据输入和上一时刻隐藏层的状态，通过激活函数 Sigmoid 决定哪些信息将会被新添加。

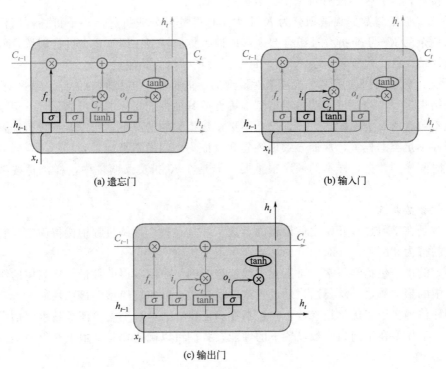

图 4.21 LSTM 中三个门结构

输出门是在得到新的状态后需要产生当前时刻的输出进行执行。输出门根据当前时刻输入、上一时刻隐藏层的状态和最新的状态决定该时刻的输出。

4.3 模型评估

所谓模型评估，即对模型的泛化能力（性能）进行评估，一方面可以从实验角度进行比较，如交叉验证等；另一方面可以利用具体的性能评价标准，如测试集准确率等。通常来说，模型的好坏不仅取决于算法和数据，还取决于任务需求。因此，不同的任务往往对应不同的评价指标，如分类任务下的准确率、回归任务下的均方根误差。

（1）交叉验证

交叉验证是机器学习和统计分析中广泛使用的一种技术，用于评估模型在独立数据集上的性能和泛化能力。它有助于估计模型在看不见的数据上的表现。

交叉验证的基本思想是将可用数据划分为多个子集或折叠。一个或多个折叠用作验证集，而其余折叠用作训练集。然后在训练集上对模型进行训练，并在验证集上对其进行评估。这个过程重复多次，每次都有不同的子集作为验证集。

留出法。在这种交叉验证技术中，整个数据集被随机划分为训练集和验证集。根据经验，整个数据集的近 70% 用作训练集，其余 30% 用作验证集。

留出法因为必须将数据集拆分为训练集和验证集一次，并且模型将在训练集上仅构建一次，所以可以快速执行。但是由于只使用了一个验证集，因此评估可能对该集中包含的特定数据点敏感，并且在小数据集的情况下，将保留一部分用于测试模型，其中可能有模型会错过的重要特征，因为模型没有对保留的数据进行训练。

K 折交叉验证。数据集被划分为 K 个大小相等的部分或折叠。每个折叠被用作验证集一次，而剩余的 $K-1$ 个折叠被组合起来形成训练集。模型在训练集上进行训练，并在验证集上进行评估。这个过程重复了 K 次，每个折叠正好作为验证集一次。

K 折交叉验证通过使用多个验证集对模型的性能提供了更稳健的估计。通过对 K 次迭代的评估结果进行平均，可以获得对模型准确性或其他性能指标的更可靠估计。但是因为训练集可能不包含所有类的样本，特别是在不平衡数据集的情况下，所以验证集可能最终具有来自代表性不足类的样本，从而导致训练集和验证集之间的不平衡，而且不适合时间序列数据。对于时间序列数据，样本的顺序很重要，但是在 K 折交叉验证中，样本是按随机顺序选择的。

（2）超参数调优

超参数是在学习过程开始之前设置的参数，并且在整个训练过程中保持固定。它们控制学习算法的行为和配置，并对模型的性能产生重大影响。

超参数的例子包括学习率、正则化参数、神经网络中隐藏层的数量、决策树的深度以及聚类算法中的聚类数量。需要适当地设置这些超参数，以实现模型的最佳性能。

模型评估确实用于优化超参数。它包括在验证集上或通过交叉验证等技术评估模型的性能。通过评估模型在不同超参数设置下的性能，我们可以确定在验证集上获得最佳性能的超参数组合。

优化超参数的过程通常包括在超参数空间中搜索，并选择使所选评估指标（如准确性、精确度、召回率或 F_1 分数）最大化的组合。网格搜索、随机搜索和贝叶斯优化等技术通常用于探索和识别最优超参数值。

优化超参数对于提高学习算法的性能和有效性至关重要。通过找到最佳的超参数设置，我们可以增强模型推广到看不见的数据的能力，并提高其整体性能。

随机搜索是一种简单直观的方法，其中定义了每个超参数的可能值的网格，并对超参数的随机组合进行采样和评估。这种方法避免了对所有可能组合的穷举搜索，使其计算效率更高。通过尝试不同的随机组合，它有可能发现良好的超参数配置。

另一种与网格搜索、随机搜索完全不同的方法，叫做贝叶斯优化算法。贝叶斯优化是一种更复杂的方法，它利用概率模型来优化超参数。它结合了先验知识，并使用贝叶斯框架对目标函数进行建模，并在评估新样本时更新模型。该算法基于采集函数迭代选择下一个超参数组合进行评估，该函数平衡了勘探（在未勘探区域采样）和开采（在可能产生高性能的区域采样）。与随机或网格搜索相比，贝叶斯优化倾向于以更少的评估收敛到最优超参数值。贝叶斯优化的一个优点是它能够基于从先前评估中获得的信息自适应地搜索超参数空间。它学习目标函数的形状，并将搜索集中在有希望的区域，这可以导致更快的收敛和更好的性能。

 本章小结

本章首先阐述了大数据分析的基本概念，然后从以下 5 个方面介绍了大数据分析相关的技术。

① 对机器学习监督学习中的 Logistic 回归、支持向量机和决策树 3 种方法的基本内容、计算指标和优缺点进行了介绍。

② 介绍了机器学习无监督学习中 K-Means 聚类算法和主成分分析 2 种方法的基本内容、方法步骤和优缺点。

③ 介绍了集成学习中 4 种模型的特点和方法。

④ 介绍深度学习的基本概念和方法，包括前馈神经网络、卷积神经网络和循环神经网络。

⑤ 最后介绍大数据分析模型的评估方法。

 # 习题

1. 请简述机器学习技术和深度学习技术在大数据分析中的作用。

2. 采用线性 SVM 模型来处理某个任务，并且知道这个 SVM 模型是欠拟合的，可以使用哪些方法提升该模型的性能？

3. 请简述随机森林模型处于欠拟合状态时，如何操作可提升其性能。

4. 请简述深度学习中各种激活函数的优缺点。

5. 请简述卷积神经网络和循环神经网络各自主要由哪些部分构成。

6. 请阐述模型评估的目的以及主要的模型评估方法。

参考文献

［1］　周志华. 机器学习［M］. 北京：清华大学出版社，2016.

［2］　尤雷·莱斯科夫，阿南德·拉贾拉，杰弗里·大卫·厄尔曼. 斯坦福数据挖掘教程［M］.3 版. 王斌，王达侃，译. 北京：人民邮电出版社，2023.

［3］　卿来云，黄庆明. 机器学习从原理到应用［M］. 北京：人民邮电出版社，2022.

［4］　HOCHREITER S，SCHMIDHUBER J. Long short-term memory［J］. Neural Computing，1997，9（8）：1735-1780.

［5］　SAMUEL A I. Some studies in machine leaning using the game of checkers［J］. IBM Journal of Research and Development，1959，3（3）：210-229.

［6］　MITCHELL T. Machine learning［M］. New York：McGraw-Hill Education，1997.

［7］　PLATT J. Fast training of support vector machines using sequential minimal optimization［M］. Camberidge：MIT Press，1998.

［8］　CHEN T，HE T，BENESTY M，et al. Xgboost：extreme gradient boosting［J］. R package version，2015，1（4）：1-4.

［9］　EFRON B，HASTIE T，JOHNSTONE I，et al. Least angle regression［J］. The Annals of Statistics，2004，32（2）：407-409.

［10］　HE K，ZHANG X，REN S，et al. Spatial pyramid pooling in deep convolutional networks for visual recognition［J］. Pattern Analysis & Machine Intelligence IEEE Transactions on，2015，37（9）：1904-1916.

［11］　LONG J，SHELHAMER E，Darrell T. Fully convolutional networks for semantic segmentation［J］. IEEE Transactions on Pattern Analysis and Machine Intelligence，2015，39（4）：640-651.

［12］　REN S，HE K，GIRSHICK R，et al. Faster R-CNN：towards real-time object detection with region proposal networks［J］. IEEE Transactions on Pattern Analysis & Machine Intelligence，2017，39（6）：1137-1149.

［13］　WEIBO L，ZIDONG W，XIAOHUI L，et al. A survey of deep neural network architectures and their applications

［J］，Neurocomputing，2017，234：11-26．

［14］   TIN H．The random subspace method for constructing decision forests ［J］．IEEE Transactions on Pattern Analysis and Machine Intelligence，1998，20（8）：832-844．

［15］   HE K，ZHANG X，REN S，et al．Deep residual learning for image recognition ［C］// Proceedings of the IEEE conference on computer vision and pattern recognition．Las Vegas：IEEE，2016．

［16］   RAHHAL M M A，BAZI Y，ALHICHRI H，et al．Deep learning approach for active classification of electrocardiogram signals ［J］．Information Sciences，2016，345（C）：340-354．

［17］   HOLDEND，SAITO J，KOMURA T．A deep learning framework for character motion synthesis and editing ［J］．ACM Transactions on Graphics，2016，35（4）：1-11．

第 5 章
大数据融合

 本章导读

大数据时代，人们普遍面临的一个挑战与困难是怎样从大量数据中提取和凝练出可领悟、有价值的知识和数据，其中涉及的关键技术是数据集成或者是融合。进入 21 世纪，数据集成和融合技术已经取得了重大进展，数据集成和数据融合在各种类型的数据处理技术上已经形成了鲜明的优势，并且广泛应用于多个领域，如：商业领域、科学领域、专业领域。

然而，当人们使用这些技术获取知识时就会出现一些相应的问题与瓶颈：

① 获取的知识规模巨大，有一些相应的短板之处，如可理解性与可实用性的欠缺；

② 获得知识的价值具有明显的差别，其中包含着不一致性甚至有冲突；

③ 与领域知识的结合存在欠缺，获取的知识局限于表面上的理解，导致融合出来的结果和实际应用需求存在差异。

经过不断的研究，发现出现这些问题的根本原因是数据在实时更新，在大数据不断动态演化的过程中，需要从多个维度、多个粒度对大数据进行诠释。

随着科技的发展，现今的统计学研究不再局限于特定的数据源，而是更加关注更广泛的、复杂的、跨越地域的、跨越系统的、跨文化的、跨领域的、跨学科的信息。对于复杂的信息，数据科学家与分析师需要掌握各种信息的来源，并对其进行系统的组织、处理与深度的研究，而其中，数据融合则起到了至关重要的作用，能够帮助我们更好地利用信息，从而发挥出其独特的价值。

 学习目标

本章首先从多源数据方面介绍大数据融合基本概念。然后对数据集成中的数据联邦、中间件、数据仓库和数据湖等概念进行介绍。最后在数据融合技术中介绍数据融合和知识融合的融合方法以及各自的局限。

5.1 多源数据

5.1.1 数据孤岛

数据孤岛是指企业发展到一定阶段，出现多个事业部，每个事业部都有各自数据，事业部之间的数据往往各自存储、各自定义，每个事业部的数据就像一个个孤岛一样无法（或者极其困难）和企业内部的其他数据进行连接互动，这样的情况称为数据孤岛。简单说就是数据间缺乏关联性，数据库彼此无法兼容。通常把数据孤岛分为物理性和逻辑性两种：物理性的数据孤岛指的是数据在不同部门独立存储，独立维护，彼此间相互孤立，形成了物理上的孤岛；逻辑性的数据孤岛指的是不同部门站在自己的角度对数据进行理解和定义，使得一些相同的数据被赋予了不同的含义，无形中加大了跨部门数据合作的沟通成本。

随着组织的发展，数据孤岛的出现可能是由于某种原因造成的，也可能是由于某种恶意行为所致。当一个部门拥有更多的控制权时，记录下该时间节点，此时间节点即成为数据孤岛的时间节点。因此，造成数据孤岛的原因可以归纳为以下 3 点：

① 业务系统之间的独立导致。由于业务系统之间各自为政，业务不集成、流程不互通、数据不共享，这样的相互独立造成数据孤岛。

② 部门数据之间的独立导致。随着企业的发展，各部门之间的业务数据的定义和使用可能存在显著的差异，这就导致了部门之间的数据无法实现有效的交流，从而形成了数据孤岛，影响了企业的整体运营效率。

③ 信息部门建设的滞后导致。由于信息部门建设的相对滞后，不能尽快满足业务对数据处理的要求，那业务部门就可能独自开发业务系统，造成业务系统的独立。

随着数据孤岛的形成，产生的问题表现在以下 3 个方面：

① 信息的膨胀。随着时代的发展，企业面临着巨大的挑战。每天，企业都会接收到大量的信息，这些信息的数量以几何级数的速度增长，平均每 12~18 个月就会翻一番，使得企业的管理者陷入了混乱之中。

② 数据的非结构化。大多数企业所拥有的数据仅占其总体信息和知识的 10%，剩下的90% 则是复杂的非结构化数据，这些数据可能不易被企业收集和处理，但它们却可能为企业决策者提供宝贵的信息资源。

③ 信息的非个性化。随着科技的发展，越来越多的企业开始重视信息的可视化，以满足不同的需要。从"千人一面"到更新换代，每一位参与者的角色、思维方式、行为习惯、价值观念，都被视为一种可视的资源，可以帮助企业更好地收集、整理、传播、使用各种资源。

5.1.2　多来源与多模态

物理世界中主要由物联网产生数据，人类社会有社会网络和政府部门的数据，这些数据包括但不限于传感器、官方网站、社会新闻、社会媒体等众多来源的数据。在某些情况下，数据并非来自同一信息源，而是来自不同的信息源，并被收集在一个数据集中，这种类型的数据称为多源数据，总体来说多来源数据就是取自多个端口的数据集合。

多模态数据是指对于同一个描述对象，通过不同领域或视角获取到的数据，并且把描述这些数据的每一个领域或视角叫做一个模态。多模态数据由两种或两种以上模态组成。多模态受到了观察者、测量者和理解者的影响，从而构建出更加全面的信息模态。在数据领域，多模态用来表示不同形态的数据形式，或者同种形态不同的格式，一般表示成文本、图片、音频、视频、混合数据。之所以要对模态进行融合，是因为不同模态的表现方式不一样，将多种模态的特征结合起来，能够将复杂的数字化语言转换为更加简洁、高效的语言。此外，由于将多种模态的特征结合起来，能够更好地解决复杂的语言转换问题，能够获得大量的特征数据，从而更好地提高语言的效率和准确性。总的来看，多模态的最大优势在于可扩展性。

多来源和多模态之间没有绝对的关系，根据是否为多来源和是否为多模态两两相互组合，可以形成 4 对关系，即单来源单模态、单来源多模态、多来源单模态和多来源多模态。通过使用多种传感器，可以获得多种模态的数据。例如，可以使用多个相同的传感器来收集温度数据，并将它们组合成一个模态。然而，这种组合并不总是完美的，例如，使用单个设备收集的数据可能只有一个模态，而使用多个相同或不同的传感器收集的数据则可能具有多个模态。通过文本的不同结构、格式，可以更好地处理各种来源的数据。然而，在处理这些数据时，并不能确定它们是否具有多种模态。

5.1.3　数据溯源

数据溯源是一个新兴的研究领域，诞生于 20 世纪 90 年代。最早用于数据库、数据仓库系统中，后来发展到对数据真实性要求比较高的各个领域，如生物、历史、考古、天文、医学等。随着互联网的迅猛发展以及网络欺骗行为的出现，人们越来越怀疑数据的真伪，对数据的真实性要求越来越高。数据溯源成为考究数据真假的有效途径，并且掀起了一波数据溯源研究的热潮。因此，数据溯源追踪逐渐扩展到计算机领域中的各行各业。目前，研究领域已经覆盖到地理信息系统（GIS）、云计算、网格计算、普适计算、无线传感器网络和语义网络等方面。其中，数据溯源在数据库和工作流领域的研究最为流行。数据溯源还没有公认的定义，因应用领域不同而定义各异，常见的定义有如下几种：

① 数据溯源可以被定义为从原始数据到最终产出结果的全部过程；

② 在数据库领域可以被定义为追溯数据存储和传输的过程；

③ 数据溯源旨在揭示目标数据在产生之前的历史发展脉络，并从中提炼出有价值的信息；

④ 数据溯源可以追踪工作流的发展历程，并且可以用来标记和记录工作与实验中的细节。

目前，数据溯源追踪的主要方法有标注法和反向查询法。

标注法是一种极具效率的数据溯源技术，它可以更加准确地追溯数据的历史状态，从而更好地了解其中的细节，比如背景、作者、时间、出处等，从而更加清晰地展示出数据的真实性，更好地实现数据的溯源。使用标记方式进行数据追溯容易进行操作，但是为了保证标记信息的完整性，需要额外的存储空间才能够进行操作。

反向查询法，也称逆置函数法。由于标注法并不适合细粒度数据，特别是大数据集中的数据溯源，于是，提出了逆置函数反向查询法，反向查询法是通过构建逆置函数，将查询结果逆向推导，从而实现从原数据到新数据的转换。反向查询法只有在特定情况下才会被使用，因此，构建一个有效的逆向函数对于提高查询效率和算法性能至关重要。与标注法相比，反向查询法更加简单，并且所需的存储空间也更少。

5.2　数据集成

数据集成是把不同来源、格式、特点性质的数据在逻辑上或物理上有机地集中，从而为企业提供全面的数据共享。数据集成的核心目标是将多个不同的数据源整合到一起，使用户可以以透明的方式获取和利用这些信息。数据集成的目的是维护数据源整体上的数据一致性，解决企业"信息孤岛"的问题，提高信息共享和利用的效率，实现企业发展的最大化。

与此同时，数据集成具有以下难点：

① 异构性。由于数据源的不同，它们的模型也不尽相同，这就导致了集成的难度。这种异构性可以从数据的语义、表达形式，以及使用环境等方面来体现，从而使得集成变得更加复杂。

② 分布性。由于数据源分布在不同的地方，因此需要通过网络来传输信息，这会导致网络传输的效率和安全性受到影响。

③ 自治性。各个数据源具有极高的独立性，它们可以独立地调整自身的组织架构和数据，这对于整个数据集成系统的稳定性构成了巨大的挑战。

数据源的异构性一直是困扰很多数据集成系统的核心问题，也是人们在数据集成方面研究的热点。异构性的难点主要表现在语法异构和语义异构上。语法异构一般指源数据和目的数据之间命名规则及数据类型存在不同。对数据库而言，命名规则指表名和字段名。语法异构相对简单，只要实现字段到字段、记录到记录的映射，解决其中的名字冲突和数据类型冲突就可解决。这种映射都很直接，比较容易实现。因此，语法异构无须关心数据的内容和含义，只要知道数据结构信息，完成源数据结构到目的数据结构之间的映射就可以了。

数据集成在数据集的过程中，必须考虑如何将信息表示为不同的形态。这种表示形态通常会比传统的表示形态更加复杂，因此必须打碎信息的单一形态，才能更好地表示信息的意思。常用的表示形态可能有：字符串的划分、字符串的组合、字符串的数量化、记录之间的位置交替。在构建数据源的过程中，语义异构与其他异构现象有着本质的区别：前者仅仅由于命名规则的变化而产生，而后者却因为使用了多种不同的粒度、实体间的关联性、字段的语义等，从而导致异构，这种异构现象使得整个数据集的处理变得极其复杂。

在现实世界中，语法异构现象十分普遍，其中一些比较规则，可以通过特定的映射方式来解决。然而，也有一些比较不容易察觉的语法异构，比如数据源中隐藏的一些约束条件，在数据集成过程中，很难被发现，从而导致错误的出现。如果一个数据项被用来定义月份，那么它的值必须在 $1\sim12$ 之间，但是如果忽略了这一限制，就可能导致不可预料的结果。此外，复杂的关系模型也可能导致语义上的差异。

数据集成一般有联邦数据库系统、中间件模式、数据仓库模式三种。

5.2.1　联邦数据库与数据联邦

随着科技的发展，人们获取的信息量急剧攀升，使得信息整合变得越来越困难。因此，在实现信息整合时，必须采取措施以满足各个部门的特定使命，即建立统一的应用框架，将不同的、独立的信息体系和它们所带来的数据整合到同一个平台中。通过将现有的数据与新的数据进行整合，可以实现更高层次的信息共享。其中，联邦数据库可以提供更加全面、灵活的服务，它可以实现跨部门、跨地域的共享和交互，从而更好地满足用户的需求。

联邦数据库系统（federated database system，FDBS）由半自治数据库系统构成，它允许不同的用户共享信息，并且允许不同的用户通过不同的方法访问它。它包括一个集中的、分散的和一个联合的、共用的、共存的、共享的、共用的数字化架构。在这种模式下又分为紧耦合和松耦合两种情况，紧耦合提供统一的访问模式，一般是静态的，在增加数据源上比较困难；而松耦合则不提供统一的接口，但可以通过统一的语言访问数据源，其中的核心是必须解决所有数据源语义上的问题。

将多个数据源融合到一个虚拟视图中，数据消费者（应用）无须了解数据的实际位置、结构和存储方式。这种虚拟集成视图和抽象数据接口的应用，为解决复杂的数据整合问题提供了有效的解决方案，也为数据联邦技术的发展提供了强大的推动力。

随着"联邦"视图的实时访问，数据转换已经成为一个关键，但是它仍然存在质量和性能上的挑战。当企业的数据量不断增加时，性能问题已经成为数据集成领域的一个普遍挑战，数据联邦在此领域的发展虽然取得了一定的进步，但仍然远远落后于其他数据集成技术。"联邦"的目标是通过数据质量管控来解决现实中的数据集成问题，而不仅仅是简单地加载数据规则和执行数据检验。尽管存在一些缺陷，但数据联邦技术仍然被许多企业所采用，因为它具有更高的便利性和实时性，使得它能够更好地满足企业的需求。随着技术的发展，越来越多的企业开始采用面向服务的架构，以满足其对灵活性和敏捷性的需求。传统的批量任务或 ETL 的方式已经不再适用，而数据联邦技术则可以满足这些需求，大幅缩短数据的传输时间。

5.2.2　中间件

中间件作为一类软件架构，既可以为应用程序提供必要的支持，也可以为其他程序搭建连接，从而实现数据、信息、技术等多方面的交互和协作，从而实现数据、信息、技术等多方面的整合。随着科学的发展，中间件的概念被广泛认可，旨在帮助处理复杂的多种环境，以及各种各样的任务。虽然尚未形成一个完整的界限，但大多数人都认可，中间件可以被视为一种可以跨越多种环境的系统软件，可以支持多种技术和多种协议，以实现对多种环境的支持。在某种程度上，可以将中间件看作是一个平台＋通信的组合，因此，仅当该组合被应用到分布式环境下时，中间件的概念被明确界定，并且将其与传统的支持性软件或者应用程序划清界限。

随着技术的发展，中间件模式已经被广泛应用于各种领域，其特点是：将多个不同的数据源组合起来，形成一个完整、高效、安全、开放、共享的数据集合，从而实现对不同的数据的有效管理和分析。中间件架起了不同的数据来源与应用程序之间的桥梁，既可以帮助这些来源实现有效的信息交互，也可以让应用程序实现更加便捷的查询功能。在这个架构的基础上，各数据源的应用可以实现自己的功能，而中间件的作用就是将这些功能有机地结合起来，以实现更加有效的信息交互。在此模式下，最重要的挑战在于建立一个可以将多个数据源连接起来的逻辑视图，以便将其转换为可执行的中间件。为此，需要确保所采取的技术符合相关的标准，建立一个可以支持多个语言的平台，以便与基础设施的硬件进行兼容，从而达成跨越多个平台的目的。中间件具有以下优点：

① 采用 MySQL 技术，可以有效地抑制底层操作系统的复杂性，从而使得数据的增删改查无须依赖于硬盘或其他任何指令，只需要掌握 MySQL 的基本操作，以及如何与MySQL 进行交互，就能够轻松实现数据的存储和互联互通。开发中间件需要熟悉各种协议，并且能够熟练地将其与操作系统的硬件进行有效的交互。

② 中间件技术的出现，能够大大减少技术架构的复杂度，从而实现多种服务之间的交流与协作。过去，由于各种服务之间需要专门编写特定的程序和文档，因此只能依靠单独的编程工具，而如今，随着中间件技术的出现，各种各样的微服务之间能够实现相互交流，从而能更高效、安全、灵活、经济地完成任务。采用中间件，可以有效地抑制底层操作系统的

复杂度，让程序开发者可以轻松地进行多重任务的编写，并且可以有效地避免因多个系统之间的交互而导致的重复劳动，这样可以有效地降低技术成本，提高效率。使用中间件，较大程度上可以提高系统的效率，并且可以大幅缩短开发时间，同时降低对于维护、操作和管理的需求，从而使计算机总体费用的投入降低。

5.2.3　数据仓库

数据仓库旨在帮助企业在各种层面上做出更好的决策。这些数据被收录在一起，并通过分析来帮助企业做出更明智的决策。通过这些数据，可以帮助企业更好地管理各种不同类型的业务信息。通过 BI 技术，可以实现对大量数据的有效挖掘、分析和报表，从而极大地改善企业的运营效率。有了数据报表，还可以指导业务流程改进。尽管联邦数据库技术已经为各个应用提供了数据交换与共享的便利，但它仍然存在着诸多挑战：它需要多个数据库系统的整合，而这些整合的结果往往会导致各个数据模块的不兼容，从而给实施者造成极大的挑战。

数据仓库技术则在另外一个层面上表达数据之间的共享，它主要是针对企业某个应用领域提出的一种数据集成方法，适用于面向主题并为企业提供数据挖掘和决策支持的系统。数据仓库具有以下主要特征：

① 面向主题。传统的数据库通常只针对某一个特定的应用程序来组织数据，而数据仓库则是针对多个不同的应用程序来整合和管理数据，因此数据仓库是面向主题的。

② 集成。集成意味着数据仓库中的数据必须保持一致，这些数据可以来自不同的数据源，例如内部数据和外部数据。为了实现这一目标，需要使用 ETL 软件对数据进行编码。数据仓库的功能在于收集和处理各种来源的信息，以便进行分析和识别。这些信息可能来自内部、外部、文件系统或网络。通过对这些信息的分析，可以更好地理解和预测未来的发展趋势。通过数据整合，建立了数据仓库，因此它具有完整性和可靠性。

③ 稳定（不易失）。数据仓库是一个可靠的存储系统，它收录了大量的历史数据，包括各个时期的快照，并且可以根据这些快照进行统计、综合和重组，从而使得数据的保存时间更加长久，使得数据的安全性得到了极大的提升。通过对数据的加工和整合，数据仓库的更新非常缓慢，因此具有较高的稳定性。

④ 时变（反映历史变化）。随着时间的推移，数据仓库中存储着丰富的历史信息，它们不仅反映了当下的变化，而且还与特定的日期，比如星期、月份等，形成了一种紧密的联系。虽然数据仓库不会修改数据，但并不是说数据仓库的数据是永远不变的，数据仓库的数据也需要更新以适应新的需求。数据仓库的数据随时间的变化主要表现在以下几个方面：

a. 数据仓库的数据时限一般来说远远长于操作类型的数据库时限；

b. 业务系统收集的是当前的信息，而数据仓库则存储着过去的记录和信息；

c. 数据仓库中的数据经过精心筛选和分析，具有明显的时间特征，可以清晰地反映出历史的发展趋势。

5.2.4　数据湖

数据湖是一个基于原生标准的数据存储框架，它可以自动生成和保留原有的数据，不必经过任何复杂的编码和转换。数据湖构建服务（data lake formation，DLF）作为"数据湖"框架的重要组成部分，可以为客户提供便捷、高效的"原生"数据湖解决方案。数据湖构建提供湖上元数据统一管理、企业级权限控制，并无缝对接多种计算引擎，打破数据孤岛，洞察业务价值。

DLF 核心的能力包括以下几点：

① 数据集成能力（数据接入）。DLF 支持多样化的数据来源，从数据库的关系型或非关系型的表、文件、流、ETL（Kafka、Logstash、DataX）等，到应用 API 获得的日志等，以及其他形式的文件，均可以实现数据的集成。并且，DLF 可以根据需要，自动产生多个子集，以便更好地管理和分析所收集的所有数据。同时，还可以根据需要，为所有的数据采集和存储提供统一的接口，以实现更加高效的集成管理。采用标准化的 API 和接口来实现协同工作。

② 数据存储。数据湖拥有庞大的数据容量，并且可以从不同的来源获取，因此，它应当支持各种不同的存储方式，比如：HDFS、HBase、Hive 等。

③ 数据搜索。数据湖中拥有海量的数据，对于用户来说，明确知道数据湖中数据的位置，快速地查找到数据，是一个非常重要的功能。

④ 数据治理。DLF 可以从海量的原始数据中抽取出重要的特征，将其整合到一个集成的文件中。然后，将原始数据按照特征加以标记，形成完整的文件体系。同时，构筑完整的文件链，清晰地展示出文件的内容，以及文件之间的联系。并且还可以实现文件的实时更新，以及文件的可视化，以便更好地反映文件的变化情况。

⑤ 数据质量。DLF 中可以通过严格的质量检查和评估，确保所收集的信息准确无误。同时，实时跟踪和审查所有的数据，以确保每一步都被有效执行，从而确保最终的结果是可靠的。

⑥ 安全管控。主要包括两个方面，一是严格审查数据的使用权限，并采取有效措施确保其安全性；二是采取有效措施保护敏感信息。

⑦ 通过使用联合分析、交互式大数据 SQL 分析、机器学习和 BI 报表等数据分析工具，用户可以轻松地发现数据湖中的信息，从而获得更有价值的结果。

数据湖和数据仓库之间的差异明显，数据仓库拥有一套严格的、稳健的、可靠的系统，它可以收集、整理、分析、管控各种复杂的数据，从而满足数据管控的需求。数据仓库可以把复杂的数据转换为可供管控的数据，从而更好地管控数据。由于数据仓库具备复杂的架构，配置要求严格，因此缺乏灵活性及快速性。另外，由于需要进行全面的数据预处理，以及需要进行大规模的存储，运行成本也比较昂贵。

数据湖虽然没有明确的架构，但其具有极大的灵活性，可以极大地加快搜寻速度。此外，由于数据湖采用的存储技术成本低廉，因此可以轻松地完成搜寻，大大地降低了工作量。

5.3　数据融合技术

5.3.1　数据融合

数据融合技术是指利用计算机对按时序获得的若干观测信息，在一定准则下加以自动分析、综合，以完成所需的决策和评估任务而进行的信息处理技术。这种技术可以有效地将多种数据源融合，形成一个统一的知识体系，从而提高工作效率。随着大数据技术的发展，传统的流水线式融合已经无法满足当前的融合需求。为了解决这一问题，提出了一系列的大数据融合实现步骤，以达到更好的融合效果。这些步骤包括：①确定本体和模型，以加快融合过程；②识别相似的实体，并将它们连接起来；③检测真伪，并将冲突数据合并，以便在实体识别阶段及时反馈处理结果；④定期更新数据库，以保持知识的最新性和可用性。

（1）模式/本体对齐

模式/本体对齐是大数据融合的前提和关键步骤，它能够有效地提升融合的效率，并且能够有效地解决由对齐演化引发的不一致性问题。由于大数据的海量性和演化性，事后的补救工作非常困难，因此"以防为主，防治结合"的策略就显得尤为重要。此外，还可以利用模板的经验优势，为频繁出现错误的本体建立对齐模板，以便反复使用。因此，本体演化的实现应当分为三个步骤：首先，进行本体演化的管理；其次，采取措施防止和纠正不一致性；最后，对模板进行开发对齐。

此外，本体依赖于实体和合作方式，当领域表示发生演变频繁或有新的要求必须考虑时，本体也会频繁和连续地变化，并且通常本体较大且构建代价大。因此，本体必须能够适应演化、修改和改进，从而保持与本体一致。尽管本体语言可以有效地捕捉静态语义，但由于其无法满足本体与实体之间交互变化的一致性检查，因此，在构建本体时，仍然存在着极大的挑战，因为它无法准确地反映出本体变化的全貌，从而使得形式化变化成为可能。目前大多是对本体变化的量化，并没有对不一致性进行充分研究。即便给出了解决不一致性问题的方法，也是不一致发生以后的解决方法，需要执行变化并使用额外的资源监测本体的一致性，因此缺乏预防措施来避免不一致发生。

（2）实体链接

实体链接是数据融合的基础，它可以把不同的概念或者与概念相似的内容相连，从而使结果更加丰富。它可以用来完成许多不同的自动化工作，比如创建知识库、收集信息进行事件分析、进行语义检测以及进行人工交互。根据自然语言中的文字大小，这项工作可以被划分成两类：长篇文章（例如 Wikipedia），用于提供关键词；而短篇文章，则需要提供简单的句子，用于解决某个特定的问题。所以将大数据融合中的实体链接步骤分为分块、实体识别和共指识别。它们之间的不同之处在于如下几个方面。

第一，实体的属性特征、语境信息、解决冲突的方法以及共同识别的结果都会对实体的识别产生重要的影响。然而，目前的实体识别技术主要集中在实体消歧、共同识别的串行执行方面，缺乏对实体之间的相互作用的认知。采用这种方法存在三大缺陷：首先，在实体识别过程中，由于存在的错误无法被修正，因此无法在后续步骤中继续使用；其次，在共指识别和冲突解决过程中，结果无法及时反馈；最后，可能会导致输出结果不一致。实体识别、冲突解决和共指识别之间存在着密切的联系，前者可以为后者提供更多的特征，而后者则可以通过消歧的链接信息帮助进行聚类。因此，要想有效地识别实体，就必须将这三者结合起来，不断优化和提高。

第二，由于实体之间的语义相互作用非常紧密，而且具备一定的变异特征，因此，传统的共同认知技术无法充分反映其中的变异特征，也无法充分考虑到其可靠性、变异速率以及局部决策等因素。此外，由于它们需要处理的都是动态的数据，因此，要想获得准确的结果，就必须要求其具备良好的准确率，但是由于具有时间上的代价，这是大数据所不能够承受的。

第三，通过识别新的实体和关系，可以扩展知识库。此外，还可以利用推演出的新知识、发现的深度知识，以及获得的普遍机制来帮助使用者更好地识别实体，因此，反馈结果显得尤为重要。大数据中的实体识别不仅需要与数据融合中的冲突解决、共指识别形成内部反馈迭代优化，还需要与知识融合中的深度知识发现形成跨环启发。

第四，虽然复杂的实体关联技术可以提供较高的精度和可靠度，但它仍有许多局限性，尤其是对于那些没有明文规定的非结构化数据，以及那些可能会影响到整个系统的实体属性，这些问题更加突出。此外，两类物种的匹配方式存在差异，即使它们能够被接近或准确地识别；而寻找新物种的过程则一直以来都存在挑战，其中最大的问题就在于如何准确地识别出它们的类型。

第五，大数据融合向短文本、跨语言、跨领域融合迈进，所以需要相关实体跨语言、跨文档的关联，目前研究成果不多。针对不同的语言和文本，如何正确地识别和传递未知的链接，已经成为一个棘手的挑战。此外，还需要考虑一系列潜在的挑战，如隐喻、边缘交叉、嵌套等。

（3）冲突解决

对于大数据的融合而言，有效地处理矛盾至关重要，其中第一步便是消除矛盾。然而，由于大数据的可靠性、变异性以及其对某一搜寻结果的影响，往往会产生矛盾，从而使得新颖性与可靠性之间的差距变得更加明显，因此，有效地评估信息的可靠性，整理出可能存在的矛盾，通过知识的整合，更好地理解复杂的问题，从而更有效地处理问题。因此，在处理冲突时，必须先进行真伪鉴别，然后整理不同的信息，最后进行演变，构建一个完整的模型。基本的冲突处置方法，如模型重建、实物辨认，以及数据重建，应用范围可能会受到大量数据的限制，从而使得效果不够理想。此外，所有冲突解决技术都有一个假定前提，即假定模式对齐和实体识别已完成，并且数据也已经对齐，但这个假设在大数据环境下过于理想化。所以冲突解决需要在数据融合内部与实体链接之间形成反馈。

此外在真假甄别过程中有两个假设：假值服从均匀分布；不匹配即为完全不同。但这个假设对于现实过于绝对，以至已有方法不能很好地处理错误产生的不确定性。另外，由于大多数的鉴伪技术都是基于维基百科的相关信息，没有足够的专业知识，因而其应用范围也受到了限制。在某些情况下，比如在新闻行业，只能使用少量的标记数据，因此需要使用超越维基百科的方法来避免混淆。

面对复杂的不确定性因素，最大的挑战在于如何有效地识别出新颖性和价值的差异，并建立一个有效的质量评估函数。演化行为也是引起不确定性的一个因素。尽管目前的演化建模技术已经发展到可以捕捉物质的特征变动，但是它们忽略了物质特征的多样性，比如，将物质的特征重新定义为物质的进步，而忽略了物质进步的多样性，从而导致最终的结果是物质的进步。例如，两年后，一个讲师会晋升到副教授，然而，一年后，他就会晋升到助教，这种情况的发生几乎没有任何先例。因此，必须重新审视建模，以确保它的准确性，并且更加注重属性的变换，比如语义上的联系。

（4）知识库自适应发展

知识库是数据融合的结果，也是大数据融合的中转站。随着数据的产生、信息的传播，会有源源不断的知识扩充到知识库。知识库包括三种主要类型的知识：直接知识、关系数据库、历史数据（如 XML、JSON、CSV 等）以及通过知识融合得到的深度知识。知识库的发展历程可以划分为三个阶段：第一阶段，采用自适应抽取策略，从已有的数据中提取出有价值的信息，构建基础知识库；第二阶段，利用转换技术和深度学习技术，不断更新和完善知识库；第三阶段，对已有的信息进行定位和追溯。

为了实现自适应抽取，必须确立一种基于语法-语义的抽取模型，然后采用自调整和反馈调整抽取策略。自调整通常采用模糊本体技术识别并以概率方式检测可能性，反馈调整主要是借助抽取结果信息以及知识融合过程中反馈回来的信息调整抽取模式。对于更新策略，目前大多采用人工干预的增量更新方法，但是随着知识库的不断积累，依靠人工制定更新规则和逐条检测将不能满足需求，所以需要自动化、批量更新（比如子图到子图的更新策略），这样就必须确保自动化更新的有效性。此外知识库的自适应发展需要用动态的方式统一不同的数据源，这个过程对用户透明，缺乏可解释性和可操作性，并且大数据的海量性和动态演化加大了错误恢复的难度，所以需要建立知识库的可溯源机制。

为了有效地消除三种知识的冗余，采用了实体连接技术、冲突解决技术等方法，将其与原有的实体、关联以及相应的属性信息相结合。从传统的角度来看，所有的关联结构均呈扁平化，没有明显的层级结构，因此，必须重视这种结构，把它们的思想融合到原有的框架之中，从而形成更完整的框架。从三种角色来看，传统的角色结构更能够满足需求，因此必须重视它们的结构，从而形成更完整的框架，并且通过这种方式，可以对信息进行筛选并整合。

5.3.2　知识融合

通过知识融合，能够从大量的信息中抽取出有用的信息，并且能够根据不同的用户需求，对这些信息进行有效的分析和处理，从而能够从不同的角度来洞察和理解这些信息。因此，可以采取以下措施来促成知识的融合：①对知识进行抽象和建模，为后续知识融合提供方便；②通过对表层知识的推理、理解，得出显式深度知识，如通过多路径关系推理得到间接知识；③通过推理、归纳等方法发现隐式深度知识，如类比关系等；④对知识资源、深度知识等剖析、解释，归纳出普适机理。

（1）知识抽象与建模

通过对大量数据的分析和研究，可以提取出数据的结构和关联模式，从而将其转化为可以用于表达知识的形式。知识可以以非结构化的 XML、JSON、CSV 形式表示，也可以直接用关系数据库形式表示。目前，RDF 图是一种常用的资源描述方式，它由一系列三元组按照一定的关联关系连接而成，每一条描述都由一个主语、谓语和宾语组成，它们分别代表实体、关系、属性值等，可以帮助人们更好地理解和描述资源。知识图谱可以通过 RDF 图或低维向量空间来构建，以更好地描述和理解信息。它的难点在于数据关系多粒度并存、相互嵌套、复杂关联，面对大数据需要精简表达。

RDF 定义了一个简单的模型，通过指定的性质和相应的值描述资源之间的关系，可以表示一个关系实体图。RDF 假设被描述的事物拥有独有的特征，这些特征可以通过文本或数据表来表示，它们构成了一个完整的概念框架。如果特征值是资源，该特性也可以看成两个资源的关系，对资源的描述就是对资源的特征及值进行陈述。

由此，RDF 数据模型有四种基本对象模型：

① 资源：Web 上以 URI 表示的所有事物都可称为资源。

② 性质：用来描述资源的特征、属性或关系。

③ 文字：字符串或数据类型的值。

④ 陈述：RDF 陈述是一种描述一个特定资源的方法，它包含了主要信息、谓词和客观

条件三个部分。主要信息是指描述该资源的内容，它可以帮助理解该资源的性质和特征。谓词则是指描述该资源的主要信息，它可以帮助区分该资源的不同属性。客观条件是指在陈述中用来划分不同特征的元素。

RDF 知识图谱表明，当两个实体之间存在某种程度的相互影响时，它们之间的联系就会变得更加紧密，这种联系通常会通过局部、全局以及更精细的分类来表示。然而，仅仅通过局部的分类，无法真正反映出更广泛的复杂的联系。RDF 图可以在保持原始数据的同时，提供一种新的数据分析模型，提高模型的可靠性。RDF 图既不损失语义关联又能很好地表示知识，它的一个难点是需要对 RDF 图携带的三种信息——描述性属性、语义关系、两者兼顾的语义图结构进行概念描述，这一步对后续深度知识发现特别重要。

嵌入表示将实体和关系都表示为低维向量，并且定义一个评分函数来确定元组的合理性，主要模型有双线性模型（复杂度较高，不适合 Web 规模的知识图谱）、多层感知模型和潜在距离模型。多层感知模型参数复杂；潜在距离模型将实体和关系表示为高斯分布或映射为超平面中的点。采用嵌入表示的方法主要是为了缓解数据稀疏，建立统一的语义表示空间，实现知识迁移，它的挑战性在于缺乏对各语言单位统一的语义表示与分析手段。嵌入表示能够帮助更好地理解数据集中的隐变量，而图像处理技术则能够更好地描述数据集中的隐变量。两种技术都能够更快地构造出复杂的数据集，从而更好地理解数据集中的隐变量。

（2）关系推演

关系推演可以看作显式深度知识发现，包括二元关系推理、多路径关系推理和演化关系推理。二元关系推理是指根据历史知识预测两个实体之间可能存在的关联关系，或者给定一个实体和一种关系，预测与之对应的实体。这种预测的关键在于实体和关系的表示。多路径关系推理的难点在于组合语义模型的设计和推理关系的可用性确定，与知识表示形式密切相关。因此，关系演化建模必须从多个角度来考虑，包括关系的类别、特征、特征的强弱等。除了提供重要的参照信息，也应该重视深入研究的成果，并将其应用于关联性分析中。

关系推演方面目前关注的大多是直接关系和多路径关系的推理，缺乏对关系之间复杂模式的考虑，如自动通过元组<人，离不开，空气>推断出元组<鱼，离不开，水>这种类比关系。关系推演的表示往往通过知识来进行，一般有两种表示方式，一种是嵌入表示，另一种是 RDF 图。当然，嵌入表示也存在一些问题：嵌入表示方法的关系表示比较复杂，并且系统的可扩展性也难以兼顾。采用 RDF 图表示时，传统的图相似性计算只是考虑到图结构的相似性，典型的如图结构的编辑距离和最小公共子图等，显然这种量度不能很好地反映语义上的相似性。此外，由于其仅仅依赖于数据集的形式，因此无法充分体现数据集的内涵，从而无法准确地捕捉数据集中的语义信息。在使用 RDF 图来描述复杂的概念之前，应该先确保其中的每个元素之间的相似度，并且确保其中的每个元素之间的语义相同。此外，还应该检查其中的推断关系，并且能够对不符合逻辑的部分进行筛选。

大数据融合意味着将多个学科、多种文化、多种来源的信息整合到一起，从而使得各个学科、文化、社会背景等多个层面的信息都具备了相互影响的特性，因而，推理的范围从局限于某个学科的范畴扩展到了更广阔的范围，这正是大数据融合的发展方向。经过精心设计的关系推演技术，能够为数据融合、深度学习以及建立一般规律提供支持，因此，必须把它们纳入知识体系，以便更好地实施。然而，由于它们的精确度较差，容易出现错误，因此，必须采取一些措施，比如可靠性检查、冲突检查等，以防止知识体系出现错误或者多余的信息。此外，由于扩大融合范围将带来更大的影响，因此必须谨慎把握，确保融合成果的有效应用。

（3）深度知识发现

深度知识包括以下两方面的关系：一是高阶多元关系；另一个是隐含语义关系。在知识融合领域，深度知识发现对于融合来说十分重要，其中以隐式深度知识发现为重点。它包含以下 3 种类型的知识：①关系型深度知识，例如类比关系、上下位关系、因果关系、正/负相关关系、频繁/顺序共现关系和序列关系等，例如，人离不开空气与鱼离不开水这种类比关系；②数据分布型深度知识，即知识服从某些数据分布，如高斯分布、幂律分布和长尾分布等，例如，当关注数少于 105 时社交网络中节点的度分布服从指数为 2.267 的幂律分布；③性质型深度知识，即知识具有某种性质，如局部封闭世界、长城记忆和无标度等，常见的如知识图谱建模可假设满足局部封闭世界。

利用先进的技术，结合领域理论、数学、物理、人工智能，可以实现从宏观到微观的深入探索，从而构建出更加精确的结果。其中，统计分析可以帮助提取出更多的细节，而人工智能则可以帮助构建出更加精确的结果，并且可以实施有效的验证。基于类神经网络（artificial neural network）的深度学习技术，首先需要确立类神经网络的框架，并确立相应的函数集，然后确立拟合度，最后选择最佳的函数，以实现最佳的学习效果。尽管深度学习的挑战之一就是如何构建一个能够被人类记住的模型，但它仍然可能会带来一些益处。此外，在实际应用中，知识库的构建者为保证知识库应用的时效性，通常仅保留部分与业务密切相关的知识，而放弃其发现的深度知识，但是发现的深度知识对关系推演具有参考价值，对数据融合具有启发作用，所以有必要将已经获得的深度知识融入知识库。

（4）普适机理的剖析和归纳

由于目前知识融合仍然缺乏一种能够普遍适用于所有知识资源的模型，因此，需要从理性和直觉的角度出发，构建一个普遍适用的模型，并将其与实际数据相结合，以获得更好的泛化能力。人类的智慧可以从表面现象中洞察出本质，而大数据则可以揭示出这些现象背后的普遍规律，从而提供更多的洞察力，改变客观世界。因此，将普适机理作为一个重要的参考因素，可以有效地帮助人们进行知识建模、深入探索和关联分析，从而大大提高融合的效率。

普适机理往往是通过微观规律剖析宏观现象得到的，一般做法是首先采用统计、物理方法从大量个例中收集和组织经验事实、发现规律，剖析内在原理、归纳宏观现象，提出普适性假设；然后利用领域理论，如运用数学、物理等工具进行理论建模形成可测试推论；接着通过仿真模拟的方式验证推论、评估假设和模型，如果假设和机理不能够很好地解释实验中观测到的现象（实验中的现象也要能够与现实观测相吻合），则需要进一步修正假设和模型直到可以很好解释为止；最后提出规律并进一步接受实证数据的检验，直至得到公认为止。

 本章小结

本章介绍了大数据融合的概念和特点。首先从多源数据和数据集成两个方面对大数据融合进行了阐述。然后介绍了数据融合和知识融合两种融合方法以及它们的局限。

与传统融合范式相比，大数据融合范式具有显著不同的特点：

① 融合对象区分数据和知识。

② 使用不同尺寸的数据资源，展示出多维度的知识。

③ 在大数据融合模型中，知识和数据的结合可以激发出更高层次的知识，从而提升整体的效率。

④ 通过大数据融合，提供了一种可追溯的方法，它易于操作且易于理解。

⑤ 大数据融合可以帮助人们洞察数据背后的潜在价值。但是，要想真正实现这一目标，就必须要求多学科、多领域的科研人员共同努力，并且要求他们把各种技术、方法拓展到更深层次，以达到大跨度、深层次的融合。

 ## 习题

1. 简述数据孤岛的定义，说明产生数据孤岛的原因。
2. 简述数据溯源的定义。
3. 简述数据集成的概念。
4. 简述中间件的概念并说明其优点。
5. 简述数据仓库的概念并列举出其特征。
6. 简述数据融合的实现步骤。
7. 简述知识融合的概念及其实现步骤。

参考文献

[1] 余辉，梁镇涛，鄢宇晨. 多来源多模态数据融合与集成研究进展 [J]. 情报理论与实践，2020，43（11）：169-178.

[2] 任泽裕，王振超，柯尊旺，等. 多模态数据融合综述 [J]. 计算机工程与应用，2021，57（18）：49-64.

[3] 卢亚辉，张梅，和飞飞，等. 多源数据智能处理系统的设计与实现 [J]. 智能计算机与应用，2023，13（07）：163-167，172.

[4] 蒋华，韩飞，王鑫，等. 基于 MapReduce 的海洋异构数据集成与实时查询展示研究 [J]. 海洋环境科学，2019，38（06）：963-967.

[5] 陈沫，李广建. 大数据环境下知识融合技术体系研究 [J]. 图书情报工作，2022，66（20）：20-31.

[6] 刘倩顿，赵子越，乔磊，等. 一种面向多测量系统的数据融合方法 [J]. 科技与创新，2022（22）：73-76.

[7] 蔡珉官，王朋. 数据湖技术研究综述 [J/OL]. 计算机应用研究，2023：1-11. https：//doi. org/10.19734/j. issn. 1001-3695. 2023.05.0173.

[8] 罗巍，刘功总. 基于大数据的数据仓库研究现状 [J]. 中国新技术新产品，2020（17）：38-39.

[9] 朱旭龙. 大数据背景下数据集成分析系统设计 [J]. 互联网周刊，2022（11）：13-15.

[10] 余小高. 基于互联网和大数据技术的大数据管理与应用专业学习平台 [J]. 长江信息通信，2022，35（05）：229-231.

[11] 谢小刚，张冠兰. 基于大数据时代的大数据管理对策分析 [J]. 网络安全技术与应用，2022（06）：62-64.

[12] 辛保江，徐亭亭，李德文，等. 基于深度学习的企业多源数据融合并行处理方法设计 [J]. 网络安全技术与应用，2023（09）：48-49.

第6章
大数据隐私

 本章导读

　　随着各行业大数据的转型和推进，企业、个人在享受大数据所带来的便利性的同时，也不可避免地发生数据滥用的情况。随着大数据技术的发展，其重心已从单纯追求效率提升转变为加强安全性和促进数据流通。如何在不泄露用户隐私的情况下，提高大规模数据的隐藏价值，是大数据隐私领域的关键问题。大数据隐私技术作为行业发展的一大重要趋势，成为保障数据流通的重要手段。

　　经典的数据安全需求包括数据机密性、完整性和可用性等，其目的是防止数据在传输、存储等环节中被泄露或破坏。而在大数据场景下，需要权衡满足隐私信息的安全保证，以及推动数据有序共享和综合应用，并且还必须应对大数据特性所带来的各项新技术挑战。

 学习目标

　　本章首先介绍大数据隐私部分的基础概念及挑战，然后介绍大数据安全技术和大数据隐私保护技术，最后介绍为了解决跨机计算问题而提出的联邦学习架构以及联邦学习的类型和开源平台。

6.1　基本概念

6.1.1　隐私

　　隐私（privacy）的定义具有动态性，随不同国家、文化、政治环境和法律框架而有所区别。维基百科中对隐私的定义是个人或组织能够保护自己或其个人特征的能力，并有选择性地披露信息，以便能够自主地展示自己。根据我国《中华人民共和国民法典》中的规定，隐私是自然人的私人生活安宁和不愿为他人知晓的私密空间、私密活动、私密信息。具体包括但不限于姓名、出生日期、身份证件号码、生物识别信息、住址、电话号码、电子邮箱、健康信息、行踪信息等个人资料。

　　隐私及大数据隐私极其重要。首先，隐私被认为是一项基本权利，而相应数据保护法规的存在就是为了保护这项权利。其次，犯罪分子可能利用个人数据，特别是通过隐私数据来诈骗或骚扰用户。最后，用户的隐私在没有保障或不知情的状况下，有可能在未经用户同意的情况下使用或出售。这些情况表明，尤其在大数据应用场景下，只有在保障数据安全和隐私安全的情况下，才能正确促进数据资源的分析利用，才能正确推动数据的共享和流通。

随着大数据技术的发展和变化，大数据隐私也呈现出与以往不同的特征：

① 隐私范围扩大化。随着技术的进步，我们生产了大量的数据，这导致了隐私范围的扩大。另外，个体用户对隐私的认识也在不断提高。互联网的全球覆盖和数据采集的广泛规模使得大数据应用不再仅仅是辅助工作和生活的工具，而成为我们认识世界的延伸和现代生活中不可或缺的一部分。因此，随着大数据应用的发展，隐私范围也相应扩大了。

② 随着大数据技术的不断发展，隐私保护变得更具挑战性。大数据技术的突破打破了时间和空间的限制，使得个人、机构、地区甚至国家之间的边界变得模糊。大数据应用也在不断演进，这对隐私保护技术提出了新的要求。同时，任何隐私泄露事件的负面影响也被无限放大，给个人和社会带来了巨大的风险和挑战。

6.1.2　大数据隐私的挑战

万物互联的大数据时代，运行一切的基础就是数据。而各项商业和应用中，对数据的分析利用成为其营利基础。例如，谷歌公司通过庞大的用户基数，以及丰富的应用，跟踪或扫描用户个人信息，使得对用户的分析更加精准，并依据其用户的喜好和视角推送广告，提升广告的点击率和点击量。但这种互联网应用对用户数据的分析利用，可能会超出对数据收集和使用的预期，难以设置有效的保障措施，有可能导致数据滥用的情况。

在大数据应用场景中，我们面临着许多新的技术挑战，需要同时满足传统的信息安全需求以及针对大数据特性的要求。在大数据的数据采集、传输、存储和分析过程中，以下是一些需要应对的挑战：

① 数据采集：大数据的采集需要能够有效地获取并整合来自各种数据源的海量数据。这包括确保数据的完整性、准确性和实时性，同时保护数据的隐私和安全。

② 数据传输：在大数据环境下，数据的传输可能涉及大规模的网络传输和分布式系统之间的数据传递。在这个过程中，需要确保数据传输的稳定性、速度和安全性，避免数据泄露或被篡改。

③ 数据存储：大数据的存储需要具备高扩展性和高可靠性。可靠性包括实施数据备份和容灾机制，以应对硬件故障或其他意外情况。同时，数据存储还需要采取适当的加密和访问控制措施，以保护数据的机密性和完整性。

④ 数据分析与使用：在大数据的分析和使用过程中，需要解决数据隐私与个人信息保护的问题。合理的数据脱敏和匿名化技术可以用来降低个人隐私泄露的风险。此外，合规性和数据伦理问题也需要被重视，确保数据使用符合相关法律法规和道德准则。

总之，在大数据环境下，我们需要综合考虑信息安全和大数据特性所带来的挑战，采取适当的技术和措施来确保数据的安全、隐私和合规性。这需要细致的规划和有效的管理，以保护个人数据和维护数据生态系统的可信度和稳定性。

6.2　大数据安全技术

6.2.1　访问控制

访问控制（access control）是一种通过限制用户对数据资源的访问能力来保护系统安全和资源完整性的手段。它用于系统管理员控制用户对服务器、目录、文件等网络资源的访问权限。访问控制是确保系统保密性、完整性、可用性和合法使用性的重要基础，也是实施安全防护和资源保护的关键策略之一。它提供了主体（用户）根据一定的控制策略或权限对客体（数据资源）进行不同授权访问的能力。

通过访问控制，系统管理员可以根据用户的身份和权限，对其进行授权访问和限制特定资源的访问。这种访问控制可以基于多种因素，例如用户的角色、组织结构、认证凭据（如用户名和密码）等。管理员可以定义访问控制策略，确定用户可以执行的操作（例如读取、写入、修改、删除等），并将其应用于相应的数据资源。

访问控制在信息系统中起着重要的作用，它可以防止未经授权的用户访问敏感数据，避免数据泄露和篡改，并确保只有合法用户能够使用系统和资源。为了实现有效的访问控制，需要综合考虑身份认证、授权管理、审计和监控等关键要素。这些措施可以帮助系统保持安全，并确保只有经过授权的用户能够访问所需的数据资源。访问控制是一种保护网络资源的重要方法，其主要功能包括以下几个方面：

① 保证合法用户访问受保护的网络资源：访问控制确保只有经过验证和授权的合法用户能够访问所需的网络资源。通过身份验证和授权管理，系统可以确认用户的身份并验证其权限，从而限制非法用户的访问。

② 防止非法主体进入受保护的网络资源：访问控制通过设置适当的安全措施和策略，防止未经授权的主体进入受保护的网络资源。这可以包括使用身份验证、访问令牌、防火墙等技术和措施来阻止未经授权的访问尝试。

③ 防止合法用户进行非授权的访问：访问控制不仅限制非法用户的访问，还可以防止合法用户对受保护的网络资源进行未经授权的访问。通过授权管理和权限控制，系统可以确保合法用户只能访问其具有权限的资源，避免越权操作和数据泄露的风险。

访问控制涉及三个关键要素（图 6.1）：

① 主体（subject）：主体是指发起具体资源访问请求的实体。主体可以是用户、应用程序、服务等，它们提出访问某资源的请求，但不一定是执行动作的实际操作者。主体可以是一个具体的用户，也可以是用户启动的进程、服务、设备等。对主体的身份验证是访问控制的基础。

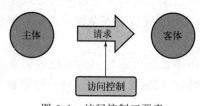

图 6.1　访问控制三要素

② 客体（object）：客体是指被访问的资源实体，即被主体请求访问的目标。所有可操作的信息、资源、对象都可以作为客体。客体可以是信息、文件、记录等集合体，也可以是网络上的硬件设施、终端设备，甚至可以是另一个客体。访问控制需要对不同类型的客体进行分类和管理，并根据权限要求进行相应的访问控制。

③ 控制策略（access control policy）：控制策略是主体对客体的相关访问规则集合，也

被称为访问策略。它体现了授权行为，定义了主体对客体执行某些操作行为的默认行为和规则。控制策略包括访问权限规定、审计机制、属性集合以及访问规则，用于管理和控制主体对客体的访问行为。

通过合理配置和管理这些要素，访问控制能够有效地保护网络资源的安全，防止未经授权的访问并确保资源的完整性和可用性。

(1) 访问控制类型

主要的访问控制类型有 3 种模式：自主访问控制（DAC）、强制访问控制（MAC）和基于角色访问控制（RBAC）。

① 自主访问控制。自主访问控制（discretionary access control，DAC）是一种访问控制服务，基于系统实体身份和资源进行授权，控制访问权限。在 DAC 中，用户拥有对自己创建的文件、文件夹和共享资源的访问权限，并可以选择将其访问权授予其他用户或收回访问权限。该模式允许资源的所有者制定适用于该资源的访问策略，通常使用访问控制列表来定义针对资源的可执行操作。

② 强制访问控制。强制访问控制（mandatory access control，MAC）是系统强制主体服从访问控制策略。MAC 是一种强制性的访问控制方式，对于用户创建的对象，根据规定的规则控制对其的访问权限。MAC 的主要特点是对所有主体和它们所控制的进程、文件、段、设备等客体实施强制访问控制。在 MAC 中，每个用户和文件都被分配一个安全级别，只有系统管理员可以确定用户和组的访问权限，而用户本身无法更改其安全级别。系统会根据用户和访问文件的安全级别来确定是否允许用户访问该文件。

③ 基于角色的访问控制（role-based access control，RBAC）。RBAC 是一种基于角色的访问控制模式，其中角色代表一组权限，这些权限定义了完成特定任务所需的资源和操作权限。角色是用户和权限之间的中介层，所有的授权操作都是针对角色进行的，而不是针对个别用户或用户组。通过将用户分配到适当的角色，可以简化权限管理和控制，并确保用户获得按照其角色所需的资源访问权限。RBAC 是通过对角色的访问所进行的控制。使权限与角色相关联，用户通过成为适当角色的成员而得到其角色的权限，可极大地简化权限管理。为了完成某项工作创建多个角色，用户可依其责任和资格分派相应的角色，角色可依新需求和系统合并赋予新权限，而权限也可根据需要从某角色中收回，减少了授权管理的复杂性，降低管理开销，提高企业安全策略的灵活性。

(2) 访问控制安全策略

访问控制的安全策略是在某个自治区域内（属于某个组织的一系列处理和通信资源范畴）针对与安全相关活动的一套访问控制规则。这些规则用于确保安全权力机构在安全区域内建立并由安全控制机构来描述和实施。访问控制的安全策略主要有三种类型：基于身份的安全策略、基于规则的安全策略和综合访问控制方式。基于身份的安全策略将访问权限分配给特定的身份或用户，并要求身份验证以确保只有授权用户能够访问资源。基于规则的安全策略根据预定义规则来控制访问权限，可以阻止未经授权的访问或强制执行特定的安全规定。综合访问控制方式结合了基于身份和基于规则的策略，考虑了用户的身份和上下文信息来做出访问控制决策。这些不同类型的安全策略帮助组织有效地管理资源访问，确保只有经过授权的用户获得适当权限，保护敏感信息、防止未经授权访问并维护系统安全性。

① 基于身份的安全策略是为了过滤主体对数据或资源的访问而采取的措施。只有通过

认证的主体才能合法地使用相应的资源。这种安全策略包括基于个人的安全策略和基于组的安全策略两种类型。

a. 基于个人的安全策略以个人用户为核心，通过使用一系列控制列表来实施。这些列表是针对特定的资源或数据设计的，限定了不同用户在安全策略操作行为方面的差异。通过设置不同的授权级别和权限，给予用户特定的访问能力，可以有效地确保只有经过授权的个人才能执行相应的安全操作，从而增强数据和资源的安全性。

b. 基于组的安全策略是在基于个人的安全策略的基础上进一步发展和扩展的。它主要指系统对一组用户应用相同的访问控制规则，以访问相同的资源或数据。通过将用户划分到不同的组别，可以根据组别来管理他们的权限和访问控制。这样可以简化管理流程，并确保组内的所有成员都遵守相同的安全策略。

基于身份的安全策略有助于确保只有经过认证和授权的用户才能访问敏感数据和资源。通过详细定义和实施不同级别的安全控制，组织可以更好地保护其信息和系统，防止未经授权的访问和潜在的安全威胁。

② 基于规则的安全策略是一种通过为数据和资源添加安全标记，并与用户的安全级别进行比较的方法来控制用户对其进行访问的策略。每个数据和资源都会被标记上适当的安全级别，而用户的安全级别也会被确定。

在这种安全策略中，用户的活动进程必须与其原发者具有相同的安全标记。这意味着用户只能访问与其安全级别相符合的数据和资源。系统会比较用户的安全级别和数据/资源的安全级别，以确定是否允许用户进行访问。如果用户的安全级别高于或等于数据的安全级别，访问将被授权；反之，则被拒绝。

这种安全策略具有一定的依赖性和敏感性。它依赖于正确的安全标记和用户安全级别的准确确定。任何标记错误或安全级别不正确的情况都可能导致访问控制错误。此外，由于该策略基于具体的安全级别进行比较，对于敏感数据和资源的保护尤为重要。一旦安全标记或安全级别遭到破坏或绕过，可能会导致未经授权的访问和数据泄露。

因此，在实施基于规则的安全策略时，需要确保正确标记、管理数据和资源的安全级别，并采取适当的安全措施来防止依赖性问题和敏感性问题的出现。这可能包括严格的访问控制规则、身份验证和授权机制、安全审计以及监控和响应措施，以保护系统免受潜在的安全威胁。

③ 综合访问控制策略（HAC）是一种集成了多种主流访问控制技术的方法，旨在有效解决信息安全领域的访问控制问题。它确保了数据的保密性和完整性，并可授权合法主体访问客体，同时拒绝非授权访问。HAC 具有灵活性、可维护性和可管理性等优势，提供了更细粒度的访问控制和更高的安全性。这为信息系统设计和开发人员提供了可靠的访问控制安全功能解决方案。

6.2.2　同态加密

同态加密（homomorphic encryption，HE）是一种特殊形式的加密方法，它允许对加密后的数据进行特定的代数运算，而运算结果仍然是加密形式。这意味着在不解密数据的情况下，可以对加密数据进行操作，例如检索、比较等，得到正确的结果。

同态加密是一种能够处理加密数据并提供更高安全性与隐私保护的加密形式。其特点在于可以在不解密数据的情况下进行特定的代数运算，使得计算结果仍然是加密的。这项技术在数据处理和云计算等领域具有广泛的应用潜力，可以实现安全的外包计算和隐私保护。同态加密的特性对于信息安全至关重要。它允许对多个密文进行计算，而无须对每个密文进行解密，从而避免了高计算成本。同时，利用同态加密技术可以实现无密钥方参与的密文计算，降低通信成本并平衡各方的计算代价。此外，同态加密还可以让解密方只能获知最终结果，而无法获取每个密文的具体消息，进一步提高信息的安全性。

（1）同态加密类型

同态加密一般包括四种类型：加法同态、乘法同态、减法同态和除法同态，即加密后所支持的代数运算。

其中，只支持加法运算或乘法运算中的一种，称为半同态加密（partially homomorphic encryption，PHE）。半同态加密算法允许对某一操作进行无限次的执行，这使得对密文进行多次同态操作成为可能，而无须解密。举个例子，有一种特定的算法可能是加法同态的，这意味着将两个密文相加的结果与加密两个明文之和相同。

以加法为例，假设存在两个密文 C1 和 C2，它们对应的明文分别是 M1 和 M2。通过加法同态加密算法，在不解密的情况下，将 C1 和 C2 相加得到一个新的密文 C3，其结果与加密后的明文 M1 和 M2 之和相等，即 C3＝C1＋C2＝M1＋M2。

通过加法同态性质，我们可以在加密状态下执行加法操作，而无须先进行解密。这为各种计算和操作提供了便利，同时保护了数据的安全性和隐私。

需要注意的是，不同的同态加密算法可能支持不同类型的同态操作，包括加法、乘法、指数等。每个算法对操作的无限次数限制也可能有所不同。因此，具体的同态加密方案和算法选取将根据应用需求和安全要求进行考量。

可同时支持加法和乘法运算，但支持的计算次数有限，称为部分同态加密（somewhat homomorphic encryption，SWHE），它在进行有限次数的任意操作方面具有一定的能力。例如，某些程度的部分同态加密算法可以支持最多五种加法或乘法的任意组合操作。然而，对于同一类型的操作而言，进行第六次操作将产生无效的结果。

由于部分同态加密算法在具体支持的操作次数上存在限制，因此在设计和使用时需要注意操作次数的限制，避免执行无效的操作。此外，部分同态加密算法的特点是在一定程度上提供了方便的计算能力，同时仍然保护了数据的安全性和隐私。

同时满足加法同态和乘法同态，且支持任意次的加法和乘法运算，即全同态加密（full homomorphic encryption，FHE），它同时满足加法同态和乘法同态性质，并支持对加密数据进行任意次的加法和乘法运算，而无须解密。

（2）同态加密应用场景

同态加密解决了云计算中的隐私数据保护问题，可以利用云服务提供商的计算和存储能力，而不需要对其进行信任。它使得"先计算后解密"成为可能，与传统的"先解密后计算"方式等效。随着新兴领域的发展和对隐私保护的要求日益提高，同态加密的应用边界不断拓展，涉及更广泛的领域。

① 在线广告。在互联网广告的在线投放场景中，广告主（如商家）在广告平台（如媒体平台）上投放广告曝光产品，而用户点击广告后可能会产生购买行为，实现广告转化变现。为了评估广告在该平台投放的实际收益，需要统计点击广告的用户中，共产生了多少消费金额。然而，"点击广告"的用户数据集在媒体平台端，而"发生购买"的用户数据集在商家端。

由于法律合规和商业机密因素的影响，双方可能不愿意分享原文数据进行合作。如何在双方数据都保持保密的前提下计算双方数据的重合部分？这时，可以使用同态加密的数据允许媒体平台直接在加密的数据上进行计算，计算所得结果与在未加密数据上计算的结果相同。

② 匿名投票。电子投票日益受到人们的青睐，然而电子投票所暴露出来的安全问题成为人们所关注的重点，如何保证电子投票中的匿名性、公开可验证性等成为一个值得关注的问题。

使用同态加密技术，在投票阶段每个投票人通过在其本地设备上运行同态加密算法来进行投票。他们可以使用候选项的编号作为输入，并将其加密为同态密文。投票人将密文发送到集中式服务器，而不泄露其真实选择。服务器将接收到的所有密文进行累加，得到所有投票的总和。

同态加密保证了投票过程的匿名性，因为每个选民的投票选择都被加密并与其他人的密文混合在一起。只有在计票阶段使用私钥解密才能获得真实的投票结果。这种方式确保了候选者的隐私并防止了潜在的干扰。

③ 联合风控。在银行或金融机构进行风险评估时，需要大量关于企业和个人的隐私信息。对于参与联合风控的数据提供方来说，不希望自身的隐私数据暴露给银行或金融机构，而银行和金融机构也不希望风控规则在三方环境下执行。

参与联合风控的数据提供方，通过对自身数据进行同态加密，使银行或金融机构能够正常进行风险评估，同时又不泄露数据提供方的数据信息。

6.2.3 可信执行环境

可信执行环境（trusted execution environment，TEE）是一种具有运算和存储功能，能提供安全性和完整性保护的独立处理环境或隔离的执行环境，可以保证其中的计算机程序和数据在机密性和完整性上得到安全保护。可信执行环境的核心思想是构建一个独立于操作系统而存在的可信的、隔离的机密空间，数据计算仅在该安全环境内进行，通过依赖可信硬件来保障其安全。

可信执行环境可被视为密码学与系统安全的结合，既包含底层的密码学基础，又结合硬件及系统安全的上层实现，其安全性来源于隔离的硬件设备抵御攻击的能力，同时避免了额外的通信过程以及公钥密码学中大量的计算开销，通用性高、开发难度低，在通用计算、复杂算法的实现上更为灵活，使得其在数据保护要求不是特别严苛的场景下仍有很多发挥价值的空间。其缺点也在于其安全性很大程度上依赖于硬件实现，因此很难给出安全边界的具体定义，也更容易遭受来自不同攻击面的侧信道攻击。

可信执行环境的概念源于开放移动终端平台（Open Mobile Terminal Platform，OMTP）于 2006 年提出的一种保护移动设备上敏感信息安全的双系统解决方案。在传统系统运行环境之外，提供一个隔离的安全系统用于处理敏感数据。2010 年，全球平台国际标准组织起草制定了一整套可信执行环境系统的体系标准，针对 TEE 系统设计了一系列规范，对应用接口、应用流程、安全存储、身份认证等功能进行了规范化，成为当前许多商业或开源产品定义其各种功能接口的参考规范。

根据全球平台国际标准组织的定义，一个可信执行环境体系主要包括：

① 普通执行环境。普通执行环境是指那些有着丰富功能的环境，如 Android、Windows、iOS 等。这些系统由于广泛使用，功能不断增加，结构也越来越复杂，相应地导致安全性普遍不高。

② 可信执行环境。可信执行环境主要指那些与普通执行环境相隔离，用于执行高安全性操作的环境。与普通执行环境相比，可信执行环境的功能相对较少，只保留一些与安全相关的机制，如密钥管理等，同时提供一些必要的系统功能。

③ 客户端应用。所有运行在普通执行环境中的应用都被称作客户端应用，其中一些可能需要与可信执行环境通信并要求服务。

④ 可信应用。可信应用是指那些运行在可信执行环境里的应用。这些应用一般用来为客户端应用提供特定的安全服务，或处理一些安全任务，如密钥生成和密钥管理等。可信应用之间通过密码学技术保证它们之间是隔离开的，不会随意读取和操作其他可信应用的数据。另外，可信应用在执行前需要做完整性验证，保证应用没有被篡改。

（1）可信执行环境实现

① Intel SGX。Intel SGX 是 Intel 架构新的扩展，在原有架构上增加了一组新的指令集和内存访问机制。Intel SGX 允许用户使用代码创建专用的内存区域（成为安全区），在安全区内运行的代码有效地与其他应用程序、操作系统、虚拟机管理程序等隔离，此区域也被称作"飞地"（enclave），飞地为计算机程序和数据提供机密性和完整性的保护，使其免受拥有特殊权限的恶意软件的破坏。其内容受到保护，不能被本身以外的任何进程存取，包括高权限级别运行的进程（例如操作系统内核进程）。

② ARM TrustZone。ARM TrustZone 是物联网网关的典型硬件，TrustZone 通过提供由基于硬件的访问控制支持的两个虚拟处理器，为在 SoC 中添加另一个专用安全内核提供了低成本的替代方案。这使得应用核心可以在两种状态（称为"世界"，分别为安全世界和不安全世界）之间切换，以防止信息从安全世界泄露到不安全世界。

这种"世界"切换通常与处理器的所有其他能力正交，因此每个世界都可以在使用同一个内核时独立运行。然后，内存和外设被告知内核的操作世界，并可利用这一点对设备上的数据和代码提供访问控制。

③ 其他。可信执行环境的代表性硬件产品主要有 Intel 的 SGX、ARM 的 TrustZone 等，由此也诞生了很多基于以上产品的商业化实现方案。

百度的 Teaclave。基于 Intel SGX 技术，提供基于硬件隔离、内存加密、远程证实等的安全技术，保护数据隐私计算任务，确保敏感数据在可信域外和离岸场景下进行安全可控的流通和处理，无须担心隐私数据泄露和滥用。

华为的 iTrustee。基于 TrustZone 技术，提供一套完整的 TEE 解决方案，包括对数据的可信存储，保证数据机密性、完整性、原子性、隔离性和不可复制性。

（2）可信执行环境的应用场景

可信执行环境主要的应用包括：隐私保护的票务服务、在线交易确认、移动支付、媒体内容保护、云存储服务认证等。

① 指纹识别。为了保护指纹识别全过程的安全性，防止指纹信息被窃取，可以借助 TrustZone 空间隔离技术为指纹识别程序提供可信的执行环境，确保其执行安全，防止恶意代码攻击。同时，TrustZone 技术可以对指纹数据和指纹特征模板进行加密，将密钥放入 TrustZone 保护的安全区域，以防止其被盗用。

② 数据资产所有权保护。可信执行环境技术与区块链技术的有机结合，可以在企业间

进行数据共享和交易时有效确保数据所有权和数据使用权的分离和保护。所有数据的使用过程都在可信执行环境内部发生，计算过程完成后，原始数据也会在可信执行环境内部被销毁，保障数据所有权不会因使用者对原始数据的沉淀而丢失。

③ 隐私查询。在金融、电商、社区治理等领域需具备针对用户身份进行隐私查询的能力，如通过指纹、人脸等信息对人员身份进行比对认证。在医疗领域同样存在对患者疾病病历、基因测序等数据的隐私查询。这些隐私数据往往来自多个政府部门或企业。

采用可信执行环境进行隐私查询，数据提供方的原始数据与查询的整个过程置于硬件隔离的 TEE 隐私计算环境中，可以实现多方数据的联合汇交，丰富数据库的同时有效降低敏感信息泄露的风险。

6.2.4　密文搜索

可搜索加密（symmetric searchable encryption，SSE）就是在加密的情况下实现搜索功能。目前很多文件存储在远程服务器中，并且在有需要的时候需要能够检索文件或实现文件的增、删、改。但是有的时候有些文件内容又不想让服务器知道，需要对文件加密处理，如何将加密文件存储到远程服务器同时又可以在保密的情况下实现搜索和文件修改，就是可搜索加密的研究内容。

实现可搜索加密主要可以分为两种方法：基于对称密码算法和基于公钥密码算法。基于公钥密码的算法安全性依赖于复杂数学问题的难解性，主要使用双线性映射等代数工具。基于对称密码的算法用到了伪随机函数、哈希算法以及对称加密算法等工具，相比基于公钥密码的算法运算速度更快。

按照应用场景不同，可搜索加密可以分为以下四种类型。

（1）单用户模型

某用户为了节省本地存储空间的开销，将一些文件存储在远程服务器中，但是又不信任该服务器，为了保障自己的数据，该用户使用可搜索加密技术。这个场景下适合采用基于对称密码的算法。他的做法是用私钥加密文件并上传到服务器，检索时用私钥生成陷门，服务器根据陷门进行检索后返回密文。

（2）多对一模型

即有多个数据上传者，只有一个数据接收者（检索者），例如邮件服务器委托网关对邮件进行过滤。这个场景很适合采用基于公钥密码的算法。由接收者发布公钥，发送者使用接收者的公钥加密文件和关键词，检索时，接收者用私钥生成陷门，服务器根据陷门进行检索并返回密文。

（3）一对多模型和多对多模型

即有一个或多个发送者和多个数据接收者，这种场景下可以使用对称加密或非对称加密。可以通过共享非对称加密的密钥，将多对一拓展到多对多。对称加密也可以通过混合加密或与其他加密方式结合来实现一对多或多对多。

可搜索加密的典型构造方式主要包括 SWP 方案和 Z-IDX 方案。

SWP 是一种基于对称加密的方案，在 SWP 方案中，文件被分成多个单词，并对每个单词使用对称密码进行加密。对于每个单词，还会生成一个随机数 S，并将该随机数 S 与单词密文的一部分作为伪随机函数的参数，计算得到结果并与随机数 S 连接，形成 $S\|F(K,S)$ 的形式。其中，K 与单词密文相关。然后将密文与 $S\|F(K,S)$ 进行异或操作，得到的

结果上传到服务器。在查询时，构造一个陷门，陷门包含了关键词的密文和相关的 K。将关键词的密文与服务器中存储的密文进行异或操作，得到 $S\|T$。然后计算 $F(K,S)$ 是否等于 T，如果相等，则认为匹配成功，即搜索的关键词与当前单词是一致的。

通过这种方式，可搜索加密方案实现了在加密状态下对文件进行搜索和匹配的能力。SWP 方案利用对称加密和伪随机函数的特性，将查询关键词与加密的文件进行匹配，同时保护了文件的隐私和安全性。这种方案在保护数据隐私的同时，提供了可搜索的功能。Z-IDX 也是一种基于对称加密的方案，使用布隆过滤器作为索引，SWP 是没有索引的。布隆过滤器由二进制向量和哈希函数族组成，构造索引的过程是将关键词分别用 R 个子密钥进行哈希运算，再将得到的 R 个数分别和文件 ID 进行哈希运算，将结果映射到布隆过滤器中，将对应位置置为 1，所有关键词都加入后，将这个二进制向量和加密的文件一起上传到服务器。当要检索时，将关键词用 R 个子密钥进行哈希运算得到的结果作为陷门发送给服务器，服务器依次用每个文件 ID 进行第二次哈希运算，并检查布隆过滤器中对应位置是否全为 1，如果是，则匹配成功。

6.3 大数据隐私保护技术

6.3.1 数据脱敏

数据脱敏是指对某些敏感信息通过特定策略进行数据的变形，实现敏感隐私数据的可靠保护。在涉及客户安全数据或者一些商业性敏感数据的情况下，对真实数据进行改造并提供使用，如身份证号、手机号、卡号、客户号等个人信息都需要进行处理，使攻击者无法通过发布后的数据来获取真实数据信息，进而实现隐私保护。数据脱敏通常包含：无效化、随机值、数据替换、对称加密、平均值、偏移和取整等。

（1）无效化

处理待脱敏的数据时，通过对字段数据值进行截断、加密、隐藏等方式让敏感数据脱敏，使其不再具有利用价值。一般采用特殊字符（＊等）代替真值，这种隐藏敏感数据的方法简单，但缺点是用户无法得知原数据的格式，如果想要获取完整信息，要让用户授权查询。

（2）随机值

在处理待脱敏的数据时，采用随机值对数据进行替换，例如字母变为随机字母、数字变为随机数字、文字随机替换文字的方式来改变敏感数据。这种方案的优点在于可以在一定程度上保留原有数据的格式，而且这种方法用户不易察觉。

（3）数据替换

在处理待脱敏的数据时，与前边的无效化方式比较相似，不同的是这里不以特殊字符进行遮挡，而是用一个设定的虚拟值替换真值。

（4）对称加密

在处理待脱敏的数据时，通过加密密钥和算法对敏感数据进行加密，密文格式与原始数据在逻辑规则上一致，通过密钥解密可以恢复原始数据，要注意的就是密钥的安全性。

（5）平均值

平均值用在统计场景，针对数值型数据，我们先计算它们的均值，然后使脱敏后的值在均值附近随机分布，从而保持数据的总和不变。

（6）偏移和取整

在处理待脱敏数据时，这种方式通过随机移位改变数字数据，偏移取整在保持了数据的安全性的同时保证了范围的大致真实性，比之前几种方案更接近真实数据，在大数据分析场景中意义比较大。

6.3.2　信息混淆

k 匿名通过概括（对数据进行更加概括、抽象的描述）和隐匿（不发布某些数据项）技术，发布精度较低的数据，使得同一个准标识符至少有 k 条记录，使观察者无法通过准标识符连接记录。下面将对比表 6.1 所示的原始信息和表 6.2 所示的信息混淆后的信息。

表 6.1　原始病例表

序号	ZIP Code	Age	Disease
1	47677	29	Heart Disease
2	47602	22	Heart Disease
3	47678	27	Heart Disease
4	47905	43	Flu
5	47909	52	HeartDisease
6	47906	47	Cancer
7	47605	30	Heart Disease
8	47603	36	Cancer
9	47607	32	Cancer

表 6.2　信息混淆后的病例表

序号	ZIP Code	Age	Disease
1	476**	2*	Heart Disease
2	476**	2*	Heart Disease
3	476**	2*	Heart Disease
4	479**	≥40	Flu
5	479**	≥40	Heart Disease
6	479**	≥40	Cancer
7	476**	3*	Heart Disease
8	476**	3*	Cancer
9	476**	3*	Cancer

概括指对数据进行更加概括、抽象的描述，使得无法区分具体数值，例如年龄这个数据组，概括成一个年龄段（例如表 6.2 中的≥40 岁）。

隐匿指不发布某些信息，例如表 6.2 中的用 * 号替换邮编的末三位。通过降低发布数据的精度，使得每条记录至少与数据表中其他的 $k-1$ 条记录具有完全相同的准标识符属性值，从而降低链接攻击所导致的隐私泄露风险。

表 6.1 虽然隐去了姓名，但是攻击者通过邮编和年纪，依然可以定位一条记录，经过 k

匿名后,对邮编和年纪进行抽象,攻击者即使知道某一用户的具体邮编为 47906,年龄 47,也无法确定用户患哪一种病。表 6.1 的同一个准标识符〔邮编,年纪〕至少有 3 条记录,所以为 3 匿名模型。k 匿名模型的实施,使得观察者无法以高于 $1/k$ 的置信度通过准标识符来识别用户。

除 k 匿名外,还相继提出一些改进的方法,包括 l-多样性(l-diversity)和 t-贴近性(t-closeness)等。

6.3.3 差分隐私

差分隐私技术通过添加噪声干扰真实数据,能够抵抗攻击者实施的背景知识攻击和差分攻击。目前,学术界对差分隐私的数据发布和数据挖掘已经展开了较多的研究,而工业界更倾向于采用本地化差分隐私技术保护数据隐私,已经被应用到苹果 iOS、谷歌 Chrome 浏览器和微软 Windows 等软件系统中。考虑到大数据计算环境下差分隐私保护的隐私性、可用性和性能等要求,根据本地客户端与云服务提供商之间的信任关系,如图 6.2 所示,展示了大数据计算环境下的差分隐私保护模型,主要分为基于本地差分隐私(local difference privacy,LDP)的隐私保护和基于中心化差分隐私(centralized difference privacy,CDP)的隐私保护两种类型。

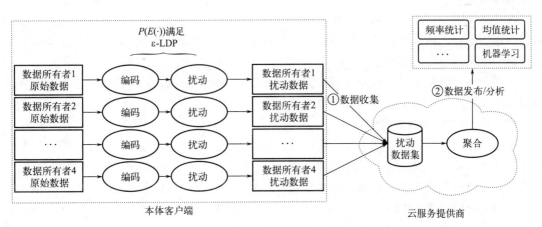

(a) 基于LDP的大数据隐私保护模型

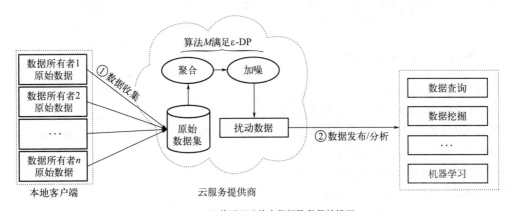

(b) 基于CDP的大数据隐私保护模型

图 6.2 大数据隐私保护模型

（1）基于 LDP 的隐私保护

在大数据计算环境下，为了防止输入隐私泄露，学术界和工业界开展了适合该场景的 LDP 研究。如图 6.2(a) 所示为大数据计算环境下基于 LDP 的隐私保护模型，原始数据在本地编码和扰动后，扰动数据被收集到云端进行聚合。由于本地客户端执行的随机扰动函数 $P(E(\cdot))$ 满足 ε-LDP，因此无论 CSP 内部攻击者具有怎样的背景知识，它都无法区分扰动元组 v^* 的原始元组是元组 v 还是另一个高置信度的元组 v'。

按照应用类型可以分为统计类查询和机器学习模型。

① 本地化差分隐私保护的统计类查询，云端聚合器旨在收集数据所有者的扰动数据以应答用户的特定查询，主要包括离散分类数据的频率统计和连续数值数据的均值统计。其中，为了保证数据隐私性，目前学术界主要采用以 Warner-RR 模型为代表的随机响应（randomized response，RR）扰动机制。为了提高应答结果的可用性，学术界主要采用哈希、转换和子集选择等方式进一步地实现无偏估计。

② 差分隐私在机器学习中的应用，可以解决机器学习算法中存在的隐私泄露问题。具体来说，差分隐私应用到机器学习中可以分为两类：模型训练和模型推断。

在模型训练中，差分隐私可以保护训练数据的隐私，同时保持模型的准确性。通过向训练数据中添加噪声，可以保护个人隐私，同时保持数据的有效性，以确保训练出的模型具有一定的准确性。

在模型推断中，差分隐私可以保护模型的隐私，同时保持模型的准确性。通过向模型的输出中添加噪声，可以保护模型的隐私，使得攻击者无法判断出原始数据，同时保持模型的准确性，以确保模型的有效性。

总之，差分隐私可以在机器学习中保护个人隐私和模型隐私，同时保持数据的有效性和模型的准确性，是一种非常有效的隐私保护方法。

（2）基于 CDP 的隐私保护

中心化差分隐私适用于数据所有者信任云服务提供商的场景，如图 6.2(b) 所示为大数据计算环境下基于 CDP 的隐私保护模型。在该模型下，原始数据被集中聚合后再添加适当的噪声，最终返回给用户隐私保证的聚合结果。因此，它能够抵抗恶意敌手的差分攻击，避免输出隐私泄露。相比 LDP 技术，基于 CDP 的隐私保护可以应用到更复杂的聚合任务，而不局限于简单数据类型的统计。在大数据计算环境下，中心化加噪方式一般与具体的聚合算法是松耦合的，工作更侧重于权衡 CDP 方案的隐私性和可用性，在保证隐私性方面，隐私预算 ε 和敏感度 Δf 共同决定加入噪声的大小。

6.3.4　多媒体数据隐私保护

信息隐藏是指在传输或存储过程中，将秘密信息嵌入另一种不起眼或不引人注意的数据中，以达到隐藏信息的目的。信息隐藏的技术手段包括但不限于以下几种：

编码：将信息转化为一定的编码形式，如将二进制编码转化为其他编码形式，使得只有特定的解码器才能读取和解码信息。

分割和分布：将信息分割成多个部分，分别存储在不同的地方，如在不同的服务器上或存储在不同的设备中，以增加信息的安全性和隐私性。

混淆和干扰：将信息与其他无关信息进行混淆和干扰，使得只有特定的解码器才能解码出原始信息。例如，在音频中添加噪声，以使得只有特定的解码器才能识别和提取信息。

6.4　联邦学习

联邦学习（federated learning）是一种分布式机器学习技术，或机器学习框架，可让一组组织或同一组织内的群组以协作和迭代的方式训练和改进共享的全局机器学习模型。使用此方法时，不会在单个设备或群组之外共享数据。参与的组织形成一个可以由各种配置（如地理区域和时区）或同一组织内的不同业务部门组成的联盟。

在联邦学习中，重点是使用同构和同分布的数据，或使用非独立且可能非同分布的数据训练机器学习模型。参与联邦学习的组织之间不会交换唯一数据。联邦学习可在由于隐私权、监管或技术限制条件，在组织之间通常很难共享数据的行业和用例中实现机器学习。一个示例是世界各地参与同一临床试验的一组医院，通常单家医院收集的有关患者的数据无法离开其控制范围或医院环境，因此，医院无法将患者数据转移给第三方。通过联邦学习，关联的医院可以训练共享机器学习模型，同时仍然能够控制每家医院内的患者数据。

为了解决输入隐私问题，避免数据输入阶段隐私泄露，学术界提出了原始数据全部在本地存储及计算的思路。特别是对于敏感信息比较密集，且不太容易被标记和划分的原始数据集，例如医疗数据集。出于隐私保护需求，基于数据分离的联邦学习允许在远程设备或者孤立的数据中心（例如移动终端或医院）来训练机器学习模型。

如图 6.3 所示为通用联邦学习架构，多个本地设备（数据持有者）与中央参数服务器之间经过本地训练、上传本地更新、服务器端安全聚合以及下载全局模型等步骤保证联合训练模型的一致性。由于联邦学习将训练数据集与训练中的模型参数分离，保证训练数据集在本地进行训练，因此，基于数据分离的联邦学习能够有效地保护训练数据集的隐私。

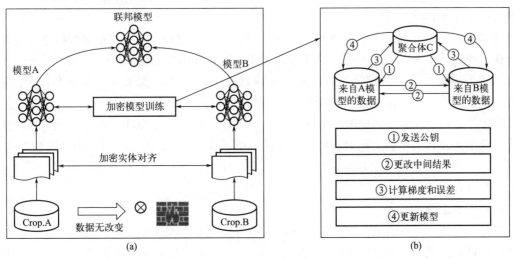

图 6.3　联邦学习架构

6.4.1　联邦学习架构

假设企业 A 和企业 B 希望联合训练一个机器学习模型，它们的业务系统分别拥有各自用户的相关数据。此外，企业 B 还拥有模型需要预测的标签数据。由于数据隐私保护和安全考虑，企业 A 和企业 B 无法直接交换数据，因此可以采用联邦学习系统来建立模型。联邦学习系统构架主要由三部分组成：加密样本对齐、加密模型训练和效果激励。

首先是加密样本对齐阶段。在这个阶段，企业 A 和企业 B 对各自的数据进行加密处理，以保护数据隐私。然后，使用加密的方式将两个数据集进行对齐，确保它们在相同的特征空间中表示。

接下来是加密模型训练阶段。在这个阶段，联邦学习系统采用隐私保护的方式进行模型训练。具体而言，企业 A 和企业 B 将加密的数据样本送入共享的模型中进行训练，而不需要直接分享数据。这样可以保证数据的隐私性。

最后是效果激励阶段。在联邦学习中，由于数据不集中于一个地方，无法计算全局模型的准确性。因此，需要通过一定的机制来评估模型在参与方本地数据上的性能。这可以通过一些评估指标或奖励机制来实现，以激励数据拥有方参与联邦学习并提供高质量的本地模型更新。

通过这样的系统构架，企业 A 和企业 B 可以联合训练一个机器学习模型，充分利用各自的数据资源，同时保护数据隐私和安全性。联邦学习系统使得数据拥有方能够合作建立强大的模型，而无须共享敏感的原始数据。

（1）加密样本对齐

由于两家企业的用户群体并非完全重合，系统利用基于加密的用户样本对齐技术，在 A 和 B 不公开各自数据的前提下确认双方的共有用户，并且不暴露不互相重叠的用户，以便联合这些用户的特征进行建模。

（2）加密模型训练

在确定共有用户群体后，就可以利用这些数据训练机器学习模型。为了保证训练过程中数据的保密性，需要借助第三方协作者 C 进行加密训练。以线性回归模型为例，训练过程可分为以下 4 步：

第①步：协作者 C 把公钥分发给 A 和 B，用以对训练过程中需要交换的数据进行加密。

第②步：A 和 B 之间以加密形式交互，用于计算梯度的中间结果。

第③步：A 和 B 分别基于加密的梯度值进行计算，同时 B 根据其标签数据计算损失，并把结果汇总给 C。C 通过汇总结果计算总梯度值并将其解密。

第④步：C 将解密后的梯度分别回传给 A 和 B，A 和 B 根据梯度更新各自模型的参数。

迭代上述步骤直至损失函数收敛，这样就完成了整个训练过程。在样本对齐及模型训练过程中，A 和 B 各自的数据均保留在本地，且训练中的数据交互也不会导致数据隐私泄露。因此，双方在联邦学习的帮助下得以实现合作训练模型。

（3）效果激励

联邦学习的一大特点就是它解决了为什么不同机构要加入联邦共同建模的问题，即建立模型以后模型的效果会在实际应用中表现出来，并记录在永久数据记录机制（如区块链）上。提供数据多的机构所获得的模型效果会更好，模型效果取决于数据提供方对自己和他人的贡献。这些模型的效果在联邦机制上会分发给各个机构反馈，并继续激励更多机构加入这一数据联邦。

以上三部分的实施，既考虑了在多个机构间共同建模的隐私保护和效果，又考虑了以一个共识机制奖励贡献数据多的机构。所以，联邦学习是一个闭环的学习机制。

6.4.2　联邦学习分类

联邦学习可以分为三类：横向联邦学习（horizontal federated learning）、纵向联邦学习（vertical federated learning）、联邦迁移学习（federated transfer learning），如图 6.4 所示。

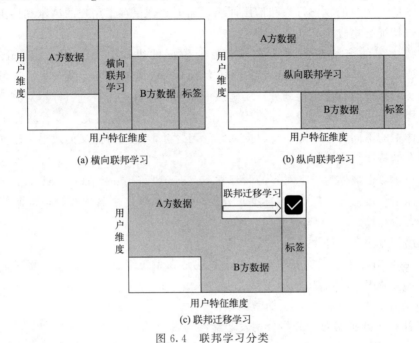

图 6.4　联邦学习分类

(1) 横向联邦学习

数据矩阵（如 Excel 表格）中，横向的一行表示一条训练样本，纵向的一列表示一个数据特征或标签。通常，使用表格查看数据时，用一行表示一条训练样本比较合适，尤其是当存在大量数据时。

横向联邦学习适用于参与者之间的数据特征有较大的重叠，而样本 ID 重叠较少的情况。例如，假设有两家银行位于不同地区，它们的用户群体分别来自各自所在的地区，它们之间的用户重叠很少。然而，它们的业务非常相似，因此记录的用户特征是相同的。在这种情况下，可以使用横向联邦学习来构建联合模型。

横向联邦学习的学习过程如下：

① 参与者在本地计算训练梯度，并使用加密、差分隐私或秘密共享技术对梯度的更新进行加密处理。然后将加密的结果发送到服务器。

② 服务器在不了解有关任何参与者的信息的情况下，聚合各个参与者的梯度更新以获得模型参数的聚合结果。

③ 服务器将聚合结果模型发送给各参与者。

④ 参与者使用解密的梯度更新各自的模型，从而实现模型的更新。

通过横向联邦学习，参与者可以在保护数据隐私的前提下，共同构建一个全局模型，从而获得更好的训练效果。这种方法在涉及隐私数据的场景下非常有用，因为数据不需要集中在一个地方，可以在保护数据隐私的条件下利用分布在不同地方的数据进行模型训练。

（2）纵向联邦学习

纵向联邦学习是一种适用于具有数据样本 ID 重叠较多但数据特征重叠较少情况的学习方法。例如，在一个区域中存在两个不同的机构，一个是银行，另一个是电商。由于用户群体很可能包含了该区域的大部分居民，所以这两个机构的用户之间存在较大的交集。然而，由于银行记录的是用户的收支行为和信用评级，而电商则保存了用户的浏览和购买历史，因此它们的用户特征交集较小。

纵向联邦学习的名称中的"纵向"来源于数据的纵向划分（vertical partitioning）。图 6.4（b）展示了如何联合多个参与者共同样本的不同数据特征进行纵向联邦学习，即各个参与者的训练数据按照特征进行划分。实施纵向联邦学习首先需要进行样本对齐，即找出参与者共有的样本，这也被称为数据库撞库（entity resolution）。因此，只有联合多个参与者具有的共同样本的不同特征才能进行纵向联邦学习，才能达到有意义的效果。纵向联邦学习使得训练样本的特征维度增加。

纵向联邦学习也被称为样本对齐的联邦学习（sample-aligned federated learning），即参与者的训练样本经过对齐。然而，"样本对齐的联邦学习"这个名称较长，因此使用"纵向联邦学习"更为常见。

纵向联邦学习的学习过程如下：

① 第三方 C 对样本进行加密和对齐工作。这是在系统级别进行的，因此在企业感知层面不会暴露非交叉用户的信息。

② 针对对齐后的样本进行模型加密训练：

a. 合作者 C 创建加密对，并将公钥发送给参与者 A 和 B；

b. 参与者 A 和 B 分别计算与自身相关的特征中间结果，并进行加密交互，用于计算各自的梯度和损失；

c. 参与者 A 和 B 分别计算加密后的梯度并添加掩码，发送给参与者 C，同时参与者 B 计算加密后的损失并发送给参与者 C；

d. 参与者 C 解密梯度和损失后传回给参与者 A 和 B，然后 A 和 B 去除掩码并更新模型。

通过以上纵向联邦学习的步骤，可以在保护数据隐私的前提下，利用不同参与者纵向划分的训练样本进行联合学习并更新模型。

（3）联邦迁移学习

联邦迁移学习适用于参与者训练样本 ID 和数据特征重叠都较少的情况。我们不对数据进行切分，而是利用迁移学习来克服数据或标签不足的情况。这种方法叫做联邦迁移学习。

比如有两个不同机构，一家是位于中国的银行，另一家是位于美国的电商。由于受地域限制，这两家机构的用户群体交集很小。同时，由于机构类型的不同，二者的数据特征也只有小部分重合。在这种情况下，要想进行有效的联邦学习，就必须引入迁移学习，来解决单边数据规模小和标签样本少的问题，从而提升模型的效果。

6.4.3　联邦学习开源平台

（1）FATE

FATE（federated AI technology enabler）是微众银行在 2019 年开源的联邦学习框架，

旨在解决各种工业应用实际问题。在安全机制方面，FATE 采用密钥共享、散列以及同态加密技术，以此支持多方安全模式下不同种类的机器学习、深度学习和迁移学习。在技术方面，FATE 同时覆盖了横向、纵向、迁移联邦学习和同步、异步模型融合，不仅实现了许多常见联邦机器学习算法（如 LR、GBDT、CNN），还提供了一站式联邦模型服务解决方案，包括联邦特征工程、模型评估、在线推理、样本安全匹配等。此外，FATE 所提供的 FATE-Board 建模具有可视化功能，建模过程交互体验感强，具有较强的易用性。目前这一开源框架已在金融、服务、科技、医疗等多领域推动应用落地。为了让大家更清晰地了解 FATE，在接下来的内容中，我们将从系统架构出发，对 FATE 进行详细分析。

FATE 主要包括离线训练和在线预测 2 部分，其系统架构如图 6.5 所示。其中，FATE Flow 为学习任务流水线管理模块，负责联邦学习的作业调度；Federation 为联邦网络中数据通信模块，用于在不同功能单元之间传输消息；Proxy 作为网络通信模块承担路由功能；元服务为集群元数据服务模块；Mysql 为元服务和 FATE Flow 的基础组件，用于存放系统数据和工作日志；FATE 服务（FATE serving）为在线联合预测模块，提供联邦在线推理功能；FATE-Board 为联邦学习过程可视化模块；egg 和 Roll 分别为分布式计算处理器管理模块和运算结果汇聚模块，负责计算和存储数据。

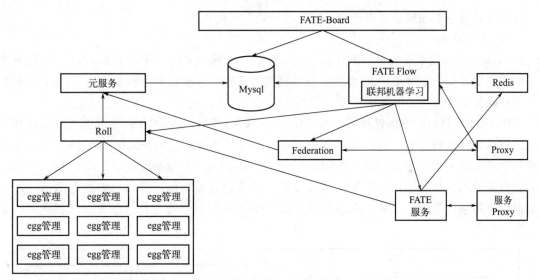

图 6.5　FATE 系统架构

（2）TensorFlow Federated

2019 年，谷歌发布了基于 TensorFlow 构建的全球首个大规模移动设备端联邦学习系统 TensorFlow Federated（TFF），该系统用于在移动智能设备执行机器学习和其他分布式计算，旨在促进联邦学习的开放性研究和实验。其系统架构如图 6.6 所示。

从系统架构图可以看出，TFF 的训练流程包括以下几步：①服务器从所有设备端筛选出参与该轮联邦学习任务的设备，为了不影响用户体验，筛选标准包括是否充电、是否为计费网络等因素；②服务器向训练设备发送数据，包括计算图以及执行计算图的方法，而在每轮训练开始时，服务器向设备端发送当前模型的超参数以及必要状态数据，设备端根据全局参数、状态数据以及本地数据集进行训练，并将更新后的本地模型发送到服务端；③服务端

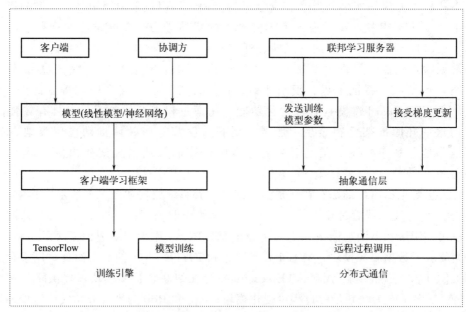

图 6.6 TensorFlow Federated 系统架构

聚合所有设备的本地模型，更新全局模型并开始下一轮训练。

（3）PaddleFL

2019 年，百度基于安全多方计算、差分隐私等领域的实践，开源了 Paddle Paddle 生态中的联邦学习框架 PaddleFL，旨在为业界提供完整的安全机器学习开发生态。PaddleFL 提供多种联邦学习策略，因此该框架在不同领域都受到了广泛关注。

PaddleFL 架构的整体设计可以参考图 6.7。如图所示，PaddleFL 可以支持横向联邦和纵向联邦 2 种策略。对于横向联邦学习，其主要支持 FedAvg，DPSGD 等策略；对于纵向联邦学习，其主要支持 LR with PrivC 和 NN with 3rd RrivC 的神经网络。PaddleFL 底层的编程模型采用的是飞桨训练框架，结合飞桨的参数服务器功能，其可以实现在 Kubernetes 集群中联邦学习系统的部署。训练策略方面，PaddleFL 可进行多任务学习、迁移学习、主动学习等训练。

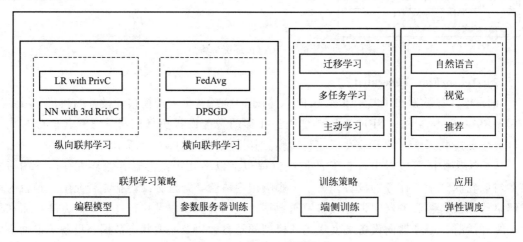

图 6.7 PaddleFL 系统架构

本章小结

　　本章首先介绍了大数据隐私的基础概念，通过介绍可以知道在大数据的环境下，个人信息被收集、存储、分析和使用，这给个人的隐私带来很大的风险。因此，保护大数据隐私已经成为一个非常重要的问题。

　　然后，介绍了大数据安全技术和大数据隐私保护技术。在大数据的处理过程中，需要采取一系列技术手段来确保个人信息的安全，例如加密、脱敏、匿名化等。

　　最后，对联邦学习进行了介绍，联邦学习是为了解决跨机计算问题而提出的一种分布式机器学习技术。联邦学习主要可以分为横向联邦学习、纵向联邦学习和联邦迁移学习 3 种类型。对现有的联邦学习开源平台进行了介绍。

　　通过本章的学习，旨在让读者在了解大数据隐私保护技术的同时，知道在大数据隐私保护的过程中不仅需要面对技术的挑战，还要面临其他方面的挑战。例如，①需要建立合适的法律法规和政策。政府和企业需要制定相关的规定，明确个人信息的收集和使用范围，并明确责任和义务。②需要加强个人数据保护意识。个人应该注意自己的个人信息被谁收集、存储、分析和使用，并谨慎地选择提供个人信息的渠道。个人应该合理地管理自己的个人信息，不随意泄露自己的隐私。

 习题

1. 请简述隐私计算包含哪些方面。
2. 请简述同态加密的过程。
3. 请简述数据脱敏包含哪些方法。
4. 请阐述联邦学习的定义及内容。
5. 请简述联邦学习的分类及其特点。
6. 思考大数据隐私还有哪些方面可以完善。

参考文献

[1] 霍炜，郁昱，杨糠，等．隐私保护计算密码技术研究进展与应用［J］．中国科学：信息科学，2023，53（09）：1688-1733.

[2] 冯云青，王梦鸽．基于隐私计算技术的数据生态合作应用［J］．信息技术与标准化，2023（08）：54-58.

[3] 沈传年，徐彦婷，陈滢霞．隐私计算关键技术及研究展望［J］．信息安全研究，2023，9（08）：714-721.

[4] JIANGJIANGZ, ZHENHU N, FEI X . A two-stage federated optimization algorithm for privacy computing in Internet of Things［J］. Future Generation Computer Systems，2023，145（August）：354-366.

[5] YAY, CAROL H. The role of privacy and emotion in ARBS continuing use intention［J］. Internet Research，2023，33（1）：219-241.

[6] 赵茜，何欢欢，陈刚，等．大数据时代下隐私计算的应用融合［J］．信息技术与信息化，2023（07）：161-164.

［7］ 宋立萍．大数据背景下网络信息安全问题分析［J］．信息与电脑（理论版），2023，35（10）：225-227.

［8］ 陆星缘，陈经纬，冯勇，等．基于同态加密的隐私保护数据分类协议［J］．计算机科学，2023，50（08）：321-332.

［9］ 郑志勇，张艺，朱豆豆，等．同态加密技术在联邦学习中的应用［J］．河南科学，2023，41（07）：937-945.

［10］ 潘建宏，王磊，张俊茹，等．能源大数据中心数据脱敏关键技术研究［J］．自动化技术与应用，2023，42（06）：94-97.

［11］ 沈传年，徐彦婷．数据脱敏技术研究及展望［J］．信息安全与通信保密，2023（02）：105-116.

［12］ 刘永．医院集成平台建设中的数据治理［J］．信息系统工程，2023（01）：119-121.

［13］ 陈勇，姚燕珠．技术赋能下电子档案数据脱敏应用研究［J］．档案管理，2022（06）：42-44.

第 7 章
大数据可视化

 本章导读

在大数据时代，人们面对海量的数据，有时难免显得无所适从，一方面数据庞杂繁多，各种不同类型的数据纷至沓来，海量的数据已经远远超出了人类的计算和处理能力，在日益紧张的工作中，人们已经不允许再将大量的时间花费在对数据的阅读和理解上；另一方面，人脑无法从堆积如山的数据中快速发现其核心问题，必须通过快速高效的方式对数据反映的本质进行刻画和呈现。

要应对这一问题，需要采用大数据可视化技术。该技术利用人类视觉系统高速处理的特性，通过丰富多彩的视觉效果，为大数据分析提供了更加清晰明了的挖掘手段，再以直观生动、易于理解的方式将数据呈现给用户，能够有效提高数据分析的效率和结果。

 学习目标

本章首先介绍数据可视化的发展历程和概念，然后介绍可视化一般的设计流程和大数据可视化的框架，接着对常用的数据可视化工具进行分类介绍，最后介绍可视化应用的典型实例。

7.1 大数据可视化的概念和发展历程

7.1.1 大数据可视化的基本概念

为了让用户能够快速、准确地汲取大数据的精华，将原始信息和数据以图形化的图表形式展现出来，从而提供良好的数据背景，使决策更加高效、准确，需要对数据进行可视化加工和精确处理。

大数据可视化是指把抽象、枯燥乏味或难以理解的内容，包括看似毫无意义的数据、信息、知识等以一种容易理解的视觉方式展示出来的技术。其核心在于要做到大数据的一图解千言，直观、形象地用图形、图像、计算机视觉及用户界面来表达数据信息。大数据可视化旨在通过图形化的方式，使信息的传递和沟通更加清晰高效。其主要思想是通过传递关键的方面和特点，对相当稀疏复杂的大数据实现深入的洞悉。大数据可视化利用图表、图形、地图等可视元素，以易于观察和理解的方式展示大数据，从而帮助人们发现数据中的异常值、趋势、规律，甚至模式。数据可视化的优势在于，它能够将数据转化为一种易于理解和解释的形式，并能够将大量数据压缩到一张图表或者图形中，使得数据更加清晰易懂，帮助人们更好地理解和分析数据，从而做出更好的决策。大数据可视化主要从数据中寻找三个方面的信息：模式、关系和异常。

模式：指数据中的规律。如城市交通流量在不同时刻差异很大，而流量变化的规律就蕴含在海量传感器源源不断传来的数据中。如果能从中及时发现交通的运行方式，就能为管理和调控交通进而减少堵车提供依据。

关系：指数据之间的相关性。在统计学中，关系通常代表的是关联性和因果关系。无论数据的总量有多大，复杂程度有多高，大部分数据之间的关系都可以分为三类——数据之间的比较，数据的构成，数据的分布或者联系。比如收入的高低和幸福感是不是成正比的关系。有学者提出，对月收入在 1 万元以下的人来说，一旦收入增加，幸福感会随之提升；但对月收入在 1 万元以上的人来说，幸福感并不会随着收入的增加而提升。这种非线性关系也是一种关系。

异常：指有问题的数据。异常数据不一定全是错误数据。有些异常的数据可能是设备错误或人为输入错误的数据，有些则是正确的数据。通过异常分析，用户可以及时发现各种异常状况。

总的来说，大数据可视化是指将大数据通过可视化手段呈现给用户，从而提升用户对数据的理解和分析能力。这种技术融合了计算机的强大计算能力和人类的高效认知能力，帮助用户在大数据中快速发现规律和趋势，探索数据背后的信息和知识。通过数据可视化，用户可以更加直观地理解数据，发现数据中的异常值和趋势，进而指导决策和问题解决。

7.1.2　大数据可视化的发展历程

自 18 世纪后期数据图形学问世以来，人们一直广泛地运用抽象信息的视觉表达手段，揭示数据和其他隐藏模式的奥秘。在 19 世纪，人们普遍认为霍乱是经空气传播的，而医生约翰·斯诺[1]发明标点地图的视觉表达方式，研究水井分布和霍乱分布之间的关系，发现在水井的供水范围内霍乱出现的概率明显更高，纠正了当时流行的错误观点。护士弗洛伦斯·南丁格尔[2]为了调查战争期间士兵死亡的真正原因，根据 1854 年 4 月至 1855 年 3 月期间士兵死亡的数据，创建出统计玫瑰图（如图 7.1 所示），形象地展示士兵死亡的真正原因。

随着计算机和计算机图形学的发展，20 世纪 50 年代起，人们开始利用计算机技术在屏幕上绘制各种图形和图表。这种技术被广泛应用于统计学、地理信息和数据挖掘分析等领域，极大地促进了人们对不同类型数据的分析和理解。1987 年，美国计算机科学家布鲁斯·麦考梅克[3]编写了美国国家科学基金会报告 "*Visualization in Scientific Computing*"（意为"科学计算之中的可视化"），这份由美国国家科学基金会发布的报告极大地促进和推动了可视化领域的进一步发展。报告强调了计算机可视化方法的必要性，它在科学计算和研究中的重要性不可忽视。同年 2 月，美国国家科学基金会召开了首次有关科学可视化的会议，并正式定义和命名了这一领域。与此同时，图形用户界面的出现促进了信息可视化的研究，人们可以通过与可视化信息的直接交互，更好地理解抽象信息的含义，从而增强了人类

---

[1]　约翰·斯诺（John Snow，1813—1858），英国麻醉学家、流行病学家。

[2]　弗洛伦斯·南丁格尔（Florence Nightingale，1820—1910），英国护士、统计学家。

[3]　布鲁斯·麦考梅克（Bruce H. McCormick，1930—2007），美国计算机科学家。

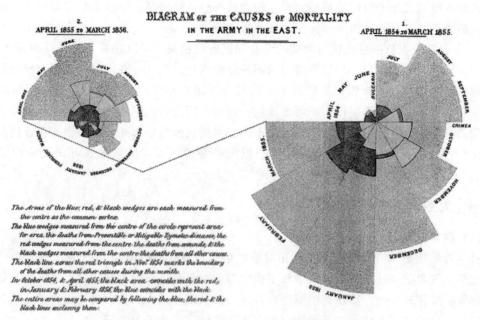

图 7.1　南丁格尔玫瑰图（现存英国博物馆）

的认知活动。信息可视化利用人类视觉能力，将抽象的信息以可视化的方式呈现出来，进而使得信息更加易于理解和分析。目前将科学可视化与信息可视化都归为大数据可视化的研究范畴。

7.1.3　大数据可视化的基本特征

大数据可视化的基本理念是将每一个数据点作为单独的图形元素呈现出来，将大量的图形元素通过构建数据图像的方式展现出来，让用户能够从多个角度对数据进行观察，进行更深入的分析。在多属性情况下，通过多维数据的表示，可以有效地呈现更为复杂的数据结构，提高数据可视化的表现力和效果。大数据可视化利用视觉化表达方式，将数据变成图形，方便用户进行数据分析和理解，是数据分析的重要手段之一。因此，大数据可视化具有以下基本特征。

① 易懂性：利用可视化技术，大数据能够以更直观的方式呈现，让人们更容易理解数据、使用数据，也更容易将数据与自己已有的经验知识融合在一起。通过可视化方式呈现的数据，能够将特定的结构和模式从碎片化的信息中提炼出来，为支持科学决策提供了强有力的帮助。

② 必然性：由于大数据所涉及的数据量巨大，人们需要对数据进行归纳和总结，并对其结构和形式进行改造和处理，因此，人类对数据的直接读取、接收和处理能力，与现在的要求相比，已经远远不能适应。

③ 多维性：需要通过大数据可视化的多维呈现，将数据按照各个维度的量值进行处理，以明确标识和区分多个变量与数据有关的属性，并将数据进行显示、组合、排序和分类。

④ 片面性：大数据可视化对于数据的理解可能只停留在某一个特定的角度上，也可能只停留在某一个需求上，因此存在片面性。大数据可视化的片面性使其只能从特定的角度或需求来理解数据，因而只能获得符合特定目的的可视化模式，而不能完全代替数据本身，这

种可视化的模式是基于特定的目的而产生的。这种片面性特征意味着大数据可视化只是大数据表达的一种特定形式，而不是完整的数据呈现方式。

⑤ 专业性：大数据可视化与领域的专业知识密切相关，所以它有各种各样的形式需求，会因为不同的行业、用户、环境等情况而不断发生变化。因此，在进行大数据可视化时，需要考虑不同领域的专业知识，并针对不同的行业、用户和环境等因素制订相应的可视化策略。专业性特征是数据可视化中不可或缺的一部分，因为数据可视化与特定领域的专业知识紧密相关。不同行业、用户和环境的需求不同，可视化模型的形式也会随之变化。这种专业性特征是人们从可视化模型中提取专业知识所必需的环节，也是数据可视化应用的最终过程。

7.1.4　大数据可视化的类型

（1）科学可视化

科学可视化是一门发展较早、已相对成熟的可视化学科，其应用范围广泛，包括物理学、化学、气象学、航空航天、医学和生物学等多个学科。科学可视化主要涉及对数据和模型的解释、操作和处理，旨在揭示模型、特征、关系以及其中的异常情况。科学可视化的基础理论和方法已经相对成熟，其中有一些方法已广泛应用于各个领域。

科学可视化系统由多个部分组成，包括数据管理和过滤，几何图元的提取和模型的建立、绘制、显示和播放。其目标是提供一个清晰、交互式的图像界面，以便科学家能够更加深入地探索数据并进行分析。数据的管理和过滤主要是针对从科学计算、工程模拟和观测中获得的大量数据，经过过滤、处理，从而建立模型的文件系统或数据库等方式，可以对数据进行存储。科学可视化系统的核心组成部分是将几何图元从各种数据类型（如点、线）中提取出来建立模型。这些模型可以用于构建、仿真、分析和提取数据，并以表面或体素模型的形式构建。科学可视化系统的绘图部分是利用计算机绘图的成果，对图像进行制作、消隐、光照、渲染的过程。显示和播放部分提供了图片组合、文件标准、着色、旋转、缩放和存储等功能，从而达到有效的显示效果。这些部分在某种程度上起着整合的作用，在系统中是一个环环相扣的环节。

科学可视化过程包括模拟、预处理、映射、绘制和解释五个步骤，将大量数据转化为易于理解的视觉信息。每个步骤的作用如下。

① 模拟：通过对自然现象进行数学模拟，生成多维、复杂的大数据，或通过实验观察获取一系列研究对象的大数据。

② 预处理和映射：两部分一般合并在一起，将大数据预处理成具有一定几何意义的数据，映射为整个过程的核心部分。

③ 绘制：绘图是科学可视化过程中的重要步骤，利用形状、颜色、明暗处理、动画等技术手段，将大数据集中隐藏的有用信息呈现给观察者。

④ 解释：指对得到的可视化结果进行分析和解释，以提取数据中的有用信息，从而促进科学研究和发现的过程。

科学可视化的常用方法包括颜色映射、等值线、立体图和矢量数据场。

① 颜色映射法是一种常用的科学可视化方法，用来将数据场中的数值大小映射为不同的颜色。它通过建立数据与色彩的映射关系，将不同数值的数据映射成不同的色彩，从而用色彩来反映数据及其在数据场中的变化。在绘制图形时，定点或图元的颜色可以根据数据场

域中的数值来确定，以呈现数据在数据场域中的分布和变化情况。

② 等值线法是一种制图方法，通过将数据场中等值处的点连接起来形成平滑的曲线，来表现数据场中某一特定指标的空间分布情况。该方法在地图制作、气象、地质等领域中经常使用。这种制图方法可以有效地展示空间现象数量随时间的变化和重复性特征，以及数量指标在空间上的连续变化。等值线方法中，通常将数据变化通过冷暖深浅颜色的变换来呈现，而数值变化趋势用层次分明的颜色来表示。另外，在等值线上添加数字注记，能够直接获得数字指标的数值信息，使图形的可读性进一步提高。

③ 立体图法是一种通过 3D 图形模型来展示科学数据的可视化方法，由线、面、体等基本元素构成，可以对数据进行可视化呈现、分析和交互式操作。立体图像已成为国内外相关领域的研究热点之一，在 3D、电视、自由视点电视（free viewpoint TV）、3D 摄像机、3D电影、3D 家庭影院、电脑游戏、电脑绘图、体育、远程教育、医疗、军事、工业、商业，以及虚拟视点合成等领域得到广泛应用。除了需要高质量的图像信号外，这些领域对附加信息的需求也很高，比如图像中物体的深度信息，在这些方面立体图像的作用就更大。

④ 常用的矢量数据场方法有两种，一种是直接法，一种是流线法。直接法是利用箭头、线段、色轮等表现矢量数据的手段，而流线法则是将矢量数据的大小用连续的流线和密度表示出来。矢量数据通常通过记录坐标来表示，并以矢量图和位图的形式呈现，这种方法一般用在大比例尺地形图上，以尽可能准确地表现地理实体的空间位置。矢量数据通常包含不同的图层，如底图层、路面层、单元层等。合理的层叠可以方便叠加分析，无缝拼接，从而实现大范围的漫游图形。这些方法广泛应用于许多领域，包括地理信息系统、地球物理学、气象学和环境科学等。

（2）信息可视化

信息可视化是一个跨学科的领域，它可以利用可视化的方式展示大量的非数值型信息资源，帮助人们更好地理解和分析数据。通过交互的方法，信息可视化可以让用户快速地与数据进行交互，从而更好地验证假设，找到内在的联系。信息可视化技术提供了高维度、多层次、时空、动态、关系等复杂数据的处理方式，有助于人们对数据的更好理解。

当前完整的信息可视化过程包括四个步骤：信息组织与调度、静态可视化、过程模拟和探索性分析。信息组织与调度阶段主要是处理大量信息并进行快速调度，设计了一种简化模式。静态可视化阶段的目的是利用符号系统来反映信息的数量、质量以及相互关系的特征。过程模拟阶段提供可视化的指导、追踪和监控手段，方便信息的处理、维护和分析。探索性分析阶段利用交互式建模和多维分析可视化来支持可视化技术的知识信息。

信息可视化旨在为用户提供直观的、可互动的可视化资讯环境。相对于一般的科学可视化，信息可视化主要有以下特点。

位置特征：在信息可视化中，位置特征是一个重要的方面，所有的可视化对象、可视化现象都与地理位置有着密切的联系。

直观形象性：信息可视化技术的直观形象是其主要特点之一。通过图形化、图像化、可视化、声效化、模式化等多种方式将各种信息展示给用户，从而进行图像分析和信息查询。

多源数据的采集和集成性：信息可视化技术可以方便地接收、收集不同类型、不同介质、不同格式的数据，并采用统一的数据库进行管理，便于全面分析多源数据。

交互探讨性：在数据大量存在的情况下，交互式有利于视觉思考。交互方式能够帮助用户在讨论和分析过程中灵活地检索数据，并能够改变信息交互的方式。多源信息可以整合成具有强大空间分析查询功能的统一资料库。因此，用户可以很方便地对可视化变量进行信息可视化的调整，如轴系、色彩、高度、阴影、视角、分辨率等场景参数，从而获得不同效果的信息呈现。此外，使用者也可借由互动的方式，通过比对、整合、分析多源资讯，来获得新的法则，让自己在规划、决定、经营上，都能获得协助。

信息的动态性：信息既有空间限制，又有动态限制。随着计算机技术的不断发展，时间维度的引入，信息的动态展示和动态检索也变得更为简便。

信息载体的多样性：随着多媒体技术的发展，信息的表达方式不再局限于表格、图形和文件，而是扩展到多种形式，如图像、声音、动画、视频、三维仿真和虚拟现实等，呈现出信息载体的多样性，在不同的形式下，信息载体的表现形式也是多种多样的。

比较信息可视化和科学可视化可以发现，信息可视化主要是为了更好地理解和分析数据信息，将其转化为可视化的形态，如树形结构和图形结构等，同时也可以通过视觉展示呈现那些缺乏固有二维或三维几何结构的非结构化文本或高维空间中的数据点，如文本数据、商业数据、社交网络数据等。而科学可视化则是为了将科学数据以具有几何性质、接近现实的方式进行描绘，由于科学数据通常在一段时间内比较稳定，例如地球表面的地理信息、气候模拟数据等，因此主要涉及计算机图形学，追求图形的质量。

7.2　大数据可视化基础

7.2.1　设计步骤

大数据可视化主要需要两大步骤，数据分析可视化转化和分析结果可视化转化。初级的大数据可视化效果可能是一个简单的树状图、辐射图、直方图、扇形图等等，但是，我们更希望看到的是有张有弛、有轻有重的可视化结果，让观者一眼就能捕捉到自己想要的数据维度和关键值，这就需要通过选择合适的表现手法，实现真正的让数据说话。大数据可视化的基本步骤包括确定分析目标、数据采集、数据处理与变换、可视化映射和用户感知等。

7.2.2　视觉编码

大数据可视化的核心即由数据到视觉元素的编码过程，这种编码称为视觉编码，也是大数据可视化与其他数据处理方法的根本区别。将数据转换为可视化图表，需要通过一定的转换规则和视觉编码原则进行映射，在大数据可视化的过程中，只有遵循科学的视觉编码原则，才能有效地引导用户加深对数据的理解。视觉编码主要包含光与视觉特性、视觉感知和视觉通道三个内容。

（1）光与视觉特性

在信息可视化和视觉设计中，色彩是至关重要的要素之一。它不仅能够为数据信息提供编码，而且能够包含相当丰富的信息。颜色、形状、布局三者一起构成了最基本的数据编码手段。另外，可视化设计的最终结果是生成一幅能够显示在显示器（或其他输出设备）上的彩色图像。色彩的三要素是色相、明度、饱和度。不同的色彩对人的心理产生的影响是不同的，因此可以用视觉编码来描述数据和视觉结果之间的映射关系。可视化编码选择合适的图形元素作为标记，例如点、线、面和体等。这些图形元素根据数据的属性和需求进行选择。视觉通道则用于控制图形元素的显示特性。常见的视觉通道包括色彩、位置、大小、形状、方向和质感等。通过选择合适的视觉通道，可以有效地编码数据的差异和关联。例如，不同的色彩可以表示不同的类别或数值大小。

（2）视觉感知

视觉感知是指当客观事物作用于人的视觉器官后，在人脑中的直接反映。通过分析人类视觉感知，可以知道表达直观、易于理解和记忆的可视化元素，因此为了实现良好的大数据可视化效果，需要合理利用不同的视觉通道，以表达数据中所传达的重要信息，从而避免造成视觉假象。

视觉感知遵循一些基本原则，包括接近性原则、相似性原则、连续性原则和闭合性原则。接近性原则指人们倾向于将靠近的元素视为一体，而相似性原则指人们往往将具有共同特征的元素视为一组或类别。闭合性原则指人们的视觉感知会自动补全不完整的图形。连续性原则是指人们倾向于在实物形象中把不连续的元素看成连续的整体。

（3）视觉通道

通常情况下，为了将数据信息呈现为可视化视图，需要对数据信息进行编码，也就是将数据属性映射为标记的呈现方式。视觉通道是用来控制标记呈现方式的方法。视觉通道的效果一般可以通过表现力和有效性两个方面来评价。表现力被定义为视觉通道可以表达且只表达数据的完整属性。有效性指的是在对视觉通道的精确性、可辨性、可分离性和视觉突出进行评价之后，选择适当的视觉通道来编码每个数据属性的重要性。

7.2.3　大数据可视化设计原则

简洁明了的可视化设计会让用户从中受益，而过于复杂的可视化设计则会造成用户理解偏差，误读原始数据信息。而缺乏交互性的可视化，则会让用户在很多方面都很难获得自己需要的信息。视觉设计没有美感，会影响使用者的情绪，进而影响资讯的传播与表达效果。所以，了解和掌握一些可视化的设计方法和原理，对于有效地进行可视化设计是非常重要的。下面将介绍一些有效的可视化设计原则。

（1）数据筛选原则

为了保证用户获取信息的效率，应该适度地展示可视化显示的信息。如果展示的信息太少，就会造成使用者对信息的理解不到位；如果展示的信息太多，可能会引起用户的思维混乱，甚至会造成重要信息被用户错过的情况发生。一种做法是给用户提供筛选数据的操作选项，让用户自主选择展示哪些数据，将其他数据在需要时进行显示。这样用户可以根据需要集中注意力，以减少混乱和信息过载。另一种做法是使用多视图或多显示器。对于复杂的数据，可考虑使用多个视图或多个显示器，分别展示相关数据。这有助于用户更好地理解数据之间的关联性，同时也避免单一视图中过多信息的问题。

（2）数据到可视化的直观映射原则

在进行数据可视化设计时，不仅需要对数据的语义有清晰的认识，还需要了解用户的个性特征。如果在使用可视化结果时能够预测用户的行为和期望，那么可视化设计的可用性和功能性就能够得到提升，有助于用户对可视化结果有更好的理解。除此之外，利用现有的经验知识，可以减少用户对信息的感知和认知所需的时间。同时，将数据信息编码到正确的视觉通道中，也是数据走向可视化映射的重要环节。通过选择适当的视觉通道来编码数据属性，可以帮助用户更快地理解数据中的重要信息。如对类别型数据，一定要使用分类型视觉通道进行编码；而对于有序型数据，则需要用序列型视觉通道来编码。

(3) 视图选择与交互设计原则

绝佳的可视化展示，是优先选择大家认可的、耳熟能详的视图设计方式。简单的数据可以使用基本的可视化视图，复杂的数据则需要使用或开发新的、较为复杂的可视化视图。此外，优秀的可视化系统还应该提供一系列的交互手段，使用户可以按照所需的展示方式修改视图展示结果。

视图的交互包括：视图的滚动与缩放、颜色映射的控制、数据映射方式的控制、数据选择工具、细节控制。

(4) 美学原则

一个漂亮的可视化设计，更容易吸引用户的目光，也更容易激发用户进行更深入的探索。所以，出色的可视化设计一定是功能和形态的完美结合。可视化设计提升美感的方法有很多，归纳起来主要有以下三个原则。

简单原则：是指要尽量避免过多的元素而造成繁杂的效果，在视觉审美效果和所表达的信息量之间寻找平衡。

平衡原则：为了有效利用可视化显示空间，可视化的主要元素应尽量放在空间的中心位置或中心附近，可视化空间中的元素分布应尽量均衡。

聚焦原则：需要使用合适的手段，将用户的注意力集中在最重要的可视化结果部分。

(5) 适当运用隐喻原则

隐喻是一种将一种事物理解和表达为另一种事物的方法，是人们对外界的认知方式之一。信息可视化中，将信息内容通过变换、抽象、整合等方式重新编码成图形、图像、动画等多种形式，再通过对信息内涵的理解，将信息内容通过隐喻的认知方式展现给用户。隐喻的设计包含隐喻本体、隐喻喻体和可视化变量三个层面。选取合适的本体和喻体，就能创造更佳的可视化和交互效果。

(6) 颜色与透明度选择原则

颜色通常用于数据可视化中编码数据的分类或定序属性。但为了帮助用户更全面地了解和探索数据可视化，色彩也可以增加一个分量通道，表示色彩和背景色彩之间的透明度，以便用户在观察时获得更多的上下文信息。透明度通道可以使用多种取值，其中 1 表示颜色完全不透明，0 表示完全透明，0 到 1 之间的值表示颜色混合在透明度和不透明之间，这种混合效果可以提供更多的上下文信息进行可视化。因此，正确使用颜色和透明度可以增强视觉效果，提高用户对数据的理解，方便观察者对数据全局进行把握。

7.2.4　统计图表可视化

为了将数据与数据之间的关系直观地表达出来，获取数据的内在信息，使信息传递清晰、有效，主要采用的图形化手段有柱状图、条形图、折线图、饼状图、散点图、气泡图、雷达图等，以下将分别进行介绍。

① 柱状图。以高度或长度的差异对数据属性进行编码，用以显示统计指标数值的图形。该图形适用于展示随时间变化的数据或当数据中存在负值的情况。堆叠柱形图是一种将每根直柱像素化的柱状图形式。柱状图适用于二维数据的比较，但只需对其中一个维度进行比较即可，通常数据的差异会用柱状图的高低或长短来体现。由于柱状图简单、直观且易于理解，因此被广泛应用于统计图形中。如图 7.2 为一个典型的柱状图。

② 条形图是柱状图向右旋转了 90°的呈现方式。横向的形态适用于多种类别数据的展示，尤其是当这些数据类别的名字很长的时候，用横线的形态可以很好地解决排版布局的问题。当数据量较大，超过 12 条时，使用柱状图在移动端可能会显得过于拥挤。这时，条形图是更合适的选择。但是，为了避免视觉和记忆上的负担，条形图的条目数一般不宜超过 30 条。如图 7.3 为一个典型的条形图。

③ 折线图是将各个数据点用直线段连接成折线来显示数据变化趋势的可视化方法，通常情况下横轴分布均匀代表时间，纵轴分布均匀代表数值。折线图比较适用

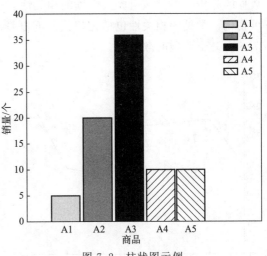

图 7.2　柱状图示例

于展现数据的趋势变化，如人口增长趋势、书籍销售量、粉丝增长进度等时间数据。该图形适用于二维数据，特别适用于需要比较趋势而不是单个数据点的情形。另外，折线图也适用于比较多个二维数据的趋势变化。如图 7.4 为一个典型的折线图。

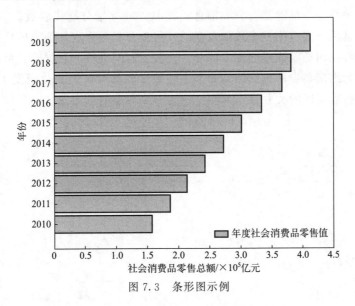

图 7.3　条形图示例

④ 饼状图是一种采用十分直观、形象的方式表达比例关系的可视化方法。饼状图的设计师可以创造出各种视觉效果不同的图形，但它们都遵循饼状图的基本框架。即在饼状图中，每个部分都代表某个类别或数值。各个部分的总和应该代表整体，也就是所有的楔形总和应为 100%，楔形角度与数值成正比，角度的总和为 360 度。如图 7.5 为一个典型的饼状图。

⑤ 散点图是指数据点在直角坐标系平面上的分布图。散点图表适用于有三维数据的情况，但通常只需要对其中两个维度进行比较。为了表示第三个维度，每个点可以添加文字标签，也可以使用不同的颜色。散点图是由两个变量同时表达在 x 轴和 y 轴上的一组点所构成的。一般地，散点图处理的数据量比较庞大，通过这些散点形成的具有一定规律的形态进

行数据的分析，揭示该组庞大数据的相关性等。可以利用散点图对涉及数据相关性的情况进行可视化，常见的相关性包括正相关、负相关、无关、线性相关、指数相关、离群值等。如图 7.6 为一个典型的散点图。

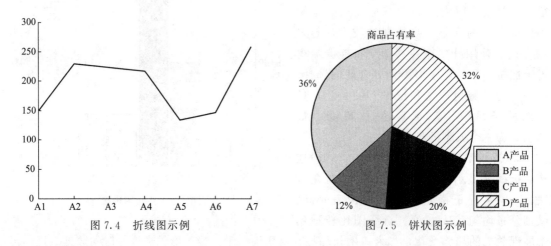

图 7.4　折线图示例　　　　　　　图 7.5　饼状图示例

⑥ 气泡图是用每个点的面积大小表示第三个变量的散点图的变种。若将不同颜色或者不同的标签加入气泡图，则可表示四个变量。气泡图的基本用途是使用三个值来确定每个数据序列。气泡图的每一个气泡都有分类信息，其中 x 和 y 轴分别代表数据的两个不同维度。每个气泡的面积是用来表示第三个数值数据的，另外分类数据或其他数值数据可以用不同的颜色来区分，也可以用亮度或透明度来区分。在表示时间维度的数据时，可以在直角坐标系中使用时间轴作为维度，也可以使用动画来表现数据随着时间的变化而发生的状况。因此，常用气泡图来分析数据间的关联性。如图 7.7 为一个典型的气泡图。

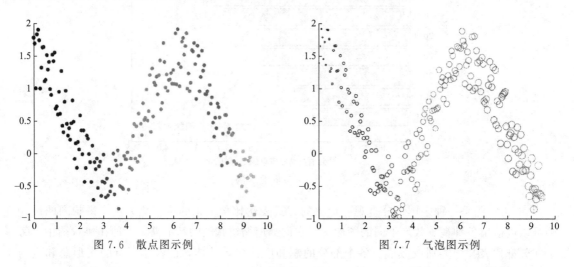

图 7.6　散点图示例　　　　　　　图 7.7　气泡图示例

⑦ 雷达图（也称为蜘蛛网图）是一种多变量数据可视化方法，用于以二维图表形式显示三个或更多定量变量。它将多个维度的数据映射到坐标轴上，每个维度对应一个坐标轴，这些坐标轴按照相同的间距和相同的刻度沿直径排列。网格线是用来连接各个坐标轴的，但一般只起到辅助作用。通过连接各坐标轴上的数据点线，就能形成多边形。坐标轴、点、线与多边形共同构成雷达图。轴的相对位置和角度一般不包含信息。雷达图类似于平行坐标

图，但轴是径向排列的。除轴心呈放射状排列、坐标轴由直线坐标轴变为极坐标轴外，雷达图与平行坐标图有异曲同工之妙。如图 7.8 为一个典型的雷达图。

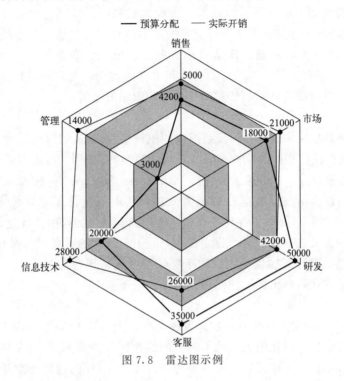

图 7.8　雷达图示例

7.2.5　大数据可视化工具

（1）Microsoft Excel

Excel 是一种入门级的数据可视化工具，功能强大，具有可视化的图表和整洁的电子表格功能，提供了诸如表格制作、数据透视表、VBA 等功能，使得用户能够方便地按需求进行数据分析，将散乱的数据加工成所需要的内容。但是 Excel 目前在数据可视化上有一定的局限，与专业的数据可视化工具相比，Excel 的定制能力和复杂性也较为有限。这也意味着用 Excel 很难制作出满足需求的数据图。

（2）Tableau

Tableau 是一款旨在"通过任何数据都可以制作出强大的数据可视化图表"的企业级大数据可视化工具。它除了可以轻松制作图表和图形外，还可以绘制地图，用户可以将大量数据直接拖到数字"画布"上，在短时间内就可以制作出各式各样的图表和图形。Tableau 不仅支持个人使用，还可以进行团队协作，实现数据图表的共同编辑。它提供了桌面版和服务器版等多种解决方案，可在云端或本地部署。利用 Tableau，用户可以在数字"画布"中轻松导入大量数据，生成各式各样的图表、图形和地图。此外，它还提供在线生成可视化报告的功能。Tableau 在图表丰富、颜色搭配美观、布局设计简单等众多 UI 方面做得很好，可扩展性也很好，并且可以衔接众多其他数据分析软件的平台，且编辑操作简单、可视化的集成和呈现量大且精准。

（3）Echarts

Echarts 是百度开发的用于制作交互数据可视化图表的开源可视化库。Echarts 的图表类型极其丰富。除了一些常规的统计图表之外，Echarts 还支持自定义系列，能够将想要的任何图形从数据上映射出来。Echarts 支持 12 种不同类型的图表，包括折线图、柱状图、散点图、K 线图、饼状图、雷达图、和弦图、力导向布局图、地图、仪表盘、漏斗图和事件河流图。此外，Echarts 还提供了 7 个可交互的基本组件，这些组件可以支持多图表和组件的联动和混搭展现，包括标题、详情气泡、图例、值域、数据区域、时间轴和工具箱。Echarts 的图表工具还提供了详细的帮助文档和丰富的实例，用户可以根据自己的需求，参考实例提供的代码进行修改，从而快速满足自己的图表展示需求。

（4）Python

Python 是一种可以用来制作各种复杂图表的流行编程语言，其广泛的数据分析和数据可视化开源代码库被广泛应用。与 Hadoop、Hive 等组件结合使用，可以有效地处理海量数据。它有许多强大的可视化库，比较常见的有：Matplotlib、Seaborn、pyecharts、plotnine、PyQt-Graph。Python 有许多第三方数据分析相关的包，其中可视化库非常强大。Matplotlib 是 Python 可视化的鼻祖，它提供了各种图表和元素，拥有极大的自由设计空间，是 Python 可视化中不可或缺的工具之一。同时，建立在 Matplotlib 之上的可视化图库 Seaborn 封装更加简洁，图形、颜色、布局更加优美，专注于统计可视化，更容易上手。它对绘图的封装很好，可以通过少量的代码画出漂亮的图形。

（5）D3

D3 是一款广受欢迎的 JavaScript 数据可视化库，全名为 Data-Driven Documents，可用于创建多种交互式数据可视化图表。除了常见的线性图和条形图外，D3 还支持其他复杂的图表类型，如 Voronoi 图、树形图、圆形集群和词云等。D3 的设计思想是数据驱动，即将数据与 DOM 元素进行绑定，通过对数据的处理和操作，自动更新可视化效果。这使得 D3 非常灵活和强大，可以处理任何形式的数据，并提供高度的定制性和扩展性。

（6）R 语言

R 语言是一种用于统计计算和绘图的语言，它不仅是现在流行的开源代码编程语言，而且正处于不断发展的过程中。R 语言的图形绘制功能强大，图形种类丰富，基础包中的绘图函数一般用于绘制基本统计图形。其专门的绘图包 ggplot2 支持的图表类型包括散点图、柱状图、折线图等，用户为了满足自身需求，还可以创建自定义的图表类型。同时，ggplot2 也提供了许多主题和调色板，可以使绘制出的图表更加美观和易读。

（7）Processing

Processing 是一个简单易学的编程语言和开发环境，它专注于图形和交互设计，可以让开发者轻松创建可视化作品。通过 Processing，开发者可以使用其丰富的库和工具，以简单易懂的方式创建各种图形和交互效果。同时，它也支持与其他编程语言和工具的集成，比如 JavaScript 和 Arduino 等。因此，Processing 能够在数据可视化方面帮助不同领域的人快速、轻松地开展工作。

7.3 大数据可视化分析的方法

7.3.1 网络数据可视化技术

网络数据可视化又叫图可视化，是指将网络数据通过图形化方式呈现出来，以帮助人们更好地理解和分析网络中的关系和结构。常见的布局有树形布局、力导向布局、层次布局、网格布局。圆形布局通过节点以圆形排列，适用于节点数量较少的情况。力导向布局通过节点之间的连线代表它们之间的关系，通过物理模拟方法使节点相互排斥或相互吸引来确定节点位置。层次布局将节点按照其在网络中的层次分组，并按照从上到下或从左到右的顺序排列。网格布局是将节点排列成网格状。

网络数据可视化具有大规模性、多样性、交互性、可解释性的特点。大规模性是指网络数据往往具有大量的节点和连接，需要使用合适的算法和技术来处理和呈现。多样性是指网络数据可以表示各种类型的关系和结构，例如社交网络、信息网络、物理网络等。交互性是指网络数据可视化应该支持用户与数据进行交互，例如缩放、平移、筛选、搜索等操作。可解释性是指网络数据可视化应该能够让用户理解网络中的关系和结构，从而为后续的分析和决策提供依据。

大规模的网络可视化面临着网络中节点和边缘数量增多而难以获得良好可视化效果的覆盖、重叠和聚集等问题。常用的处理方法可以分为 4 个方面：

① 在进行大规模可视化之前，需要对数据进行预处理，以便于降低数据的维度和复杂度。

② 可以采用分层显示的方式，将数据按照不同的层次进行呈现。

③ 需要选择适合的布局算法，以保证图形的清晰和易于理解。

④ 可以采用交互式可视化的方式，使用户能够自由地探索和发现数据中的关系和结构。

7.3.2　时间数据可视化技术

时间数据可视化是一种将与时间相关的数据以图形或图表的形式展示的方法，以便更直观地理解和分析数据的变化趋势、模式和关联性，从而得出有价值的结论和决策。常见的时间数据可视化方法包括折线图、条形图、热力图、日历图。其中，折线图将时间放在横轴上，将数据放在纵轴上，通过连接各个时间点上的数据点，展示数据随时间的变化趋势；条形图将时间放在纵轴上，将数据放在横轴上，对不同时间点或时间段的数据进行比较，条形图适用于展示离散的时间数据；热力图通过在二维图中使用颜色映射来展示数据的变化，时间可以放在一边，而另一边可以是不同的特征、指标或地理位置，适用于展示时间和其他变量之间的关联性和趋势；日历图以日历形式展示数据，每个日期上的数据通过颜色映射或图案来表示数据的值或变化，日历图适用于展示每天的数据，特别是与日期相关的特定事件或指标。在进行时间数据可视化时，需要考虑数据的时间粒度、采样间隔和时间跨度等因素，并根据具体情况选择合适的可视化方法和工具。

根据时间的连续性和离散性进行划分，可以将时间数据可视化分为连续型时间数据可视化和离散型时间数据可视化。连续型时间数据可视化是指时间是连续的数据类型，如时间序列数据。连续时间数据可视化通常适用于时间范围比较大、数据点比较密集的情况。常见的连续型时间数据可视化方法包括时间轴、曲线图、面积图等。其中，时间轴可以按照时间顺序排列数据，使得人们能够清晰地观察到数据的变化趋势；曲线图可以展示数据随时间变化的曲线，便于分析其规律和趋势；面积图则可以显示不同数据组成部分在时间上的比例和变化情况。

离散型时间数据可视化是指时间是离散的数据类型，如事件发生时间。离散型时间数据可视化通常适用于时间范围较小、数据点较少的情况。常见的离散时间数据可视化方法包括日历图、热力图、散点图等。其中，日历图可以将数据按照日期展示在一个日历表格中，便于观察某一天或某一周的数据变化；热力图可以显示不同区域或时间段内的数据密度和分布情况；散点图则可以展示数据点在时间上的分布情况和特征。

大数据时代下，时空数据可视化将更加重要。随着数据量的增加，时间数据可视化需要更高效的处理方式和更灵活的展示方式，将更加注重交互性。未来的时间数据可视化应该能够支持用户对数据进行动态的查询、筛选和排序等操作，同时更加注重可视化效果和美观度。未来的时间数据可视化需要采用更多的动画、颜色等设计元素，以提高用户体验。

7.3.3　多维数据可视化技术

多维数据可视化技术是指将多个不同维度的数据进行可视化展示，以便用户更好地理解数据之间的关系和趋势。这些维度可以包括时间、空间、类别、属性等。常见的多维数据可视化技术包括散点图矩阵、平行坐标图、树形图、热力图等。这些方法各有特点，适用于不同类型的数据和分析目的。例如，散点图矩阵能够同时展示多个变量之间的关系，适用于探索数据之间的相关性；平行坐标图则能够直观地显示多个变量之间的相对位置和趋势，适用于发现数据的模式和异常值。

为了合理地展示不同维度之间的关系，多维数据可视化通常采用不同的视觉映射技术，如颜色、形状、大小等，来表示一定的离散或连续属性。常见的表达方式可以分为平行坐标系、径向轴和降维投影图。

① 平行坐标系可以将多个变量在同一个图中呈现出来，同时展示出它们之间的相互关系。平行坐标系由一条水平的坐标轴和垂直于它的一组垂直坐标轴构成，每个垂直坐标轴代表一个变量，而水平坐标轴则表示数据集中的不同数据点。数据点沿着垂直坐标轴上对应的数值进行绘制，最终形成一条折线。通过观察这些线段的走势和交叉情况，用户可以直观地了解不同变量之间的相互关系和趋势。

② 径向轴图类似于平行坐标系，但是它的坐标轴不是平行的，而是从同一个中心点出发，向外辐射状展开。每个变量对应一个轴线，数据点沿着这些轴线上的刻度进行绘制，形成一个多边形。径向轴图可以很好地展示各变量之间的比例和趋势关系，同时由于所有变量都是以同一个中心点为起点，因此可以有效地避免变量比例尺不一致的问题。另外，径向轴图还能够展示数据点的分布情况和异常值，非常适合用来探索数据集中的规律和趋势。

③ 降维投影图可以将高维数据映射到低维空间中进行可视化。通常采用的方法是将高维数据投影到二维或三维平面上，并通过颜色、形状等方式来表示数据点之间的差异和相似之处。降维投影图可以有效地展示高维数据集中的关系和趋势，同时由于数据被投影到低维空间中，因此可以大大简化数据的复杂度，使其更易于理解和分析。另外，降维投影图还可以帮助发现数据集中的异常值和离群点，从而更好地了解数据的特性和分布情况。

处理多维数据时，数据复杂度很容易增加，数据量也会很快超出单机或小型计算集群的处理能力。此外，数据的不确定性也是一个重要问题，因为数据中可能存在噪声、缺失值等问题，造成分析结果不准确。因此，对于多维数据的处理和分析，需要采用适当的数据压缩、采样和降维等方法来降低数据的维度和复杂度，同时需要注意数据的质量和准确性，对不确定性进行充分的处理和分析。

7.3.4　文本可视化技术

文本可视化是将文本数据以图形方式呈现，以便更直观地展示和分析文本信息。常见的文本可视化方法包括词云、树状图、网络图等。词云是一种常见的文本可视化方法，它可以将文本中出现频率较高的词汇按照一定规则排列形成一个词云图。词云图的字体大小和颜色通常表示该词汇在文本中的出现频率或重要性。树状图是另一种常用的文本可视化方法，它通过将文本中的词汇按照一定关系进行层级分类，并以树状结构显示，更好地展示词汇之间的关系和组织结构。网络图则是将文本中的词汇或主题按照一定关系连接起来形成一个图形化网络结构，以便更好地展示文本之间的关联和相似性。不同的文本可视化方法适用于不同类型的数据和问题。例如，词云图适用于展示单个文档或主题的关键词，而树状图则更适用于展示文本间的层次关系。

文本可视化的数据呈现方式可以是二维或三维的。二维数据呈现包括词云图、树状图、网络图等；而三维数据呈现则可以使用立体图表、虚拟现实等技术。颜色和字体的选择可以影响文本可视化的效果。例如，颜色的选择可以用于突出文本中重要的信息或区分不同的类别，而字体的选择可以影响文本的易读性和美观度。交互设计可以增强用户与文本可视化之间的互动性和可操作性。例如，通过添加筛选器、滑块、下拉菜单等元素，可以让用户自由地探索和发现文本中的信息。

文本可视化将抽象的文本信息以图形化方式呈现，使得用户可以更直观地理解和分析文本信息。文本可视化可以与用户进行交互，让用户自由地探索和发现文本中的信息，提高用户的参与度和满意度，还可以根据用户需求进行定制，满足不同用户的不同需求。随着自然语言处理技术的不断发展，文本可视化将更加智能化和自适应。未来文本可视化会与图像、声音、视频等多种媒体进行融合，形成更为复杂的多模态可视化系统。

7.3.5　交互可视化技术

交互可视化是通过数据动态演示的交互方式，使用户可以直接与信息交互，用以构建自己对信息的理解，交互可视化必须具有人机交互方式。表征和交互是交互可视化的两个重要组成部分。

表征是指通过可视化的方式呈现数据的形式，例如柱状图、折线图、散点图等。表征的目的是让用户能够更直观地理解数据，从而得出结论或者发现规律。

交互是指用户与可视化工具进行互动，例如选择特定的数据集合、调整可视化参数、探索不同的视角等。交互的目的是让用户更深入地了解数据，并且在探索和分析过程中得到更多的灵感和启示。在交互可视化中，表征和交互是相辅相成的。表征提供了一种简单明了的展示数据的方式，而交互则可以让用户深入挖掘数据，找到其中隐藏的信息和模式。因此，在设计交互可视化时，需要考虑如何合理地运用表征和交互来最大化地呈现数据的内涵。在交互可视化中，交互可以分为多种类型，主要包括选择、过滤、探索、聚焦、重组、比较、分类等。

交互性技术在大数据可视化系统中起着非常重要的作用，它可以帮助用户更好地理解和分析数据，并提高数据分析的效率。一般来说，交互性技术可以分为以下五类：平移和缩放技术、动态过滤技术、概览和细节技术、焦点和上下文技术、多视图关联协调技术。

本章小结

本章通过探究理解数据可视化的理念和价值，通过认知数据、图表和可视化设计，学习数据可视化的基本方法和原理。

首先，介绍数据可视化的基础理论和概念，以人的感知和认知为出发点，对大数据可视化的发展历程和概念进行初步介绍，融合大数据可视化渲染、可视分析，以及人的视觉特性等基本理论，展现大数据可视化技术的概况。

然后，通过对大数据可视化的基本特征和常见可视化方式的介绍，结合大数据可视化基础，重点阐述了如何进行数据的收集、整理和分析，并对大数据可视化的流程、图表等基本概念框架进行介绍，同时介绍了当今常用的大数据可视化工具。

最后，本章介绍了适用于不同类型数据的可视化方法、技术和工具，探讨它们在实际应用中的共同需求，从而构建大数据可视化的知识逻辑。通过讲解数据分析的一些常用可视化方法，进一步把握大数据可视化的技术应用趋势。

 习题

1. 请简述什么是大数据可视化。
2. 请简述大数据可视化的基本特征并进行解释。
3. 请简述科学可视化和信息可视化的区别。
4. 请阐述大数据可视化基本步骤。
5. 列出统计图表可视化中常用的图形并进行对比分析。
6. 请说明 Echarts 中一个完整的图表包括哪些基本组件。
7. 请举例 Python 中常用于可视化的库有哪些。
8. 请阐述连续型时间数据可视化和离散型时间数据可视化分别如何实现。
9. 列出大数据可视化分析的五种方法并进行对比分析。

参考文献

[1] 何光威. 大数据可视化 [M]. 北京：电子工业出版社，2018.

[2] 匡泰，周苏. 大数据可视化 [M]. 北京：中国铁道出版社有限公司，2019.

[3] 陈为，沈则潜，陶煜波. 数据可视化 [M]. 北京：电子工业出版社，2019.

[4] 任磊，杜一，马帅，等. 大数据可视分析综述 [J]. 软件学报，2014，25 (9)：1909-1936.

[5] 宋刚. 大数据时代背景下的数据可视化概念研究 [J]. 无线互联科技，2021，18 (17)：25-26.

[6] 邓力. 南丁格尔玫瑰图 [J]. 中国统计，2017 (6)：3.

[7] SUCHARITHA V, SUBASH S R, PRAKASH P. Visualization of big data：its tools and challenges [J]. International Journal of Applied Engineering Research，2014，9 (18)：5277-5290.

[8] KHAN M, KHAN S S. Data and information visualization methods and interactive mechanisms：a survey [J]. International Journal of Computer Applications，2011，34 (1)：1-14.

[9] YI J S, ah KANG Y, STASKO J T, et al. Toward a deeper understanding of the role of interaction in information visualization [J]. IEEE transactions on visualization and computer graphics，2007，13 (6)：1224-1231.

［10］　陈为，张嵩，鲁爱东 . 数据可视化的基本原理与方法［M］. 北京：科学出版社，2013.

［11］　刘滨，刘增杰，刘宇，等 . 数据可视化研究综述［J］. 河北科技大学学报，2021，42（06）：643-654.

［12］　陈小燕，干丽萍，郭文平 . 大数据可视化工具比较及应用［J］. 计算机教育，2018（06）：97-102.

［13］　陈凌云 . 可视化的美之基于 R 语言的大数据可视化分析与应用［M］. 成都：电子科技大学出版社，2019.

［14］　辛勤，孙慈珺 . 数据分析及可视化研究［M］. 上海：上海交通大学出版社，2019.

［15］　姜枫，许秋桂 . 大数据可视化技术［M］. 北京：人民邮电出版社，2019.

［16］　李春芳，石民勇 . 数据可视化原理与实例［M］. 北京：中国传媒大学出版社，2018.

［17］　维克托 • 迈尔 • 舍恩伯格，肯尼斯 • 库克耶 . 大数据时代［M］. 盛杨燕，周涛，译 . 杭州：浙江人民出版社，2012.

［18］　Steele J. 数据可视化之美［M］. 祝洪凯，李妹芳，译 . 北京：机械工业出版社，2011.

［19］　王国平 . Microsoft Power BI 数据可视化与数据分析［M］. 北京：电子工业出版社，2018.

［20］　高凯 . 大数据搜索与挖掘及可视化管理方案［M］.3 版 . 北京：清华大学出版社，2017.

［21］　付雯 . 大数据导论［M］. 北京：清华大学出版社，2018.

第 8 章
大数据前沿

本章导读

在科技领域飞速发展的今天，人工智能、虚拟现实、增强现实、云计算、区块链等关键技术，正逐渐被塑造成推动社会进步的强大驱动力。这些技术的不断创新和广泛应用，不仅正在重塑我们的生活模式，而且对社会经济的发展产生了深远影响。同时，随着 Web 3.0、工业 4.0 和智慧城市等新兴概念的兴起，这些技术也被赋予了更加广泛和深远的应用前景。在未来，这些关键技术的不断发展和融合，将为人们创造更加智能、便捷和高效的生活和工作环境，推动人类社会向更加美好的未来迈进。

学习目标

本章首先介绍虚拟现实、人工智能、区块链等关键技术的概念、应用及发展。然后介绍什么是 Web 3.0，其主要特征、发展过程及现状与未来。其次介绍工业 4.0 的相关概念、工业 4.0 的特点、工业 4.0 未来的发展。最后介绍智慧城市的相关概念、发展过程以及发展趋势。

8.1 关键技术

技术发展和生产力进步的趋势是知识和信息的数据化。与人类现代化进程相伴而生的是资料来源的拓宽和资料内涵的拓展。人类参与经济社会活动所产生的数据量，自信息技术革命以来，在短时间内出现了爆炸式增长。表象的背后，是过去几十年数据生产从被动到主动再到自动的过程中，整个数据生产方式发生的根本性变化。云计算、大数据、人工智能、区块链、虚拟现实等新一代信息技术是前沿科技的关键技术。这些技术的发展，正在深刻地改变着我们的生产生活方式，推动着社会的进步和发展。

8.1.1 虚拟现实

虚拟现实（virtual reality，VR）是一种融合了计算机科学、电子信息技术以及仿真技术的创新型技术，它通过计算机模拟来构造一个虚拟的环境，从而为用户创造出一种仿佛置身其中的深度沉浸式体验。虚拟现实技术可创造一种完全渲染的数字环境，取代用户所处的现实环境，具有身体追踪和运动追踪能力。与传统的二维显示技术相比，虚拟现实技术可以让用户仿佛置身于一个真实的场景中，与周围环境进行互动。

虚拟现实技术的应用正在不断演进和拓展，经历了基础应用阶段、补充应用阶段、泛行业应用阶段和应用生态构建阶段四个阶段。在基础应用阶段，虚拟现实技术主要应用于游戏、短视频和军事训练等领域，内容较为有限，交互方式单一，因此在消费者市场的普及率较低。随着虚拟现实技术的发展和应用拓展进入补充应用阶段，虚拟现实技术及内容应用于各类全景场景，并向教育、营销、职业培训、体验馆、旅游、地产等场景拓展，初步深入消费者市场。泛行业应用阶段，虚拟现实应用在医疗、工业加工、建筑设计等领域的价值逐步凸显，通过软件用户拓展消费者市场。应用生态构建阶段是虚拟现实应用的终级阶段，以强交互、深入渗透为特点，虚拟现实全景社交将成为虚拟现实终级应用形态之一（如图 8.1）。简而言之，虚拟现实技术的应用正在不断向更广泛的领域拓展，并逐步实现从基础应用到生态构建的演进，为人们带来更加丰富和多样化的沉浸式体验。

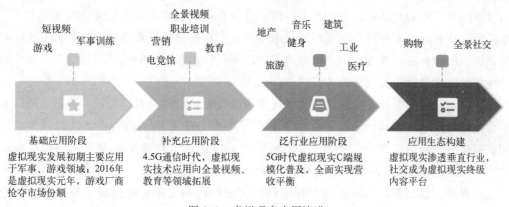

图 8.1　虚拟现实应用演进

在游戏领域中，虚拟现实技术可以带来更加真实的游戏体验，使玩家感觉自己置身于游戏世界中，与游戏中的角色进行互动。在医疗领域中，虚拟现实技术可以用于模拟手术、训练医生等方面，提高医疗水平。在军事领域中，尤其在航天和军事训练方面，它可以模拟新式武器的操作和训练，例如飞机操纵，以取代实际操作。

在教育领域，虚拟现实技术被广泛用于模拟实验和虚拟考古等活动，以提升学生的学习体验。虚拟现实技术能够在三维空间中生动地展示各类对象，让学生能直接且自然地与虚拟环境中的元素进行互动。通过各种形式的参与，学生可以直接融入事件的发展和变化中，甚至控制和操作整个虚拟环境，极大地丰富了学习的体验和效果。

虚拟现实从关键技术上看，以近眼显示、渲染处理、感知交互、网络传输、内容制作为主的技术体系正在形成。从产业构成上看，虚拟现实产业体系依托器件（设备）、工具（平台）与内容（应用），相比较为成熟的智能终端，虚拟现实产业链参与主体大致趋同，但在硬件方面，手机等设备的"性能过剩"成为虚拟现实的"性能门槛"。此外，为保证沉浸感等用户体验，虚拟现实内容制作所需的工具（平台）改变较大，围绕人机交互这一核心特性，业界需要对影音捕捉、开发引擎、网络传输、SDK/API 等领域深度优化，乃至重新设计研发。

虚拟现实技术在过去几年也得到了迅速的发展和普及，其应用场景和技术手段不断创新。例如，虚拟现实头盔、手套、全息投影等设备的应用，使得虚拟现实体验更加真实、自然和便捷。同时，随着 5G 技术的发展，虚拟现实技术也将得到更大的应用空间和发展机遇。未来，随着虚拟现实技术的不断进步和应用拓展，我们相信它将为人们带来更加丰富和多样化的沉浸式体验，成为推动数字化社会发展的重要力量。

8.1.2　增强现实

增强现实（augmented reality，AR）是一种将虚拟内容与现实世界相结合的技术。它通过计算机视觉、图像识别、定位与跟踪等技术，将虚拟信息与真实场景融合在一起，让用户可以在现实场景中看到虚拟的物体、文字、图像等，从而增强用户的感知体验。增强现实的核心概念是将计算机生成的虚拟信息叠加在真实场景之上，创造出虚实相融的视觉效果，使人们在真实场景中感受到除真实物体以外的虚拟信息，包括视觉、听觉甚至味觉等感官体验，从而增强对真实环境的理解。增强现实技术的重要特征包括突破屏幕的限制、虚实结合以及自然交互的实现。

增强现实技术的发展可以分为三个阶段，分别是基础技术阶段、商业化应用阶段和 AR 浪潮阶段。在基础技术阶段，增强现实技术主要集中在研究和探索阶段，相关技术主要包括图像识别、跟踪和定位等方面。由于计算机性能不足，增强现实的应用场景非常有限，仅限于一些实验室和科学研究领域。

随着移动设备的普及，增强现实技术逐渐进入商业化应用阶段。在这一阶段，增强现实技术被应用于广告、游戏、导航、旅游等领域。例如，AR 广告可以在杂志、海报等媒体上添加虚拟信息，吸引消费者的注意力；AR 游戏可以让玩家在现实世界中进行虚拟游戏体验；AR 导航可以帮助人们更加准确地找到目的地。

在增强现实浪潮阶段，增强现实技术得到了更广泛的应用。增强现实技术被应用于医疗、教育、文化、娱乐、军事等领域。例如，在医疗领域，增强现实技术可以帮助医生进行手术模拟和诊断辅助；在教育领域，增强现实技术可以让学生更加直观地了解知识点；在文化领域，增强现实技术可以帮助博物馆和文化场馆提供更加生动的展览内容。

在古迹复原和数字化文化遗产保护领域，增强现实技术可以提供古迹的文字解说和虚拟重构。在工业维修领域，增强现实技术可以用于显示辅助信息，如虚拟仪表面板和设备内部结构。此外，在教育、娱乐和游戏领域，增强现实技术也有广泛应用，例如增强现实游戏可以让玩家在真实的场景中进行网络对战。

然而，增强现实技术的发展还面临着一些挑战和问题。AR 技术的硬件和软件成本较高，限制了它在大规模应用中的普及率。AR 技术还需要强大的计算能力和大量的数据存储空间，这对设备的性能和存储需求提出了更高的要求。此外，AR 技术的应用还需要考虑隐私和安全等问题，这需要相关技术和政策的配合和支持。

8.1.3　混合现实

混合现实（mixed reality，MR）是一个跨领域的技术集合，它是虚拟现实和增强现实技术的深化与拓展。混合现实运用先进的计算机科技、图像处理技术以及人机交互技术，创造出一种独特的视觉环境，其中虚拟和真实的元素并存，并可以进行实时交互。混合现实技术能将虚拟场景信息置入真实的环境中，构筑起真实世界、虚拟世界和用户之间的交互反馈循环，从而增强用户的现实体验感。这种技术的应用，也为用户提供了更丰富、更真实的感知体验。混合现实可无缝融合用户所处的现实世界和数字化内容，两个环境可以共同存在、相互影响，利用先进的传感器实现空间感知与手势识别。

混合现实技术的最大特征是能够将虚拟与现实场景无缝融合，用户可以通过 AR/VR 头戴设备、手机、平板电脑等终端设备，观看并与混合现实场景进行互动。与传统的虚拟现实技术相比，混合现实技术实现的不再是完全虚拟的世界，而是将虚拟现实与真实世界相结合，使得用户可以更加自然地进行交互。

混合现实技术是虚拟现实和增强现实的完美融合，不仅综合了两者的优势，还弥补了它们的不足之处，已经在工业制造、公共政策、教育培训、医疗保健、建筑工程、文化展示等多个领域得到广泛应用，并为这些领域的创新提供了技术支持。

在建筑领域，混合现实技术的实时协作和交互特性，有效地解决了设计师、施工人员和购买者之间的沟通协调问题。通过全息图形式展示建筑设计，混合现实技术可以最大限度地复现设计方案，使所有相关人员都能观察到建筑的细节，大大降低了沟通成本。

在医疗教育领域，混合现实技术可以实时重现临床场景，通过三维形式展示手术过程，向学生展示各种操作细节。混合现实技术超越了时间和空间的限制，为更多的学生提供了学习的机会，同时也降低了教学的成本。

在军事领域，混合现实技术主要应用于虚拟战场模拟、军事技能训练以及项目测试等方面。通过模拟真实的战场环境，混合现实技术可以提升军事作战能力，并大幅度降低军事训练的成本和事故发生的风险。

在工业制造领域，混合现实技术可以模拟不同的设计方案和材料，从而提高产品质量并降低成本。设计者可以通过全息图等方式直观地观察细节，从而更高效地完成研发工作。

随着 5G 技术的普及和发展，混合现实技术将会得到更加广泛的应用，从而带动混合现实市场的进一步发展。同时，混合现实技术的发展还将面临一些挑战和问题，例如技术成本、隐私和安全等问题。这些问题需要相关技术和政策的配合和支持。总之，混合现实技术是一种具有广泛应用前景的技术，它可以为人们带来更加丰富和多样化的感知体验。在未来，混合现实技术将会在更多领域得到应用，并且成为数字化时代的重要支撑技术之一。

8.1.4 人工智能

人工智能（artificial intelligence，AI）是指通过计算机系统来实现智能行为的技术。它的目的是使电脑能够像人类一样进行思考和决策，并能够自主学习和适应环境。它是研究、开发用于模拟、延伸和扩展人的智能的理论、方法、技术及应用系统的一门新的技术科学。

人工智能具有以下四个特征。①具有学习能力，通过机器学习算法，人工智能系统可以从数据中学习知识和规律，不断提高自身的准确性和效率。②实现智能决策，人工智能系统可以通过分析和比较大量数据，做出符合实际情况的决策，甚至可以超越人类的智能水平。③做自动化处理，人工智能系统可以自动完成复杂的任务，如图像识别、语音识别、自动驾驶等。④实现人机交互，人工智能系统可以与人类进行自然的交互，如语音识别、自然语言处理等。

人工智能作为元宇宙最重要的核心技术，其地位不言而喻。人们进入元宇宙后，会以数字化身存在并活动，而数字化身在视觉、听觉、触觉等全方面的感知能力就离不开 AI 技术，如 AI 驱动的计算机视觉、自然语言处理、数字触觉等。人工智能技术基于海量的数据，进行模型训练以降低损失，使得神经网络的输出值不断逼近真实值，从而达到分类或预测任务所要求的精度。将人工智能技术赋能元宇宙，可以对元宇宙应用起到一定性能改善和优化的效果。可以说，人工智能技术是由大数据驱动的，而元宇宙应用在运行过程中也势必会产生海量的数据，二者相辅相成、相得益彰。

近年来，学术界和工业界对人工智能进行了深度探索，并已经取得了显著的成就。人工智能的应用已经深入我们生活的各个方面，其所带来的影响是显而易见的。

例如，在语音助手领域，很多智能手机和智能家居设备都带有语音助手功能，能够通过语音与人类交流，帮助人类完成各种任务。

在自动驾驶领域，目前已有一些汽车公司开发出了能够自主驾驶的汽车，这些汽车通过人工智能技术实现了自主决策、自动驾驶和自动避障功能。

在医疗诊断领域，人工智能技术可以帮助医生分析医学图像、诊断疾病等。

在语言翻译领域，人工智能技术能够帮助人们将一种语言翻译成另一种语言。

未来，人工智能的发展趋势主要表现为以下几个方面：一是智能化水平的进一步提升，将会出现更加智能、更加自主的人工智能系统；二是人机交互方式的不断改善，人工智能系统将更加贴近人类的需求和习惯；三是随着产业应用的深入推进，人工智能将在更多的领域得到应用，并带来更多的经济和社会效益；四是安全性和隐私性的更加重视，人工智能的发展不仅要注重技术本身的发展，还需要注重与人类社会的和谐发展。

8.1.5　云计算

云计算（cloud computing），是一种分布式计算，依靠网络"云"将巨大的数据处理程序分解为无数小程序，并利用分散在网络中的服务器处理和分析这些小程序数据。云计算的分布式特性，使其能够提供海量的低成本基础资源，它对数据的高速吞吐量，让来自世界各地的用户能够流畅地进行交互。另外，云计算还能有效避免由于使用本地计算而出现的机器故障、宕机等现象，利用远端的数据处理能力，实现全天候稳定运行。

按部署方式，云计算分为公共云、私有云和混合云三类。公共云是由云服务提供商提供给公众使用的云计算服务，用户可以根据自己的需求购买云计算资源，如服务器、存储、网络等，按使用量付费。公共云具有高度的灵活性和可扩展性，用户可以根据自身需求随时购买、调整和释放相应的资源。私有云是一种独立的云计算环境，由企业自己搭建和管理，仅对内部员工或特定用户提供服务。私有云可以满足企业对数据安全性和隐私性的要求，同时也能满足企业对云计算资源的灵活调配需求。混合云是将公共云和私有云结合起来的一种云计算模式，它允许企业将一部分业务和数据部署在私有云中，将另一部分业务和数据部署在公共云中，以满足不同的需求和优化成本。

按服务内容，云计算可以被划分为基础设施即服务（IaaS）、平台即服务（PaaS）、软件即服务（SaaS）以及数据即服务（DaaS）等几种类型。IaaS提供的是虚拟化的基础设施资源，如计算能力、存储空间以及网络，用户可以依据自身需求来选择、配置、部署和管理这些资源，以实现对业务需求的快速响应。PaaS则提供了用于应用程序开发和部署的平台环境，包括了开发工具、运行环境、数据库以及应用程序接口等。用户可以利用这个平台来开发、测试、部署和管理自己的应用程序，而无须关心底层的基础设施和运行环境。SaaS提供云端的应用程序服务，用户可以通过互联网访问和使用这些应用程序，无须安装和维护本地软件。SaaS具有易用、易部署、易维护等优点，广泛应用于企业办公、在线教育、在线支付等领域。DaaS提供数据管理、存储、分析等服务，用户可以通过互联网访问和使用这些数据服务,无须关心底层的数据存储和处理技术。DaaS 可以为企业提供数据智能化分析和应用,促进企业业务运营和决策的优化。

云计算技术与中国当前多个城市电子政务的集中化发展趋势相吻合。例如,构建基于云计算的城市数据中心或高性能计算中心,可以推动市政府各部门的数据中心进行集中,实现统一的运营管理。此外,基于云计算技术构建市政府网站群,形成以城市政府门户网站作为主网站,部门网站作为子网站的政府网站结构。还可以建立基于云计算技术的城市综合信息服务平台,推动业务应用信息系统的联通,从而促进信息的共享和业务的协同。这样不仅可以提高政务工作的效率,也能更好地服务于公众。

8.1.6　区块链

区块链(blockchain)是一种通过去中心化和去信任的方式,集体维护可靠数据库的技术方案。它可以被描述为一种全民参与记账的方式。在区块链技术中,所有的数据按照时间顺序被组合成一个顺序相连的链式数据结构,并通过密码学方法保证其不可篡改和不可伪造的特性,这被称为狭义的区块链。

广义的区块链技术则更广泛地利用块链式数据结构来验证和存储数据,通过分布式节点共识算法生成和更新数据,并通过密码学方法保证数据传输和访问的安全性。此外,广义区块链技术还利用智能合约,这是由自动化脚本代码组成的,用于编程和操作数据的全新分布式基础架构和计算范式。总的来说,区块链技术提供了一种去中心化、去信任的方式来维护可靠的数据库,通过分布式节点的共识和密码学方法确保数据的安全性和可靠性。它在多个领域具有潜在的应用,包括金融、供应链管理、智能合约、数字资产等。区块链具有以下五个特征:

① 去中心化。区块链技术不依赖于中心化的管理机构或单一控制点,而是通过分布式核算和存储,在网络中的各个节点上实现信息的自我验证、传递和管理。

② 开放性。区块链技术基于开源协议,使得系统的基础代码对所有人开放。虽然交易各方的私有信息被加密保护,但区块链的数据对于所有人都是可查看和验证的,从而实现了高度透明的信息共享。

③ 独立性。区块链系统通过事先约定的共识算法和协议,实现了自治和自动化的运行。它不依赖于第三方中介或集中式机构,节点之间可以自主地验证和交换数据,消除了对中间人的依赖。

④ 安全性。区块链采用密码学方法和共识算法确保数据的安全性和完整性。区块链数据存储在多个节点上,并且需要达成共识才能修改数据,使得恶意篡改变得非常困难。这种安全性使得区块链在防止数据篡改和欺诈方面具有优势。

⑤ 匿名性。在技术层面上,区块链网络中的参与者可以使用匿名身份进行交互。虽然区块链上的交易是公开的,但参与者的身份可以通过加密和匿名性保护得到一定程度的隐私。

区块链技术的应用领域非常广泛,正在逐渐得到广泛的应用。随着技术的不断发展和完善,我们可以期待更加成熟和广泛的应用,区块链技术将会改变我们的生活方式和生产方式,为我们带来更多的便利和创新。在公共服务领域,区块链技术可以用于记录公共服务信息,同时通过使用密码学技术进行安全加密从而保证公共服务信息的安全性。例如,区块链技术可以用于政府服务,通过对政府服务信息的记录和分析,帮助政府更好地为公众提供服务。在医疗健康领域，医疗数据是医疗保健的重要资源，具有重要价值。区块链技术可以用于记录医疗数据，并使用密码学技术进行安全加密，从而保证医疗数据的安全性。区块链还可以用于药品流通管理，通过对药品流通信息的记录和验证，使药品流通更加安全、有效。

8.2　Web 3.0

Web 3.0 是指下一代互联网，也被称为"去中心化互联网"。它的核心是建立在区块链技术之上的去中心化网络。Web 3.0 的目标是建立一个更加开放、透明、安全和互联的网络，让用户在互联网上拥有更大的控制权，而不仅仅是被动地接收信息和服务。Web 3.0（下一代互联网）的出现标志着一个全新的时代即将到来，它所释放的变革将会带来前所未有的挑战。Web 3.0（下一代互联网）不仅仅是一个在技术上发生变化的地方，而且可以使全球人民进入一个新的领域：数字资产、协同网络和相互连接的世界。Web 3.0 的概念要素如图 8.2 所示。

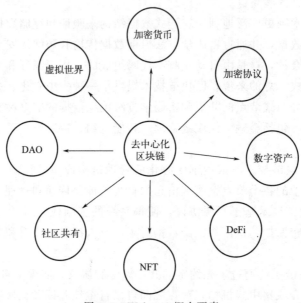

图 8.2　Web 3.0 概念要素

Web 3.0 区别于 Web 1.0、Web 2.0 的核心特征是，它是以用户为中心的可信价值互联网，能显著增强用户的体验，构建出一个智能化的全息立体互联网。它标志着一场数据的革命，其中数据的"所有权"和身份的"自主权"将从大型平台转移到用户手中，使得互联网变得更加公平、更加透明，并更好地服务于公众利益。在 Web 2.0，大量用户数据集中于互联网平台，一旦泄露，将对用户隐私造成极大损害，如 Facebook 就发生过类似案例。在 Web 3.0，用户数据经密码算法保护后在分布式系统上存储。身份信息与谁共享、数据作何种用途均由用户决定。

Web 3.0，作为 Web 2.0 的进一步演进，实现了更加智能化的人与人、人与机器的交互方式。在 Web 3.0 的模式下，网站内的信息能够与其他网站的相关信息进行直接交互，并能通过第三方信息平台对多个网站的信息进行集成使用。在 Web 3.0 环境中，用户在互联网上拥有自己的数据，并能在不同的网站上使用这些数据。这种模式完全基于 Web，仅需浏览器即可实现复杂的系统功能，这在过去往往需要复杂的系统程序才能实现。此外，用户数据在经过审计后，可以与网络数据进行同步。这种新的互联网模式提供了更高级别的互动性和个性化体验，开启了全新的网络交互方式。因此，Web 3.0 的关键特性可以总结为以下4 点：

① 自由整合和有效聚合的微内容（Widget）：Web 3.0 将使用 Mashup 技术来整合用户生成的内容，突出内容特性，便于搜索和检索。通过整合精确标记的信息特性，可以提高信息描述的精度，从而方便网络用户的搜索和整理。与 Web 2.0 不同的是，Web 3.0 将更加侧重于对用户生成内容（UGC）的筛选过滤。经过长期认证的网络用户的发布权限将被区分，信息可信度高的将被置于搜索结果的首位。最后，基于 TAG/ONTO/RSS 的聚合设施和逐步发展的语义网将为 Web 3.0 构建完善的内容聚合和应用聚合平台，结合传统的聚合技术和挖掘技术，创造出更个性化、响应更快、更准确的"Web 挖掘个性化搜索引擎"。

② 实现信息服务的普遍性，兼容多种终端平台：Web 3.0 的网络模式旨在实现对多种终端的兼容性，跨越从 PC 互联网到 WAP 手机、PDA、机顶盒，以及专用终端的范围，而不仅仅局限于互联网这一单一的终端。Web 3.0 致力于打破这种限制，使所有的终端用户都能享受到在互联网上浏览的便利。

③ 良好的人性化用户体验和基础的个性化配置：Web 3.0 将用户的偏好作为主要的设计考虑因素，通过偏好信息处理和个性化引擎技术，对用户的行为特性进行分析，旨在找到可信度高的 UGC 发布源，并整理和挖掘网络用户的搜索习惯，提供最佳的设计方案，帮助网络用户快速、准确地找到他们感兴趣的信息内容，避免因信息量大导致的搜索疲劳。

④ 实现有效且有组织的数字新技术：Web 3.0 将构造一个可信赖的社交网络服务系统（SNS），管理得当的 VoIP 和 IM，以及可控制的 Blog/Vlog/Wiki。其目标是实现数字通信与信息处理、网络与计算、媒体内容与业务智能、传播与管理，以及艺术与人文之间有组织、有效的融合与互通。

8.2.1　发展过程

从 Web 1.0 到 Web 3.0，我们经历了一场从单向信息获取，转变为双向信息交互，再到拥有互联网本身权益的重大革新。在这个过程中，从 Web 2.0 到 Web 3.0 的最关键变化在于，互联网的作用已经超越了简单的人与人间信息传递，升级为可以在人与人之间传递资产，也就是说，互联网从原来的信息互联网（包括静态互联网、平台互联网两种形态），升维成了价值互联网。

（1）Web 1.0（20 世纪 90 年代—2003 年）

静态互联网 Web 1.0 时代的互联网建立在开源协议之上，由少数专业人士参与开发、建设，用户只能搜索和浏览互联网上的信息，无法进行太多的交互。这一阶段的互联网迎来第一次创业浪潮，拥有电脑和使用互联网的人口数量少于 10 亿。聚集互联网信息的技术提供方是这个时代的代表性公司。"基于点击流量"的盈利模式开始出现，一种全新的"信息经济"模式开始诞生。

Web 1.0 的页面为静态页面，能够对信息进行简单管理。使用到的技术是 HTML、XML、CSS 等。Web 1.0 平台创造并发布信息，获得巨大的点击流量，通过售卖广告位获得收益，用户无法获得收益，信息存在于平台服务器上，因此平台拥有信息的控制权，代表性的平台有雅虎、新浪、网易等。

Web 1.0平台实现了很多"从0到1"的突破。对于普通用户来说，能够浏览所需信息；对于工业生产来说，能够降低生产销售产品与服务顾客所需的成本，提高公司的管理效率，使价格更加透明，从而扩大买方和卖方市场。但 Web 1.0 仍然存在很多问题。第一，只能实现单向通信，由客户端发起的客户请求，缺少交互；第二，受众规模小，只能满足少部分网民的精神需求；第三，运行速度慢，Web 1.0 的速度非常慢，每当有新的信息添加到网页时，都需要刷新网站。

（2）Web 2.0（2004—2020 年）

平台互联网 Web 2.0 时代就是我们当前所处的互联网时代，互联网建立在用户端-服务端的二元架构上。每个人都可以在互联网上进行内容的生产与分发，也就是说，我们不但可以浏览互联网上的信息，还可以自己生产内容并发布到互联网上与他人进行互动交流。这一阶段互联网的核心特点是从 PC 端向移动端迁移，平台公司成为吞噬一切的垄断者，互联网的数据、权利以及由此带来的收益往往为中心化的商业机构所垄断，"平台经济"成为这一时期的经济特征。在这一阶段，全球大部分人口都变成了互联网用户。

Web 2.0 的页面为动态页面，主要的功能是用户与用户之间，以及用户与网络服务器之间的交互。使用到的技术包括 Blog、TAG、SNS、RSS、Wiki、AJAX、REST 等。Web 2.0 平台收集用户创造的信息并发布，信息所产生的价值由平台制定协议与用户分配，信息存在于平台服务器上，因此平台拥有信息的控制权，代表性的平台有微信、Youtube、Google 等。

Web 2.0 平台针对 Web 1.0 中的挑战进行了改进，有了消费互联网平台与工业互联网平台的概念。普通用户使用的是消费互联网平台，用户在使用时有了更多交互体验并参与到内容创作中来；工业生产使用的是工业互联网平台，各大互联网厂商纷纷布局，例如，2009年，阿里云、徐工等平台初步形成了完整的研产供销服、全价值链的信息化体系。

Web 2.0 平台虽然极大地提高了用户交互体验、促进了工业的发展，但这种平台垄断的模式带来了很多弊端。第一，信息可能会泄露；第二，数据可被篡改：数据存在中心服务器中，黑客攻击一个实体，就可以获得千万个实体的信息；第三，产生垄断：由于形成数据孤岛，目前的平台经济产生垄断。

（3）Web 3.0（2021—至今）

Web 3.0 的概念在 2021 年被广泛使用，但直至今天，对于 Web 3.0 是否真正形成，各界还有所争论。但可以确定的是，它已经开始渗透到我们的互联网生活中。在 Web 3.0 时代，我们不但可以在互联网上读取、交互信息，还可以传递资产，也可以通过通证（Token）拥有互联网本身，并以此衍生出了"通证经济"。每个人都可以在计算、存储、资产等各个领域享受到去中心化的服务，成为自己信息数据的掌控者、管理者、拥有者，挑战传统的公司制度。然而，这一阶段目前还处于早期萌芽状态，全球的 Web 3.0 用户少于1 亿人。

从技术角度分析，早期学者认为未来网络是具有智能交互功能的语义网，后来随着沉浸式技术以及区块链技术的发展，一些学者认为未来网络是具有虚实融合功能的沉浸式互联网以及具有安全可信特点的去中心化互联网。而 Web 3.0 作为即将到来的第三代互联网，将不断融合多种信息技术，并不断促进新技术的出现。Web 3.0 中用户创造并发布信息到平台上，信息作为用户的数字资产，所创造的价值完全属于用户。

Web 3.0 平台不仅更加智能，而且颠覆了平台垄断的模式。消费互联网平台使普通用户能够获得安全可信的智能交互服务；工业互联网平台能够实现人、机、物的智能安全连接，数据转换为知识信息，对工业环节进行准确控制，提高生产效率。

8.2.2　发展趋势

未来，Web 3.0 将区块链编织到新一代互联网框架中，加密技术和区块链应用的轨迹正在超过早期的互联网应用。这次 Web 3.0 的崛起将影响深远，如同第四次工业革命，而且速度会更快。科技、金融等都将深度全面融合，随着时间的推移，各个领域都会发生巨大变革，包括金融大改革（数字金融、数字货币）、科技大改革（元宇宙）、艺术大改革（数字艺术）、隐私大改革（GDPR、信任机器）、法律大改革以及可编程经济。

目前 Web 3.0 还处于早期阶段，数字代币网络（如以太坊）仅仅是 Web 3.0 的一个组成部分，应用系统（如元宇宙）也是如此。事实上，Web 3.0 是一个新型网络基础设施，集成传统互联网、区块链、可编程经济等。

Web 3.0 的兴起将会对互联网带来很大的变革，进而对生产、生活的方方面面产生巨大影响。毫无疑问，在这个过程中，会带来很多的机遇，产生很多的红利。不过也必须认识到，Web 3.0 的实现还需要多方面的前提条件，同时 Web 3.0 的到来也会带来很多新问题。从以下四个角度看，在迎接 Web 3.0 红利的同时也必须做好准备，迎接由其带来的各种挑战。

第一，Web 3.0 要求的"去中心化"基础设施对现有的基础设施提供方式提出了挑战。Web 3.0 是以区块链技术为基础的，对一般的用户来讲，要搭建专属的区块链环境依然比较困难，不仅所需的人力、物力投入巨大，而且安全性、可靠性等问题都难以解决。因此，除了少数头部企业之外，很少有人可以独立部署区块链网络。目前，人们解决上述问题的一个构思是引入"去中心化云"的概念，即利用区块链技术，将中心化云服务商的功能进一步去中心化。其中，目前比较成功的就是"去中心化云存储"技术，这种技术可以依托区块链技术有效配置分散在不同用户手中的存储空间，用于服务数据的存储，从而解决区块链网络存储难的问题。不过，从总体上看，目前 Web 3.0 对基础设施要求的去中心化和基础设施提供的中心化之间的矛盾依然没有从根本上被打破。

第二，Web 3.0 的开发对于当前的人才培养体系提出了新的挑战。Web 3.0 的各类应用项目需通过去中心化的机制来达成中心化平台的功能，但这通常需要基于一个复杂的通证系统来实现。设计这些系统的过程中，需要汇集数学、经济学和计算机科学的知识，特别是经济学中的博弈论、机制设计和行为经济学。然而，在现实中，能同时掌握这些知识的人才罕见，这为相关应用的开发工作带来了一定的困难。因此，为了应对这个挑战，我们需要重新考虑和调整现有的人才培养体系，以适应 Web 3.0 的复合化知识需求。

第三，Web 3.0 带来的各种变革会对现有的法律和监管体系带来重大的挑战。Web 3.0 会促使互联网及与其相关的各行各业产生重大变革，催生很多新的组织形态、行业形态和商业模式。显然，关于这些新事物，现有的法律并没有涉及，因而它们会对现有的法律和监管体系带来比较大的冲击和挑战。法律和监管体系应该如何与 Web 3.0 的发展进行互动将会是一个重大的问题。目前，Web 3.0 虽仅处于发展初期，但很多问题已经凸显出来。

第四，Web 3.0 虽然以去中心化为目标，但可能带来新的中心化，由此产生的问题可能是更难解决的。人们对 Web 3.0 的去中心化期望是建立在区块链技术基础之上的。一般认为，区块链技术可以有效保证权力的分散，但现实并不是这样。在一些具体的应用上，中心化的趋势则更为严重。如何应对这种由于区块链技术和规则导致的中心化，很可能成为Web 3.0时代亟待解决的一个新问题。

8.3 工业 4.0

工业 4.0（Industry 4.0），也被称为第四次工业革命，是一个基于信息物理系统的概念，通过数据化和智能化的方式，将供应、制造、销售等生产环节进行优化，以达到快速、高效和个性化的产品供应。这个理念认为，制造业的未来价值将主要由智能化生产所创造，即制造本身成为创造价值的源泉。工业 4.0 在人类文明历程中，将在蒸汽技术革命、电气技术革命和信息技术革命之后，成为科技领域的又一场重大变革。它以互联网技术为基础，将传统的工业自动化与信息化相结合，打造了一个实现生产过程数字化、网络化和智能化的新型工业模式。工业 4.0 的核心理念在于将物理世界与数字世界紧密连接，以实现智能化制造，提升生产效率和质量，促进工业朝向高质量和可持续发展的方向进步。涉及的技术包括大数据、云计算、物联网、人工智能等前沿领域，这也是当前全球工业界的关注焦点和发展趋势。

工业 4.0 可以概括为：一个核心、两个重点、三大集成和六项措施。

一个核心。指"互联网＋制造业"的概念，致力于将信息物理系统（CPS）广泛而深入地应用于制造业，通过构建智能工厂来实现智能制造。

两个重点。第一，成为智能生产设备的主导供应商，这是领先的供应商战略。第二，设计并执行一项全面的知识和技术转化计划，以引领市场发展，这是主导的市场策略。

三大集成。首先，企业内部的纵向集成，灵活且可重组。其次，企业之间的横向集成，形成价值链。最后，全社会的端到端工程数字化集成，从而形成价值链。

六项措施。实施技术标准化并建立开放标准的参考体系；建立用于处理复杂模型的管理系统；构建全面的工业宽带基础设施；设立安全保障机制和相关规章制度；创新工作组织和设计方式；加强培训和持续的职业教育。

此外，工业 4.0 的特征主要包括以下五个方面：

一是互联，互联工业 4.0 的核心是连接，要把设备、生产线、工厂、供应商、产品和客户紧密地联系在一起。

二是数据，工业 4.0 连接产品数据、设备数据、研发数据、工业链数据、运营数据、管理数据、销售数据、消费者数据。

三是集成，工业 4.0 将无处不在的传感器、嵌入式终端系统、智能控制系统、通信设施通过 CPS 形成一个智能网络。通过这个智能网络，使人与人、人与机器、机器与机器，以及服务与服务之间，能够形成一个互联，从而实现横向、纵向和端到端的高度集成。

四是创新，工业 4.0 的实施过程本身就是制造业创新发展的过程。在制造技术、产品、模式、业态、组织等方面，创新将会层出不穷，从技术创新到产品创新，再到模式创新，乃至组织创新。

五是转型，对于传统制造业而言，工业 4.0 意味着从传统的工厂，工业 2.0、3.0 的工厂转型到工业 4.0 的工厂。这一转变体现在生产形态的转变，从大规模生产转向个性化定制。更为柔性化、个性化和定制化的生产过程也是工业 4.0 的重要特征。

工业 4.0 将利用现代新技术彻底改变传统的商业模式，将销售、制造、供应等上下游的数据信息无缝对接，实现数据化、智能化，最终快速、有效满足个性化的、多变的市场需求，提升企业核心竞争力。因此，工业 4.0 项目主要分为四大主题。

（1）智能工厂

智能工厂在数字化工厂的基础上，利用物联网和设备监控技术，强化信息管理和服务。这种工厂能够清晰地掌握生产和销售流程，增强生产过程的可控性，减少人工干预，实时准确地收集生产线数据，优化生产计划和进度。同时，它也采用绿色制造方法，构建高效、节能、环保和人性化的工厂环境。未来各个工厂将具备统一的机械、电气和通信标准。以物联网和服务互联网为基础，配备传感器、无线网络和 RFID 通信技术的智能控制设备可以对生产过程进行智能化监控。由此，智能工厂可以自主运行，工厂之间的零部件与机器可以互相交流。

（2）智能生产

智能生产涉及企业生产物流管理、人机交互和 3D 技术在工业生产中的应用。智能生产的车间可以实现大规模定制，这对生产的柔性要求非常高。因此，生产环节需要广泛应用人工智能技术，采用一体化的智能系统，让智能化装备在生产过程中发挥作用。工厂的工作人员和管理者可以通过网络监控生产的每一个环节，实现智能化管理。

（3）智能物流

智能物流通过物联网和物流网络，整合物流资源，提高供应方的效率。根据客户需求的变化，智能物流能够灵活调整运输方式，应用条码、RFID、传感器、全球定位系统等先进的物联网技术，通过信息处理平台，实现货物运输过程的自动化和高效管理，从而促进区域经济的发展和资源的优化配置。

（4）智能服务

智能服务推动新的商业模式的出现，并促进企业向服务型制造的转型。智能产品、状态感知控制和大数据处理将改变现有的产品销售和使用方式。这包括在线租赁、自动配送和退货、优化维护和设备自动预警、自动维修等新型的智能服务模式。

8.3.1　发展历程

工业 4.0 的发展历程可以追溯到 20 世纪 80 年代，在这个时期，工业自动化技术已经比较成熟。然而，随着计算机科技和网络科技的日益进步，工业自动化开始进入了一个崭新的纪元。在 1991 年，德国机械设备制造商协会（VDMA）首次提出了"工业 4.0"的概念，强调工业自动化正在朝着更为数字化、联网化和智能化的方向发展。

在 2006 年，德国政府启动了名为"未来制造"的项目，以推进工业现代化和创新。这个项目将"工业 4.0"视为未来工业发展的主要方向，强调数字制造和智能制造的关键性。2011 年，德国政府进一步发布了"工业 4.0 行动计划"，明确设定了工业 4.0 发展的战略目标和实施方案。

随着工业 4.0 概念的广泛传播和推广，越来越多的国家开始注重工业 4.0 的发展。

工业 4.0 是根据工业发展的各个阶段进行划分的。目前的共识是，工业 1.0 代表了蒸汽机时代，工业 2.0 代表了电气化时代，工业 3.0 代表了信息化时代，而工业 4.0 则代表了利用信息化技术推动产业变革的时代，即智能化时代，如图 8.3 所示。

工业 1.0——机械化时代，以蒸汽机的出现为标志，人力被蒸汽驱动的机器所取代，这标志着手工业从农业中独立出来，正式迈向工业化时代。

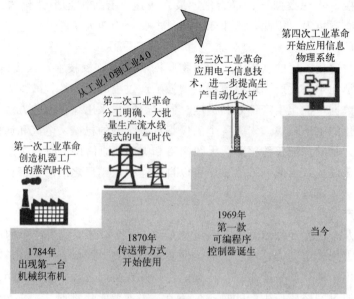

图 8.3   工业 1.0 到工业 4.0 的发展

工业 2.0——电气化时代，以电力的广泛使用为里程碑，电力驱动的机器取代了蒸汽动力，这使得零部件生产和产品装配实现了分工，推动工业进入了大规模生产的阶段。

工业 3.0——自动化时代，以 PLC（可编程逻辑控制器）和 PC 的应用为标志，机器不仅承接了人的大部分体力劳动，也开始负责一部分脑力劳动。因此，工业生产能力超越了人类的消费能力，人类社会进入了产能过剩的时代。

工业 4.0——数字化时代，以互联网、物联网、大数据、人工智能等新兴技术的应用为特征，物理系统与数字系统深度融合，实现了生产制造全过程的数字化、网络化和智能化。这使得生产制造变得高度灵活、高效率和高品质，同时也开启了工业革命的新一轮变革和升级。

8.3.2   发展趋势

未来，工业 4.0 将继续推动技术的创新和应用，实现数字化经济和智能制造的融合，进一步提升生产效率和质量，促进工业转型升级，推动经济可持续发展。目前工业 4.0 有以下三大趋势：

① 生产网络化。在这种模式下，制造运行管理系统在生产过程中帮助价值链上的供应商获取并交换实时的生产信息。供应商提供的全部零部件都将准时并按正确的顺序到达生产线，实现信息互通，减少操作错误，从而提高生产效率。

② 虚拟世界与现实世界的完美融合。在未来的生产过程中，每一步都将在虚拟世界中进行设计、仿真和优化，建立一个高度逼真的数字生产平台，包括物料、产品、工厂等实体元素。这不仅使产品研发过程更为便捷、有效、可靠，大大降低研发成本，而且为产品后期的测试和修改提供了便利的试验平台，极大地提高了研发效率。

③ 信息物理融合系统。在未来的智能工厂视野中，产品信息将直接嵌入产品零部件中。这些零部件根据自身的生产需求，直接与生产系统和设备互动，发出下一个生产步骤的指令，并引导设备进行自我组织生产。通过信息物理系统的整合，我们可以实现生产的真正智

能化和智慧化。用户只需提供对某一产品的需求，生产系统就能依据这些信息进行产品设计和生产，最终根据用户的需求定制产品。

8.4　智慧城市

智慧城市（smart city）是一种全面利用物联网、云计算等先进信息技术的城市模式，它能全方位地感知、分析并整合城市运行中的关键信息，实现对城市各领域各层面需求的明确、快速、高效和灵活的智能化响应。这种模式旨在创造一个人与社会、人与人、人与物和谐共处的环境，为城市管理者提供高效的管理手段，为企业创造优质服务和广阔的创新空间，为市民提供更优质的生活体验。

这个定义主要涵盖了三个核心要素。首先，智慧城市的实现依赖于物联网、云计算等前沿信息技术，这些技术不仅是新一代信息技术的最新研究成果，也为其进一步的创新发展提供了动力。其次，智慧城市的实现途径是全面感知、分析和整合城市运行的关键信息，对政府、企业、市民的需求做出明确、快速、高效和灵活的响应，这些智能响应能够帮助所有参与者做出更明智的决策，甚至自动或半自动地执行某些决策。最后，智慧城市的目标是创造一个和谐美好的环境，这表明智慧城市追求的理念是和谐、美好。

智慧城市有以下四大基础特征：

① 全面透彻的感知。智慧城市利用各种传感设备和智能系统实现对城市环境、状态、位置等信息的全方位感知。这些设备和系统能够融合、分析和处理收集到的数据，并与业务流程进行智能化集成，从而促进城市各关键系统的协调和高效运行。

② 宽带泛在的互联。城市中的物体、人与物、人与人都可以通过各种宽带有线和无线网络技术进行全面的互联、互通和互动。这种泛在的网络像智慧城市的"神经系统"一样，增强了城市作为自适应系统的信息获取、实时反馈的智能服务能力。

③ 智能融合的应用。现代城市及其管理是一种开放的复杂系统，新一代的全面感知技术使得城市数据量极大。基于云计算，我们可以通过智能融合技术对这些大数据进行存储、计算和分析，并通过人的"智慧"参与，提升决策支持和应急指挥能力。此外，技术的发展也将推动"云"与"端"的结合，进一步推动从个人通信、个人计算到个人制造的发展，实现智能融合、随时、随地、随需、随意的应用，彰显个人的参与和用户的力量。

④ 以人为本的可持续创新。智慧城市尤其注重以人为本的创新，注重从市民需求出发，并通过公众参与平台、社交媒体、创客空间等平台混合用户的参与，汇聚公众智慧，不断推动用户创新、开放创新、大众创新、协同创新，以人为本实现经济、社会、环境的可持续发展。

8.4.1　发展过程

智慧城市的发展历程可以分为以下 4 个阶段。

第一阶段：信息化城市。20 世纪 80 年代至 90 年代初，城市开始应用计算机、通信和互联网等信息技术，逐步形成了信息化城市。在这一阶段，重点放在基础设施的建设上，包含了信息网络、城市管理信息化系统以及数字化的城市地理信息系统等关键元素。

第二阶段：数字城市。从 20 世纪 90 年代中期到 21 世纪初，城市开始利用数字技术来提高行政管理效率和公共服务质量，形成了数字城市。这一阶段主要是以数字化为主，包括在线政务、电子商务、智能交通等。

第三阶段：智能城市。21世纪初至今，城市开始在数字化基础上，加强智能化应用，发展成为智能城市。这一阶段主要是以智能化为主，包括智慧交通、智慧能源、智慧环保、智慧医疗、智慧旅游等。智能城市通过各种传感器、大数据平台、人工智能等技术手段，实现城市的智能化管理和服务。

第四阶段：智慧生态城市。现在，随着人们对环保的意识不断增强，城市发展正向智慧生态城市的理念转变。智慧生态城市在智慧城市的基础上，利用高科技手段推动城市与自然环境的和谐共生。在这个阶段，主导的主题是可持续发展，包括智慧能源、智慧交通、智慧建筑、智慧农业、智慧水务等各个方面。智慧生态城市通过建立循环经济、低碳经济、绿色经济等模式，实现城市与自然环境的平衡发展。

随着全球大量的人口流入城市，关键的城市基础设施如水电供应和交通系统已经面临巨大的压力。对于城市居民来说，智慧城市的基本需求包括能够找到最便捷的通勤路线，保证稳定的水电供应，以及拥有更安全的街区。现代消费者的需求正在逐渐升级，他们希望在城市接纳大量人口和实现经济增长的同时，自己的生活质量也能得到保障和提升。

当前，我国智慧城市的发展正从第二阶段向第三阶段稳步转变。在这个背景下，构建智慧城市需要做好以下几点。一是进行顶层设计和中长期规划，要求整体上呈现出智能化、集约化、低碳化和绿色化的特点。在资源配置中，市场应发挥决定性作用，同时要加强政府的宏观引导，统筹管理物质资源、信息资源和智力资源，推动新一代信息技术的创新和应用。二是以科技型智慧城市的升级为核心，重要的是充分利用现有资源，适度投入，加快智能化基础设施的建设。三是以管理型智慧城市为中心，需要体制机制创新，建立数据共享机制和平台，以实现大数据的开发和利用，提升城市服务等级。四是在人文层面，智慧城市的建设需要与人文城市建设以及公共文化服务体系的发展相结合，以提升城市建设的品质。这将有利于创建更宜居的生活环境，同时也能推动信息技术和电子商务服务的进步。

8.4.2 发展趋势

(1) 强化顶层设计

现阶段，由于缺乏成熟的模式样本，部分智慧城市发展规划方案的整体思路较为混乱，缺乏发展清晰方向。针对这一问题，必须强化智慧城市顶层设计，坚持以"互联网＋"思维为主导，以新一代信息技术与政府政务应用为支撑，建立一个统一且全面的网络服务平台，能有效地整合市民一卡通系统、智能交通系统、智能政务系统，以及智能医疗系统等政府公共服务。智慧城市的发展战略着眼于满足社会公众的需求，旨在为城市居民提供覆盖医疗、教育、住房、政务处理、旅游等多领域的综合服务；带动关联产业发展，如改善旅游产业推广环境、推动农产品集中交易、优化市场参与机制，打造全新的应用生态环境；建立上下联动的高效组织体系，明确领导组织机构，形成纵横协作模式。

(2) 加大基础设施建设力度

随着科技水平的不断提高，新型城市基础设施的使用功能愈发完善，具备较高的智能化与自动化水平。在这一时代背景下，为切实满足智慧城市发展需求，需要完善城市基础建设，并加大现代信息技术及科技元素的融入，配置新型基础设施取代原有设施，确保所建设智慧城市具有全域、全景、全时的综合感知能力。例如，在城市交通运输与照明等系统中配置若干数量与种类的传感器及摄像头，持续对周边环境进行监测感知，将监测数据上传至综合应用平台，以此构建多维融合的泛在感知体系，将城市感知触角延伸至交通出行等应用场景。构建智能洒水系统，人工智能系统根据所处区域气候条件与空气湿度，自动制定洒水计划，根据空气湿度等因素的变化情况调节水量。

（3）构建立体化产业生态圈

在我国智慧城市的初始发展阶段，主要的运作模式包括 BOT 模式、政府自行投资运营、第三方独立投资建设运营、政府与运营商共同投资等。在这些模式中，参与主体主要为政府部门和社会资本方，而城市居民和相关产业的参与度相对较低，这在一定程度上忽视了城市公共服务供应和社会生态结构的合理布局。因此，在智慧城市的未来发展阶段，我们应致力于构建多维度的产业生态圈。参与方应包括技术服务商、金融服务商、产业联盟以及研究机构等，实施多元协作的构建模式。例如，建设开放型的物联网平台、政企合作平台、医疗合作平台等，形成立体化的产业生态圈。这将使智慧城市的应用场景拓展至城市管理、公共服务、生活环境、医疗教育等多个领域。

（4）建立综合协调机制

为建立高效的综合协调机制，应明确各部门职责内容，统一部门间的战略定位以及决策目标，构建联动机制，协同开展智慧城市规划决策、监管与评估等工作，充分发挥政府监管职能。结合智慧城市发展现状，构建一体化大数据平台或政府政务综合平台，坚持统筹原则，强化平台协作能力，重点打造公共服务超级应用。例如，可选择打造市县乡村四级服务平台，采取树干状平台结构体系，相关部门负责规划及制定标准，将智慧民生生活、智慧生态环境、智慧应用服务与智慧产业发展作为平台构成部分，在平台内导入相关信息资源以形成完整的信息链，向城市居民提供多元化服务。在智慧民生生活模块，为城市居民提供智慧社区健康服务、人才就业服务、中介服务。如在智慧城市运行期间，可以向城市居民提供集约化应用服务，推进跨部门、综合性政务应用部署，并在智慧服务平台中打造交换搜索平台、通信平台与指挥调度平台，进一步强化政府治理能力。

 本章小结

本章主要介绍了云计算、大数据、人工智能、区块链、虚拟现实等新一代信息技术。同时，分别对 Web 3.0、工业 4.0、智慧城市进行了详细介绍。随着信息时代的不断发展，工业 4.0、Web 3.0、智慧城市等相关技术的应用越来越广泛，这些技术的应用使得社会生产力得到了极大的提升，人们的生活质量和工作效率也得到了极大的提高。

首先，Web 3.0 是互联网的新时代，它建立在区块链技术的基础上，通过去中心化的方式实现信息的安全、透明和公正。Web 3.0 的应用，将带来更加开放、自由、可信和人性化的互联网体验，实现信息的真正价值和共享。

然后，工业 4.0 是工业生产的重要变革，它通过网络连接、智能化、自动化等手段，实现工业生产的高效、智能、灵活和可持续发展。工业 4.0 的应用，让工业生产变得更加智能化和高效化，提高了经济效益和社会效益。

最后，智慧城市是将现代信息技术应用于城市管理和服务的一种新型城市形态，它通过"互联网＋"的方式，实现城市管理和服务的智能化、高效化和人性化。智慧城市的应用，将为城市管理和服务带来更加便捷、高效、环保和可持续的解决方案。

习题

1. 请简要说明区块链的概念及其特点。
2. 请简要说明 Web 3.0 是什么，并阐述其与 Web 1.0 和 Web 2.0 有何不同之处。
3. 请阐述人工智能的基本概念，以及其发展历程、技术分类和应用领域。
4. 针对工业 4.0 技术的未来发展前景简要阐述你的看法。
5. 请简要说明智慧城市的概念，以及其与传统城市有哪些不同之处。
6. 请分别阐述 Web 3.0、工业 4.0 和智慧城市有哪些应用场景。

参考文献

[1]　洪柱 . 智慧城市发展现状及未来发展趋势研究［J］. 智能城市，2021，7（13）：36-37.
[2]　金江军 . 智慧城市：大数据、互联网时代的城市治理［M］. 4 版 . 北京：电子工业出版社，2018.
[3]　王岳华，郭大治，达鸿飞 . 读懂 Web 3.0［M］. 北京：中信出版社，2022.
[4]　徐璐，曹三省，毕雯婧，等 . Web 2.0 技术应用及 Web 3.0 发展趋势［J］. 中国传媒科技，2008，05：50-52。
[5]　杜雨，张牧铭 . Web3.0：赋能数字经济新时代［M］. 北京：中译出版社，2022.
[6]　孙巍伟，卓奕君，唐凯 . 面向工业 4.0 的智能制造技术与应用［M］. 北京：化学工业出版社，2022.
[7]　党延辉，葛曙光，甘磊，等 . 工业 4.0 的发展趋势及其对我国制造业发展的影响［J］. 河南科技，2019，667（05）：39-41.
[8]　王辉 . 智慧城市［M］. 2 版 . 北京：清华大学出版社，2012.
[9]　陆川 . 智慧城市："电子信息＋"视角下的总体规划与实践［M］. 成都：电子科技大学出版社，2018.
[10]　赵丹文 . 浅谈元宇宙及其技术基础［J］. 中国传媒科技，2022，12：124-126.
[11]　徐蕾，李莎，宁焕生 . Web 3.0 概念、内涵、技术及发展现状［J］. 工程科学学报，2023，45（05）：774-786.
[12]　毛冲 . Web 3.0 的发展与应用［J］. 中国信息化，2013（8）：449-450.
[13]　陈永伟 . Web 3.0：变革与应对［J］. 东北财经大学学报，2022（06）：27-39.
[14]　焜耀研究院 . 元宇宙基石：Web 3.0 与分布式存储［M］. 北京：电子工业出版社，2022.
[15]　史忠植 . 人工智能［M］. 北京：机械工业出版社，2016.
[16]　朱小燕 . 人工智能 & 知识图谱前沿技术［M］. 北京：电子工业出版社，2020.
[17]　黎连业，王安，李龙 . 云计算基础与实用技术［M］. 北京：清华大学出版社，2013.
[18]　杨正洪 . 智慧城市［M］. 北京：清华大学出版社，2014.
[19]　王喜文 . 工业 4.0［M］. 北京：电子工业出版社，2015.
[20]　陈宗智 . 工业 4.0 落地之道［M］. 北京：人民邮电出版社，2015.

第 9 章
医疗大数据

 本章导读

随着信息时代的不断发展，海量的数据被产生出来。在人们的日常生活中，方方面面都可能产生数据，这些数据反映了社会规律和自然规律，被认为是一笔重要的战略资源，与自然资源等可以相提并论。与此同时，随着信息技术与 IT 科技飞速发展，实现物物相连的物联网和使 IT 资源按需分配的云计算等技术革新使得卫生信息化日新月异，卫生信息平台、业务系统、数字化医疗仪器与设备在医疗卫生机构迅速普及开来，与之同时则产生了大量的医疗信息资源，这些珍贵的医疗信息资源使我们步入了医疗大数据时代，而如何利用这些海量的信息资源更好地为医疗卫生行业的管理、诊疗、科研和教学服务，已经越来越为人们所关注。从前，人们只能看着这些宝贵的数据白白丢失；现在，这些数据有望被运用到智慧医疗方面，即让患者就医更方便、疾病诊断更加高效，以及医疗信息更加准确。医疗健康大数据的增长速度快、运用范围广、贡献价值大，是国家重要的基础性战略资源，医疗健康大数据的应用发展将推动健康医疗模式的革命性变化，有利于控制医疗成本、扩大资源供给，提高医疗服务的运行效率和质量，带来更好的医疗健康服务，促进医疗健康行业的发展。

 学习目标

本章首先介绍医疗大数据所面临的问题与挑战，然后介绍医疗大数据的基本概念及发展历程，并对电子健康档案和智慧居家护理及远程医疗两个方面进行应用原理介绍和案例分析，最后介绍医疗大数据的未来趋势。

9.1 问题与挑战

人类对医疗服务的需求是伴随着全球经济的增长而增长的。在 2013 年发布的全球卫生报告中，国际权威医学委员会 the Lancet Commissions 对世界银行（the World Bank）提供的人口统计开放数据进行二次深度分析，总结出在过去 20 多年里（详见图 9.1），全球低收入人群数量由 1990 年的 31 亿（占全球人口 57.8%），锐减到 2011 年的 8.2 亿（仅占全球人口 11.7%）。与此相比，中高及中低收入人群的总量从 1990 年的 14.1 亿上升到 2011 年的 50 亿，共占全球总人口的 72%（the Lancet Commissions，2013）。全球物质水平与人均经济收入的不断提升使更多人接受更高水平的医疗服务成为可能，人们对"健康"这种生活与生命状态的渴求开始变得越来越强烈，"健康是 1，财富是 0"的观点也越来越受到社会各界的认可（例如健康为数字"1"，人生的各种要素包括事业、家庭、地位、钱财都是"0"，有了"1"，后面的"0"越多，就越富有，但如果失去了"1"，一切都将变得没有意义），人们已经形成一种共识：高品质的生活、愉快的工作都离不开健康的体魄。

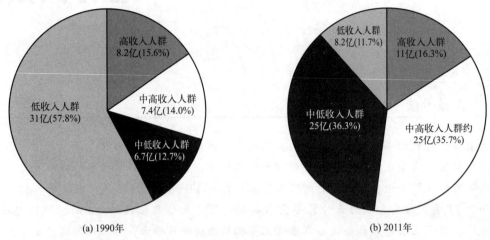

图 9.1　1990、2011 年全球人口从低收入到高收入的转变

虽然健康是人们共同追求的目标，但生老病死却是人类无法抗拒的自然规律，人的一生中总会在不同阶段受到疾病的困扰。为应对这种困扰，在过去几千年，人类一直对疾病的预防、治疗及护理进行不断探索与技术的突破。并且，医疗服务的发展目标也随着人类社会的日益进步而发生了迁移，医疗不再单单是维持个人生存的手段，而是进阶到保障人类生命体验能够在更长的时间内处于一个较高的水平之上。这种目标迁移给予医疗行业更大的发展空间。因此，在现代，医疗行业在全球任何国家都是关系到国计民生且能够影响社会和谐稳定的重要产业。

其中，费用成本升高、制度失效、资源分布不平衡、人口老龄化正成为制约全球现代医疗业发展的一系列挑战，也是各国政府在不断探索、努力寻求改善方法的世界性医疗难题，例如，①医疗费用及制度方面，现代医疗系统的高科技性与复杂性决定了其高昂的成本与费用，从而造成了日益明显的供需矛盾关系。②医疗资源分布不平衡，由于医疗资源分布不平衡，生活在资源短缺区域的人民将加倍感受到看病难的现象。同时，资源短缺也会严重影响医疗服务质量。③人口老龄化，不发达地区遭受由于资源严重短缺而导致的医疗问题时，相对富裕的发达及发展中国家则正在面对由于人口急剧老龄化而引起的另一种医疗挑战。

9.2　基本概念与发展历程

9.2.1　基本概念

智慧医疗（smart healthcare）运用射频识别、无线传感器、远程监视器、物联网、可穿戴式医疗装置、云计算、大数据等一系列新型技术，实现患者与医务人员、医疗机构、医疗设备之间的实时及远程互动，为医疗数据跨医院及跨城市的大范围收集、储存、分析及共享提供了全新的解决方案。更具体地说，智慧医疗通过安装在患者家居内的各式传感器或直接佩戴在病患身上的医疗装置等电子设备，对病人的身体状况进行实时监控与数据收集，并通过无线物联网，把病患数据同步传输到云数据系统。病患也可以在家采用家庭血压仪、脉搏测量器、体温计、尿液试纸等检验工具进行自我测试，并把测试结果作为额外数据通过网络提交到云系统中。所有这些远程数据都可以与医疗机构内部系统的本地数据（如，电子健康档案）进行整合，并通过医疗大数据功能进行实时、深度的分析，为医务人员在诊断、监护、治疗及开药等环节提供更具智慧的支持，并通过智能手机等电子终端设备为病人提供更个性化的医疗护理及服务。

9.2.2 发展历程

信息技术在医学中的最早应用始于 1950 年代，经历了几十年的发展，已成为一门独立的学科，即医疗信息学（又称医学信息学或卫生信息学）。医疗信息学是一个集结了信息科学、计算机科学、社会学、医学、卫生保健学和行为科学等学科的交叉学科，专注于运用信息技术使医疗信息的获取、存储、检索和利用等过程得到优化。美国科学家 Robert S. Ledley 被全球誉为医疗信息学的先驱者。Ledley 于 1959 年在国际权威杂志 *Science* 上发表的关于如何运用电脑技术辅助医疗诊断过程的论文，为医疗信息学的日后发展奠定了基础。1973 年，Ledley 负责研发了全球第一台能对人体全身内脏与结构进行检查的电脑断层成像扫描器（computerized tomography，CT），此技术问世后被全球广泛沿用至今。除了 CT 扫描仪这种直接应用于临床医疗诊断的技术外，信息技术已经深入现代医疗的每一个角落，例如：

① 对病人诊疗信息和行政管理信息进行收集、存储、处理及提取的医院信息系统（hospital information system，HIS）。

② 支持实验室医学人员对病人进行各种化学与生物学检查（如验血、验尿）的实验室信息系统（laboratory information system，LIS）。

③ 对各种医学图像（如 B 超扫描图像、彩色多普勒超声图像、核磁共振图像，X 线透视图像、各种电子内窥镜图像、显微镜下病理切片图像）进行存储、传输、检索、显示及打印的图像存储与传输系统（picture archiving and communication system，PACS）。

9.3 具体案例分析

9.3.1 电子健康档案

据澳大利亚卫生及老龄部官方统计数据，每名澳大利亚人每年平均与各种医疗服务机构有 22 次接触，其中包括访问诊所里的全科医生、访问不同医院的专科医生及开药等。按照澳大利亚在 2012 年拥有 22.68 百万总人口计算，澳大利亚人平均每年与医疗服务机构接触 5 亿次（每人 22 次乘以 22.68 百万人），每年生成近 5 亿份与医疗相关的新记录。在以往，这些数量庞大的医疗记录都通过纸张形式被单独分散记载，不但容易丢失，也难于保存，医务人员对病人的病史也很难进行全面的查找及了解。每次面对新的医生，病人总要凭着记忆重新复述过往的医治过程，不仅浪费医疗人员、行政人员及病人的大量时间，也容易出现人为错误。据统计，澳大利亚以往有 8% 的医疗失误直接源于对病人信息的不完整记录，每年造成 6.6 亿澳元的额外医疗行政开支。

显然，这些由不完整病患记录所引发的医疗问题不仅出现在澳大利亚，在全球范围内都普遍存在。通过建立全国统一的电子健康档案（electronic health record，EHR），并以此代替传统的手工记录方式，是全球各国普遍认可的解决这一系列问题的最佳方法，也是智慧医疗的核心组成部分之一。

（1）应用原理

电子健康档案是电子化的个人健康及医疗记录。它是一种存储于计算机系统之中，以居民个人健康为核心，贯穿从出生到死亡的整个生命过程，供居民终身使用且具有高度安全保密性能的个人健康档案。电子健康档案中记录的信息在不同国家有不同的具体要求，主要包括个人基本资料、主要疾病和健康问题、医疗诊断记录、医学图像、卫生医疗机构报告等，如图 9.2 所示。

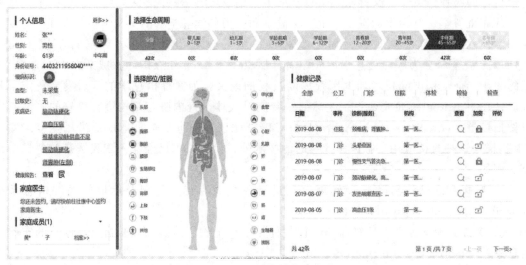

图 9.2　电子健康档案示范图

电子健康档案容易与另一相似概念产生混淆，即电子医疗档案（electronic medical record，EMR）。加拿大审计办公室强调，电子医疗档案 EMR 是指病人在某次治疗期间，被某一医院医师在该医院信息系统中建立，并仅被该医院医务人员使用的电子记录。与此相比，电子健康档案 EHR 并非专供某一医疗机构使用的系统，它的信息来源非常广泛，包括了在个人的一生中所有为其提供服务的医疗卫生机构，一方录入，多方使用，实现医疗机构、个人及卫生管理部门之间的信息共享。因此，EHR 电子健康档案的包含范围要远远大于 EMR 电子医疗档案，EMR 可以作为一个子记录被收入 EHR 档案中，两者在本质上有非常重要的区别。

明显地，需要覆盖全国所有居民的健康记录，系统所储存的数据量将非常庞大。因此，电子健康档案都需要被储存在以云技术建立的数据中心，而非某一医疗机构或政府部门的内部数据库。云技术提供的另一优点是医疗机构不需要购置任何额外的软硬件设施，医务人员在任何时候、任何地点都可以运用电子计算机、笔记本计算机、平板电脑及智能手机等设备通过网络对电子健康档案内的数据进行录入、查找及存取。同时，居民也可以随时随地通过网络身份安全认证查阅自己及家人的电子健康档案并与主治医生联系，从而可以更完整地了解自己不同人生阶段的健康状况和利用医疗卫生服务的情况，并增强自我预防保健意识。

一套完善的电子健康档案系统也会具备高端的大数据分析功能。电子健康档案系统可对持续积累的海量居民医疗卫生数据做多角度的深入分析，从而让卫生服务机构与部门更系统地掌握服务区域内的居民健康状况、医疗费用负担以及卫生服务工作的质量和效果，也能及时发现区域内可能存在的重要传染病或健康问题、筛选高危人群并实施有针对性的防治措施，为区域内的卫生规划、政策制定以及突发公共卫生事件的应急指挥提供科学决策依据。

由于电子健康档案系统记录数据量庞大，且涉及全国每一个医疗卫生机构、每一个医务人员与行政人员及每一个居民，因此在实际推广及应用过程中往往困难重重且进展缓慢。在美国，尽管电子健康档案的概念早在 30 年前已出现，但医务人员对使用此系统的热情一直不高。经过美国政府的多番努力，使用电子健康档案的医务人员数目才在近年开始有所提升，从 2006 年不足 10% 发展到 2009 年的 46%，再到 2012 年的 69%。即便如此，大多数已经使用电子健康档案的美国医务人员往往只在系统中进行简单的数据存取操作，在 2012 年仅有 27% 的医务人员有运用电子档案中的复合功能（例如，对病人过往病史、医疗记录及过敏药物等进行查询）并用所得信息来辅助诊断治疗。也就意味着，电子健康档案的实际功能，在美国还没有得到真正的开发与利用。在英国，由该国卫生部于 2002—2011 年在英格兰投资 124 亿英镑启动的电子健康档案项目，更是震惊国际的失败案例，被英国国会政府账目委员会（Public Accounts Committee，PAC）称为"史上最惨痛、最昂贵"的 IT 失败教训。

本书下一节将对英国电子健康档案的失败案例做详细探讨，并与加拿大及丹麦的成功经验进行比较。

（2）案例分析

案例一：英国电子健康档案

NHS National Programme for IT（NPHT）是英国卫生部于 2002 年启动的电子健康档案项目，旨在为英国民众建立一个统一的电子档案系统，取代原有系统。该项目涵盖了超过 240 间医院、8000 间诊所、10 万名医生和 38 万名护士，一度被誉为全球规模最大、功能最全面的电子健康档案项目。然而，经历了长达 9 年的建设和投资约 120 亿英镑后，该项目于 2011 年以失败告终。导致 NPHT 失败的原因可以总结为以下六点。

① 项目的主管部门及人员频繁变动。这种组织架构的调整和领导层与基层人员的大规模调动必然在机构内部引发动荡，对员工的工作状态和情绪产生持续的负面影响。在这种混乱的环境下，管理团队难以保持清晰的思维，从而无法为项目的长远发展进行合适的战略分析和部署，为项目的最终失败埋下了隐患。

此外，电子健康档案系统在处理病人隐私和数据安全方面的不足，也引发了公众对个人信息泄露的担忧，这些因素限制了电子健康档案系统的推广和应用。

② IT 系统供应商的变更也是导致 NPHT 项目失败的重要原因之一。NPHT 项目划分为五个地区子项目，其中电子健康档案（EHR）数据方面的问题加剧了挑战。这些问题包括对用户需求分析不足、未解决病患隐私保护问题，以及对医疗人员的新 EHR 系统培训不足。医疗人员在一线工作时面临系统不兼容和高难度使用的额外负担，降低了项目的接受度和成功率。由于风险评估错误且项目计划过于紧凑，当供应商意外退出这样的情况出现时，团队没有足够的能力进行危机处理，导致 NPHT 项目的进展受到严重阻碍。

③ 数据安全隐患。在电子健康档案内存储的个人卫生医疗数据，涉及高度敏感和私密的信息。然而，当这些数据实现了跨城市和跨机构的全国共享时，数据泄露的风险也显著增加。因此，如何确保数据的安全性和隐私性成为项目负责团队必须谨慎考虑的重要问题。

NPHT 项目的管理团队未能及时制订可行的方案来保护电子档案数据的安全性和隐私性。此外，数据质量和一致性问题也存在。例如，由于缺乏标准化的数据录入流程，不同医院或诊所录入的数据可能存在格式不一致、缺乏可比性的问题。此外，数据的迁移和集成过程中，可能出现数据丢失或错误，进而影响临床决策和患者护理质量，需要得到高度重视并采取有效措施加以解决。

④ 数据缺失及操作失误。伦敦的某医院急诊部门的医务人员由于对新系统不熟悉，工作效率受到严重影响，无法在规定的 4 小时内为每位患者建立电子健康档案系统。新系统的功能也需要进一步调试，丢失的数据需要逐步纠正。因此，系统的任何失误都可能严重影响患者的治疗效率，甚至可能导致不可挽回的医疗事故。电子健康档案系统的数据问题还包括不当的数据管理和错误的用户操作。例如，缺少适当的用户权限管理可能导致敏感数据被非授权人员访问；系统未提供足够的错误检测和数据验证机制，可能导致不准确或遗漏的患者信息记录。这些问题不仅仅是技术问题，它们还可能带来法律以及道德问题，尤其在发生数据泄露或医疗事故时。因此，要求综合考虑技术、操作以及合规性要求，确保系统的安全性和可靠性。

⑤ 医务人员的抵触。基于以上问题，英格兰的医务人员对 NPHT 系统的信任度和信心逐渐减弱。此外，在运用新系统时，许多医务人员感到自身并未得到足够的支援和协助，他们的意见也未能得到项目负责团队充分的认可。此外，由于数据质量问题，医务人员可能对系统提供的信息的准确性持怀疑态度。例如，如果电子健康档案系统中的病历不完整或存在错误，医务人员在进行诊断和治疗决策时可能会面临风险。因此，为了提高系统的可用性和减少医务人员的抵触情绪，对电子健康档案系统的设计和实施需要进行深入的审查和改进，以确保数据质量和易用性。

⑥ 项目内容、预算及时间的持续变更。随着管理团队以及 IT 系统供应商的反复更替，NPHT 项目的具体技术内容也多次经历修改。项目的预算和时间也从耗资 23 亿英镑的 3 年时间，扩大至耗资 124 亿英镑和 10 年的周期。为了避免进一步的损失，英国政府在 2011 年终止了该项目。尽管之前已经完成的地区子系统继续运行，但在短期内很难实现建立一个全国统一的电子健康档案系统的目标。在电子健康档案方面，数据的整合性和可用性问题导致医疗机构难以实现流畅的信息共享和高效的数据处理。此外，缺乏足够的数据清洗和验证机制导致了数据污染，这不仅妨碍了医疗决策的准确性，也可能增加了患者的健康风险。这些电子健康档案数据方面的问题，如果没有得到妥善处理，可能会阻碍整个卫生信息系统的成功实施。

显然，以上所述的六大问题并不是独立存在的，而是错综复杂地交织在一起，各问题的负面效应相互加剧，形成了一个恶性循环。这种情况在信息系统的实施应用过程中十分常见。随着项目规模和影响力的逐渐扩大，涉及的制度条款也越广泛，参与的部门和人员亦越多，相关的人为因素和问题也变得越加复杂。

事实上，仅仅在一家数万人规模的大型企业中建立并推行一个统一的信息系统，已经是一项极具难度和风险的任务。而要在数千家医疗机构、数十万甚至数百万医务人员使用的电子健康档案系统，就更是一项异常艰巨且复杂的挑战。解决这样大规模 IT 项目中的各种人为因素和障碍，负责团队不能仅仅依赖技术，而是需要从 IT 战略、项目规划、制度改革、工作流程调整、人员培训和心理健康建设等非技术角度入手。

案例二：加拿大电子健康档案

加拿大的医疗系统每年都生成数以亿计的医疗卫生新记录，而这些数量庞大的记录以往都通过手工方式记载，并储存在近 1000 间医院的各个医生办公室及部门之中。为了让医疗数据得到更好的共享及利用，从而提高医疗系统效率并改善医疗服务质量，加拿大卫生部于 2001 年启动全国性的电子健康档案项目。加拿大卫生部特别在 2001 年成立了名为 Canada Health Infoway（简称 Infoway）的非营利性机构，为联邦政府代理运营 16 亿加元（后来增加至 21 亿加元）的医疗信息化基金拨款，其中 12 亿加元专门用于建设电子健康档案，并以此作为未来发展远程智慧医疗的基础。

通过与医疗专家、软件供应商以及各个省份与地区的代表进行多方面咨询，Infoway 设计了一套全国统一的电子健康档案蓝图，对项目实施标准、系统功能及数据安全性等各个方面做出严格规定与指导。各省份与地区政府需要按照规定的蓝图，结合自身特色与医疗状况，设计既符合全国标准又符合地区需要的电子健康系统方案，并向 Infoway 提交项目经费申请。对于成功通过审核的地区项目方案，Infoway 会提供 75％的所需资金，余下 25％的资金及项目的运营及维护费用则需要地区政府承担。同时，作为方案的实施者，各个地区政府需要制订项目计划并按照计划进行项目管理，也需要负责对辖下医疗机构内的医生、护士及其他相关工作人员进行电子健康档案的宣传、讲解与培训。此外 Infoway 也会参与到每个地区项目的规划当中，并对地区项目的进展及成果进行监督。由 Infoway 提供的 75％项目资金也不是一次性发放，在项目初期，地区政府只能拿到经费的 20％，当项目初步成果（例如，按照规定蓝图完成系统的详细设计）顺利获得审批后，地区政府才能获得剩余的经费。Infoway 认为，地区分权化模式能最大限度地调动地区的资源及人员的积极性，从而降低地区人员的抵触心理，达到事半功倍的效果。同时，通过制定电子健康档案蓝图，全国各地区的电子健康系统都能按照相同的技术标准被建立，便于日后把各个地区子系统整合为一个统一的全国性电子健康档案平台。

虽然加拿大的电子健康档案项目在资金投入和管理模式上进行了精心的规划，但技术和数据方面的具体挑战仍是项目实施的重要部分。为确保系统的互操作性，必须对医院和诊所使用的不同软件和平台之间的兼容性进行技术调整。此外，数据的标准化处理、确保数据质量和完整性，以及实现数据的安全性和隐私保护，都是建立电子健康档案系统时需要解决的关键技术问题。加拿大的电子健康档案项目还包括了数据分析和利用能力的提升，以便更好地支持临床决策和提高公共健康管理的效率。通过这些技术进步，加拿大的医疗卫生系统希望能够更有效地处理和利用庞大的医疗数据，最终实现提升医疗服务质量和效率的目标。

案例三：丹麦电子健康档案

在电子健康档案的应用领域，丹麦是全球公认最成功、最成熟的国家之一。该国的电子健康档案系统建设常常被誉为最值得其他国家参考的案例。

丹麦的全国性电子健康档案项目早在 1996 年就已经提出并启动，并在随后的十几年得到逐步升级与完善。经过多番努力，各种原本被独立应用于不同医疗机构的 EMR 系统被逐渐整合到一个全国统一的平台上，并由私人软件公司 MedCom 负责运营。自此，电子健康档案被丹麦医务人员作为一个智慧工具广泛使用，且其应用程度远高于欧洲其他国家，如图 9.3 所示。无论是医生还是护士，超过 98% 的丹麦医疗人员已习惯于通过智能手机、平板电脑等无线设备查阅各个病人的健康状况、病史、医疗检查图像及以往用药记录，并通过系统对病人资料跨医院、跨地区共享。如果医生开出了可能引起病人不适或过敏的药物，系统会进行自动检测、分析并给予智能提醒，实现物理技术与医疗人员之间的智慧互动。

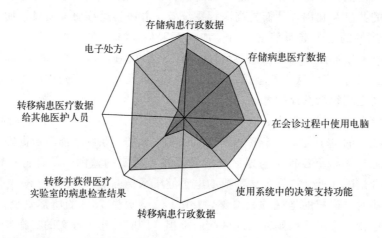

注：距离中心点越远应用程度越高

图 9.3 医疗人员对电子健康档案的应用

在发展电子健康档案方面，丹麦拥有其独特优势。首先，丹麦的人口规模较小，项目推广普及难度要低于其他人口大国。此外，丹麦政府采取循序渐进、稳步推进的方式，让电子健康档案系统得以逐步建立和完善。早在 1977 年，丹麦就已经建立了全国性的电子化病患注册系统（danish national registry of patients，DNRP）。尽管当时的 DNRP 系统仅仅用来对全国居民的就医及住院时间等行政信息进行记录，但为丹麦日后电子健康档案系统的发展打下了重要基础。到了 20 世纪 90 年代，随着信息技术的发展，丹麦开始在各个地区建立更先进的信息通信基础设施，并扩充了卫生医疗记录的内容。1996—2007 年，丹麦政府逐步整合了原有的 DNRP 系统和地方的信息通信基础架构与 EMR 系统，形成了全面、完善的全国性电子健康档案系统，医务人员和公众能方便地查阅和互动。

对大量文献及报告进行分析后发现，丹麦政府在技术创新和数据管理方面投入深厚，建立了健全的信息通信基础设施，并采用了国家统一的技术标准和数据格式以保证系统间的互操作性。此外，丹麦政府还制定了清晰的数据管理策略，包括数据采集、存储、更新和保护等，以确保数据的准确性、完整性和时效性，并有效保护了患者隐私。在电子健康档案系统的各个发展阶段，丹麦政府都给予足够时间让医务人员和公众对系统的新功能进行了解和适应。这种方法虽然延长了系统建设和实施时间，但极大地降低了使用者对新系统的抵触心理，确保了项目成功。

9.3.2 智慧居家护理及远程医疗

本小节将围绕智慧居家护理及远程医疗的概念、应用原理以及我国在这一领域的发展成就进行深入介绍与探讨。

随着科技的发展以及"互联网＋医疗健康"的推动，智慧居家护理和远程医疗技术已经越来越多地出现在我们的日常生活中，为老年人、残障人士、慢性病患者以及居住在偏远地区的人群提供全新的医疗护理服务模式。这不仅提升了医疗服务的效率和质量，还有助于减轻因人口老龄化等社会问题给医疗系统带来的负担。

（1）应用原理

在国际英文文献中，远程护理（Telecare）、远程医疗（Telehealth）及远程医学（Telemedicine）在应用范围、目的、技术上有着本质区别，但在实际操作中三个概念互相牵连并可以结合使用。这三个概念常被错误地统称为"远程医疗"，从而更让民众甚至医学专家感到困惑。

远程护理，又称为智慧居家护理。其是一种专为老人（特别是高龄老人等）、残疾人及有特殊社会护理需求的人群而设计的远程服务，让他们能够更独立地生活，减少对旁人的依赖，在有需要时又能获得适当的专业协助。远程护理注重对使用者的看护及照顾，而非医学治疗。受到通信条件的限制，1960—1980 年应用的第一代远程护理服务非常简单，其主要功能是让使用者在遇到特殊情况时，按下安装在室内的固定按钮，通过电话线接驳向社区附近的护理人员发出紧急求助信号（即平安钟）。1990—2000 年，随着网络、计算机及无线传感器等信息技术的发展，第二代远程护理系统的功能也变得越来越强大并可实现自动化。例如，在室内安装无线传感器，系统能对老人进行 24 小时全天候监护，如果传感器探测到任何问题（例如，老人在房间内不慎摔倒），系统会自动向后台护理中心发送求救信号。2010 年代以来，随着物联网、大数据及云技术的兴起，第三代远程护理系统（也称为环境辅助智慧系统）具备更智慧化的功能。例如，第三代系统可以根据被看护者的生活需求而被灵活调配（如提醒用户用药时间，自动播放选定的音乐或电视节目），并在遇到特殊情况时自动分析被看护者的年龄、身体条件及健康状况，从而选择最佳的处理方法（如联系后台护理人员、联系被看护者家属或直接呼叫急救中心）。随着物联网、大数据和云计算技术的发展，智慧居家护理系统已经发展到可以实时收集和分析用户的健康数据，根据用户的具体需求智能调配资源。在我国，智慧居家护理技术的应用非常广泛，尤其是针对老年人和残疾人群。例如，利用物联网技术，居家环境中安装的各种传感器可以实时监测被护理者的活动情况，如行走、睡眠等，并在发现异常情况时及时通知护理人员或家属。智能穿戴设备能够监测健康指标如心率、血压等，这些数据通过云端平台进行分析和存储，保障了医护人员能实时了解患者的健康状况。

远程医疗是在 2000 年前后，伴随着第二代远程护理系统出现的新技术。通常是利用电信技术和电子信息提供支持远程的健康相关服务、临床信息传输、健康教育和系统管理等。它的范围比较广泛，不仅包含了临床医疗服务，还可能包括预防医学和健康教育等非临床服务。例如，通过电子健康档案系统进行患者信息的远程咨询、管理和监控，以及通过远程医疗平台提供的健康咨询和健康管理服务。与远程护理不同，远程医疗专注于对老人、慢性病患者（包括心脏病、中风、癌症、慢性呼吸系统疾病和糖尿病等）及出院者的身体状况进行持续监测及诊断，注重疾病治疗及康复而非单纯的护理，如图 9.4 所示。具体而言，病患能利用家庭健康测量装置对自己的体温、血压、血糖、心跳等多种生命体征数据进行测试，并基于检测结果对起居及饮食习惯进行自我调节。病患也能通过网络或电话把检测结果远程传递给医疗机构内的工作人员。医生定期查阅病患传送的检测数据，从而对他们的健康状况进行远程监控，并通过音频或视频等方式向病患提供医疗诊断建议。结合大数据智能分析功能，系统能对病患传送的数据自动分析，并与患者的病史及过往医疗记录（甚至电子健康档案的资料）相比较，一旦发现异常，会对病人及其负责医生及时提醒。以往病患必须到达医院才可以进行各种常规身体测试并获得医疗建议，对于慢性病的患者，这种传统方式不但浪费大量的时间，也加重了医疗系统的负担及医务人员的工作量。

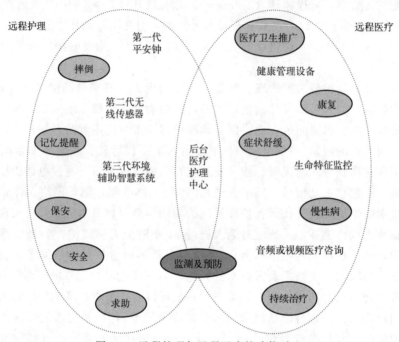

图 9.4　远程护理与远程医疗的功能对比

远程医疗技术的应用，不但减少了医疗成本与时间，也提升了服务效率，能有效缓解由于医患供需矛盾而形成的压力。在我国，远程医疗已被应用于边远地区和资源匮乏的医疗机构，提高了医疗服务的覆盖面和效率。此外，我国的远程医疗不仅限于诊疗服务，还涵盖了医疗影像的远程解读、医疗数据的远程分析等方面。

远程医学的应用范围要比远程医疗狭小，但针对性更强。远程医学能够帮助医生在不与患者面对面的情况下，通过网络或其他电子方式，为患者提供医学建议、进行病情评估、监控病情变化或指导治疗。在某些情况下，远程医学还包括远程手术，即医生在一个地方通过特殊的设备和系统指导另一个地方的手术，或使用机器人远程进行手术操作。但是，通过远程形式对症状严重且病况不稳定的病人实施治疗，会增加误诊的可能。因此，远程医学的实施难度比远程护理及远程医疗更高，且负责治疗的专家需要具备丰富的临床经验。在环境、设施许可的情况下，医疗团队可在治疗完成后对重症病患提供家庭医院服务，利用比远程护理及远程医疗更精密的医疗设备，向病人提供达到医院监护病房水平的居家护理。总的来说，远程护理、远程医疗及远程医学是针对不同健康状况的人群而设计的，如图 9.5 所示。

随着技术的发展，我国的智慧居家护理和远程医疗系统正变得更加智能和个性化。例如，使用大数据分析，系统不仅能够处理急性症状，还能对慢性疾病进行长期管理，提前预

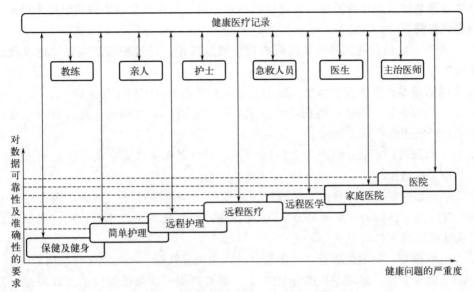

图 9.5　健康问题严重度及对应的医疗手段

警可能的健康风险。这一点在慢性病管理方面表现尤为突出，通过对病人长期健康数据的收集与分析，可以帮助医生制订更为精准的治疗计划。

　　我国目前已通过 5G 网络技术提高数据传输的速度和稳定性，使远程医疗服务更加快速和可靠。此外，人工智能技术的引入使远程医疗服务更加精准，例如，人工智能系统可以帮助医生进行影像诊断，提供治疗建议，甚至在某些情况下，可以直接为患者提供初步的医疗咨询。总的来说，我国在智慧居家护理和远程医疗这一领域已经取得了显著的进步和成就，并且在持续地创新和改进中。这些技术的应用极大地提高了我国医疗服务的普及率和效率，对于推动健康中国战略的实现具有重要意义。

　　（2）案例分析

　　案例一：英国的完全系统演示计划

　　英国虽在电子健康档案建设方面遇到挑战，但在远程医疗护理技术的应用上取得了显著成就。作为典型的西欧国家，英国在远程医疗服务领域的发展，特别是在心脏病、糖尿病和慢性肺病等慢性病的远程治疗方面，为我们提供了宝贵的经验。与众多发达国家一样，英格兰远程护理技术的使用者普遍专注于以平安钟为代表的第一代服务，使用第二代远程护理系统的人数在 2010 年仅有 30 万，占总用户数的 18%。另外，在远程医疗方面，尽管有 1/3 的英格兰医疗机构已经开始提供此类服务，但真正应用此技术对心脏病、糖尿病及慢性肺病等顽疾进行远距离治疗的病患在 2010 年仅有 5000 人。为了对新生代远程护理及远程医疗技术的实际作用进行更科学、客观的分析与评估，从而让远程技术在全国范围内得到更好的推广与普及，并以此应对日益严重的人口老龄化问题，英国卫生部于 2008 年启动了由政府资助的远程医护示范计划，称为完全系统演示（whole system demonstrator，WSD）计划。

　　WSD 计划包括远程护理和远程医疗两个部分，WSD 团队按照参与者的不同病况与护理需求，在他们家中免费安置各种基础硬件设备，具体如下：

　　① 远程护理设备。

　　a. 远程居家护理总装置：连接室内各种无线传感器/探测器，当传感器检测到异常状况时，会通过该装置向护理传呼中心发送求救信息，该装置在日常也能被病患用来设定（如用药时间等）提醒。

b. 平安钟：病患在遇到特殊状况时能按下紧急按钮，通过护理总装置，把求救信号发送到护理传呼中心。

c. 跌倒感应器：无线检测病患（特别是老人）是否有在室内不慎跌倒。

d. 癫痫病探测器：安装在癫痫病患者床上的感应器，能检测病人是否有癫痫发作，并对其心率与呼吸迹象进行监测。

e. 遗尿探测器：安装在病患床上的感应器，能探测床垫湿度，从而监测病人（例如痴呆老人）是否有遗尿。

f. 极端室温感应器：对室内温度进行持续监控，当温度过冷（例如，病人在严冬忘记开暖气）或过热（例如，发生火警而导致室温升高），系统将采取相应行动（例如，自动开启暖气或呼叫护理中心）。

g. 煤气感应器：探测是否有煤气泄漏，并在出现异状时自动关闭煤气总闸。

h. GPS随身装置：佩戴在病患身上的GPS装置，能对病患位置做全天候跟踪，并装有紧急求救按钮。

② 远程医疗设备。

a. 远程医疗显示器：系统总装置，与各种身体测量器通过蓝牙技术连接，能储存由测量器生成的体温、血压、血糖及心跳等多种生命特征数据，并将数据传递给护理中心人员；该装置也能根据每个病患的实际状况及疾病严重程度而被灵活调置，从而为慢性病人显示更合适的测量结果及医疗指导。

b. 血压测量器：通过接触病患手臂来测量血压，并将测量结果通过蓝牙技术，无线传递给显示器。

c. 血糖测量器：检测血糖浓度，对糖尿病患者特别适用。

d. 脉搏血氧计：测量或连续监测动脉血液中的氧饱和度，以确保血液中存在足够的氧，对慢性肺病患者特别适用。

e. 肺活量测试计：测量肺活量，对慢性肺病患者特别适用。

WSD团队共用了17个月时间进行病患招募以及硬件设备的安装，然后提供连续12个月的医护服务并观察服务效果。接下来的效果评估是WSD计划最重要的环节，因为评估的结果将对新生代远程医护技术在英国甚至全球的推广都有着重要指导意义。为此，WSD团队特别组织并邀请了伦敦城市大学、牛津大学、曼彻斯特大学、纳菲尔德信托机构、伦敦帝国学院及伦敦经济学院等六所科研机构的专家负责评估的实施。其中，评估报告显示，远程医疗技术的应用能有效降低慢性病患死亡率45%、减少15%的急诊次数、减少14%的医院看病次数以及住院天数、减少20%的紧急呼救次数，从而降低8%的医疗费用。

案例二：中国的智慧居家护理和远程医疗

根据国家发展和改革委员会、国家卫生健康委员会等多个部门的指导和支持，我国在智慧居家护理和远程医疗方面已在多个省市实施，并取得了积极成效。

① 浙江省远程医疗服务网络：作为远程医疗服务的先行者，浙江省建立了一套覆盖省市县三级的远程医疗服务网络。通过这个平台，基层医疗机构可以及时与高级别医院的专家进行远程会诊，极大地提高了基层医疗服务的质量和效率。同时，该系统还支持远程教育和

培训，提升基层医生的专业水平。

② 智慧健康养老服务试点城市：国务院确定了一批城市作为智慧健康养老应用试点。在这些试点城市中，政府推动了智能健康监测设备的普及，如智能手环、健康监测床垫等，对得到的大数据进行分析并提供健康管理和预警服务。这些服务让老年人能够在家中得到及时有效的健康关怀，同时减轻了家庭和社会的护理压力。

③ 西藏跨区域远程医疗协作：鉴于西藏地区交通不便、医疗资源分布不均的特点，当地政府与国内多家大型医院合作，建立了跨区域远程医疗服务网络。这不仅为当地居民提供了更专业的医疗服务，而且通过远程教育提高了当地医务人员的技能水平。

④ 互联网医院的兴起：近年来，我国出现了多家互联网医院。这些平台提供在线咨询、电子处方和健康管理等服务，病人可以通过手机或电脑与医生实现远程沟通，避免了不必要的外出，这种服务模式显示出强大的生命力和广阔的发展前景。

通过上述案例，我们可以看到我国在智慧居家护理和远程医疗领域的应用已经取得了显著的成效，这些技术的深入应用与推广不仅响应了国家健康中国的战略目标，而且实质性地提高了我国公民的健康水平和生活质量。随着技术的不断进步和创新，未来的智慧健康养老和远程医疗将更加普及和高效。

9.4　未来趋势

未来，远程医护技术将继续在全球范围内得到广泛应用和推广。从技术角度看，远程医护系统的发展正在向更高效和智能化的方向演进。

在技术创新方面，未来的远程医疗将更加注重人工智能、机器学习以及大数据分析的应用。这些技术的融合使得远程医疗系统能够提供更为精准的疾病预测、诊断及治疗方案。例如，利用深度学习算法对医疗影像分析，可以帮助医生迅速识别和诊断疾病，提高诊断的准确性和效率。

在医疗设备方面，未来的远程医疗设备会更加便携和用户友好。穿戴式设备、移动健康监测设备将被更广泛地应用于居家护理和慢性病管理中。这些设备能够实时收集用户的健康数据，并通过无线网络发送到医疗机构或云平台进行分析处理。

在服务模式方面，远程医疗将逐步从单一的远程诊断治疗服务，向全面的健康管理服务转变。未来的远程医疗服务将整合临床医疗、健康教育、生活指导等多方面内容，形成一个全面的健康管理生态系统。

然而，推广远程医疗技术时，也面临着不少挑战。医护人员需适应新的工作模式，患者需适应新的医疗服务方式。因此，大规模推广远程医疗技术之前，必须进行充分的培训和指导，以确保医护人员和患者能够有效地使用这些新技术。数据的统合与共享也是一个需要重点关注的问题。建立全国性的电子健康档案系统，以便统一整合和共享医疗数据，将是远程医疗技术发展的重要基础。这不仅有助于提升医疗服务的连续性和一致性，还能降低医疗服务的成本和提高效率。

总之，远程医疗在技术和服务模式上都将迎来巨大的变革。虽然存在一系列挑战，但随着技术进步和政策支持，远程医疗有望在未来为全球提供更优质、更高效的医疗服务，为应对人口老龄化和提升医疗服务质量提供重要支持。

本章小结

　　本章首先从问题与挑战、基本概念与发展历程两个方面对医疗大数据进行了阐述，然后通过具体案例对于电子健康档案、远程医护技术等进行了详细的阐述。

　　随着人均经济收入的提升，人们对更高水平的医疗服务的需求也在增加。然而，人口的快速老龄化也带来了医疗服务的新挑战。如何运用先进智慧技术，在降低医疗成本的同时提高老年人服务质量，已成为当下医疗行业面临的重要课题。

　　本章首先从问题与挑战、基本概念与发展历程两个方面对医疗大数据进行了阐述，包括远程医疗的发展历程，以及通过分析智慧居家护理及远程医疗的应用原理，介绍了这些技术背后的科学和工程原理，和它们如何与现代信息技术相结合，从而为患者提供更加个性化和连续的护理服务。

　　然后通过具体案例对于电子健康档案、远程医护技术等进行了详细的阐述。案例分析部分详细介绍了我国在智慧居家护理和远程医疗领域的多个成功实例，这些实例充分证明了远程医疗技术在提升健康水平、增加医疗服务可及性方面的巨大潜力。

　　最后，本章介绍了远程医疗的未来趋势，虽然远程医疗技术取得了长足进步，但在大规模推广应用过程中，仍需要解决技术挑战和实际操作问题。

　　本章全面展示了医疗大数据和远程医疗技术在现代医疗服务中的应用和未来发展前景，强调了这些技术对于提高医疗服务效率、解决老龄化问题等方面的重要性，并为读者提供了深入理解这一领域的知识基础和实践案例。

 习题

1. 请阐述什么是医疗大数据。
2. 请简述医疗大数据面临的挑战有哪些。
3. 请简述医疗大数据如何帮助医疗行业提高服务质量和效率。
4. 请阐述医疗大数据的应用范围有哪些。
5. 请简述医疗大数据的采集和处理过程中，如何保护患者的隐私和数据安全。
6. 请简述如何解决医疗大数据面临的难题。

参考文献

［1］ JAMISON D T，SUMMERS L H，ALLEYNE G，et al. Global health 2035：a world converging within a generation ［J］. The lancet，2013，382（9908）：1898-1955.

［2］ 赵强. 揭秘美国医疗制度及其相关行业 ［M］. 南京：东南大学出版社，2010.

［3］ World Health Organization. Global health statistics 2014 ［M］. Ice Press，2015.

［4］ BONGAARTS J. United nations，department of economic and social affairs，population division，sex differentials in childhood mortality ［J］. Population and Development Review，2014，2（40）：380.

［5］ BOVAIRD T. Beyond engagement and participation：user and community coproduction of public services ［J］. Public administration review，2007，67（5）：846-860.

［6］ LEDLEY R S，LUSTED L B. Reasoning foundations of medicaldiagnosis ［J］. Science，1959，130（3366）：9-21.

［7］ TAYLOR K. Primary care：working differently（Telecare and telehealth-a game changer for health and social care）［J］. London：Deloitte Centre for Health Solution，2012：1-36. https：//www2. deloitte. com/content/dam/Deloitte/uk/Documents/life-sciences-health-care/ deloitte-uk-telehealth-telecare. pdf

［8］ DEHZAD F，HILHORST C，de BIE C，et al. Adopting health apps，what's hindering doctors and patients？［J］. Health，2014，6：2204-2217.

［9］ FRY C L，SPRIGGS M，ARNOLD M，et al. Unresolved ethical challenges for the Australian personally controlled electronic health record（PCEHR）system：key informant interview findings［J］. AJOB Empirical Bioethics，2014，5（4）：30-36.

［10］ PEARCE C，BAINBRIDGE M. A personally controlled electronic health record for Australia［J］. Journal of the American Medical Informatics Association，2014，21（4）：707-713.

［11］ JEROME B. Chapter 3：Mental Health Services forVeterans［J］. 2014 Fall Report of the Auditor General of Canada，2014-8-31［2023-10-22］. https：//www. oag-bvg. gc. ca/internet/English/parl_ oag_201411_03_e_39961. html＃hd3d.

［12］ DUTTA A，PENG G C，CHOUDHARY A. Risks in enterprise cloud computing ：the perspective of IT experts［J］. Journal of Computer Information Systems，2013，53（4）：39-48.

［13］ CAMPION-AWWAD O，HAYTON A，SMITH L，et al. The national programme for IT in theNHS［J］. A case history，2014，14（4）：174-180.

［14］ PENG G C，GALA C J. Cloud ERP：a new dilemma to modern organisations？［J］. Journal of Computer Information Systems，2014，54（3）：22-30.

［15］ PAN K，NUNES J M B，PENG G C. Risks affecting ERP viability：insights from a very large Chinese manufacturing group［J］. Journal of Manufacturing Technology Management，2011，22（1）：107-130.

［16］ PENG G C，NUNES J M B. Barriers to the successful exploitation of ERP systems in Chinese State-Owned Enterprises［J］. International Journal of Business and Systems Research，2010，4（5/6）：596-620.

［17］ MCGLASHAN L. The office of the auditor general of canada：beyond bean counting［M］. Ottawa：Library of Parliament，2014.

［18］ DOUPI P，RENKO E，GIEST S，et al. eHealth strategies country brief：denmark［R］. European Commission Information Society and Media，2010.

［19］ RASHIDI P，MIHAILIDIS A. A survey on ambient-assisted living tools for olderadults［J］. IEEE journal of biomedical and health informatics，2012，17（3）：579-590.

［20］ DAVID Y. Telehealth，telemedicine，and telecare［C］// Clinical Engineering Handbook. Academic Press，2020：550-555.

［21］ GOODWIN N. The state of telehealth and telecare in the UK：prospects for integratedcare［J］. Journal of Integrated Care，2010，18（6）：3-10.

［22］ STEVENTON A，BARDSLEY M，BILLINGS J，et al. Effect of telehealth on use of secondary care and mortality：findings from the Whole System Demonstrator cluster randomised trial［J］. Briish Medical Journal，2012，344：e3874.

［23］ GIORDANO R，CLARK M，GOODWIN N，et al. Perspectives on telehealth and telecare：learning from the 12 Whole System Demonstrator Action Network（WSDAN）sites［R］. The King's Fund，2011：1-43.

第 10 章
教育大数据

本章导读

  教育大数据是指在教育过程中产生的各类数据，以及为满足教育需求而采集的数据。这些数据集合具有巨大的潜在价值，可以用于支持教育发展。中国政府高度关注教育大数据的研究和应用，并提出了利用大数据来改革教育方式、促进教育公平、提升教育质量的目标。尽管中国教育资源丰富，但如何通过大数据相关技术为教育行业的发展助力尤为重要。

学习目标

  本章首先介绍教育大数据所面临的问题与挑战，接着介绍教育大数据的基本概念及发展历程，然后从教育质量综合分析、教育质量预警和教育决策支持等多个方面进行案例介绍与分析，最后介绍教育大数据的未来趋势。

10.1 问题与挑战

  近年来，随着大数据技术的迅猛发展，国内外许多学者对教育大数据进行了广泛研究。其中，研究者祝智庭、杨现民等从教育大数据的文化内涵和应用模式等角度进行了深入讨论，提出了构建教育大数据的策略框架和相应政策建议。同时，吴南中等学者探讨了教育大数据的范式和建模策略问题。另外，在教育大数据的应用方面，研究者还关注了个性化资源推送服务、资源开发范式、学习分析方法以及教育数据挖掘等课题。这些研究成果将对后续的教育质量综合分析、教育决策支持和个性化学习等方面提供有价值的参考，为推进教育现代化发展作出贡献。然而这些研究中，未将大数据、互联网技术与教育中的痛点相结合，形成规范、体系的教育大数据系统。当前，国内外学者主要聚焦数据驱动个性化学习的价值意蕴、模型构建和服务机制等议题。一是教育大数据驱动个性化学习的价值意蕴，波士顿大学教授艾萨克·阿西莫夫认为，"人们所说的学习往往是强迫性的，每个人都被迫在同一天以同样的速度在课堂上学习同样的东西。但每个人都是不一样的，有些人走得太快，有些人走得太慢，有些人却走错了方向。"教育大数据驱动个性化学习体现了数据化实践的兴起，其有助于动态监测学生学业进展，科学研判学业阻碍，精准施策学业帮扶，从而解决"一刀切"的学习模式与学生个体学习差异的错位矛盾。二是教育大数据驱动个性化学习模型构建方面，创新设计了数据驱动精准化学习评价框架、学习习惯动力学研究结构、自适应学习分析模型、教育云环境支持下的数据驱动动态学习干预系统，以及基于学习画像的精准化学习路径生成性推荐模型等，系统透析了模型架构依据、框架体系与运用模式。三是教育大数据驱动个性化学习服务机制，通过收集和分析学习者知识水平诊断类教育大数据、情境感知类教育大数据、用户偏好类教育大数据等，可视化呈现学生知识水平与学业障碍，感知学习情境与学习需求，诊断学习偏好与行为属性，以落实构建教育数据驱动个性化学习服务体系，合理观测个性化学习服务效果。综上，国内外已有研究成果深化了教育大数据驱动个性化学习理论根基，但其大多从模型设计本身出发，有关教育数据驱动个性化学习的动力因素、践行路径及实施保障等研究相对匮乏。

10.2　基本概念与发展历程

10.2.1　基本概念

在互联网技术快速发展的时代，人类的生存结构逐渐与网络和数字接口交织在一起。这种范式的转变带来了数据的指数级增长，被恰当地称为"大数据"，它仔细记录了人类生活的轮廓。联合国 2012 年发布的《大数据促进发展：挑战与机遇》白皮书强调了大数据时代的到来，大数据时代将对社会各阶层产生深远影响。尤其是教育领域，数据驱动决策的概念已成为一种新兴趋势。在移动学习和情境感知学习等创新教学方法的推动下，互联网已成为丰富的学习行为数据的存储库。对这些数据的认真收集、存储和系统分析为实现个性化学习提供了一条切实可行的途径，从而推动了人类终身学习的轨迹。

目前大数据已经在商业、政府等诸多领域有了广泛的应用，虽然不同应用领域的数据来源、数据类型和数据类型不尽相同，但核心的数据处理流程基本一致，一般都包括数据收集、数据挖掘和学习分析三大环节（结合教育领域的实际应用需求）。

① 数据收集：教育大数据可以系统地分为四个不同的领域。第一种是课程数据，通常在学校的教学管理系统中存档。第二种是课堂数据，课堂数据成为一个离散的类别，通过实时监控系统收集。第三个方面是在线学习数据，包括视频持续时间和错误反应频率等指标，通常通过在线平台进行算法计算。第四层包括的数据虽然与个人学习有着密切联系，但与学习过程并不直接对应。

② 数据挖掘：教育数据挖掘包括从基于计算机的学习系统、交互式在线学习平台和校本教学管理系统中获得的学习者行为数据的系统聚合。这项工作的目的是全面掌握学习者学习方式的细微差别。教育数据挖掘的首要目标有两个：预测学习者即将到来的学习行为，并复杂地探索学习软件在教育环境中的集成。这种分析追求反过来寻求通过部署不同的建模技术来提高学习者的教育成果。

③ 学习分析：学习分析是一项多方面的工作，包括从教育大数据中获取、综合和解释学习行为数据。这门分析学科的核心是探索学习者的学习轨迹、结果和情境动态，最终发现可辨别的学习模式。此外，学习分析扩展了其范围，以预测学习者潜在的未来学习行为，从而在教育工作者的教学指导中产生作用。最终，它的职权范围涵盖了提高教学效率和推进个性化教学模式。

10.2.2　发展历程

中国教育大数据行业的发展正处在快速增长的阶段。根据市场调研在线网发布的

2023—2029 年中国教育大数据行业市场竞争力分析及投资前景预测报告分析，中国教育大数据行业 2019 年市场规模为 1140 亿元，预计到 2025 年，规模将达到 3300 亿元。

首先，政府投入大力支持。近年来，中国政府对教育大数据的投资不断增加，建立了多个政策性发展基金，推动了教育大数据领域的发展。此外，由于中国教育大数据领域的投资有助于改善教育质量，政府将继续加大投资，以推动教育大数据行业的发展。

其次，教育大数据的应用范围正在不断扩大。教育大数据可以用于学校管理、教学指导、学习决策等多个方面。此外，教育大数据还可以用于研究学生的学习习惯，以帮助教师和学生更好地理解学习过程。

最后，教育大数据的技术发展正在加快。教育大数据领域正在利用机器学习、人工智能等新技术，不断提高教育大数据的分析能力及使用率。此外，教育大数据领域还将加速开发和应用新技术，以更多的方式提高教育大数据的使用效率和收益。

我国大数据教育的应用主要包括以下几个方面：

① 许多学校已经建立了自主学习平台，这些平台通过网络环境收集、整合和分析教育大数据中的学习者认知数据和学习行为数据。借助数据分析的结果，平台能够提供最适合学习者的学习计划，并推荐优质的学习资源。以山东省济阳区为例，1107 所学校采用了互联网寒假作业平台。该平台通过在线试卷诊断和学习行为分析，准确把握学生知识薄弱点，并根据诊断结果提供个性化的系统化学习方案，实现因材施教的教学目标。

② 教育大数据的应用之一是精准预测学生学情，这对学校管理者和教师非常有价值。在我国的许多地区，学校已经开始利用教育大数据来实现对学生学情的精准预测。这个过程通常包括以下几个步骤：首先，对学生的学习行为数据进行深入分析，以获取他们的特征信息；然后，构建相应的预测模型，并以可视化的方式展现预测结果；最后，学校的教育教学管理者可以根据这些预测结果进行有针对性的干预措施。教师作为媒介，为学生提供针对性的学习资源，以满足他们的实际需求。通过这种方式，教育大数据可以更好地帮助学校管理者和教师了解学生的学情，从而进行更有效的教学干预。

③ 教育大数据的应用之一是推动学生个性化发展。在当前教育发展的趋势下，个性化教育已经成为主流。借助教育大数据，教育机构可以通过精确分析学生的个性特点和学习特征，为他们提供适应个人发展需求的学习资源，并制订系统的个性化学习方案，从而推动学生的个性化发展。以某学校为例，该学校与某公司合作建立了大数据教学支持中心。该中心通过收集学生的日常作业、随堂检测、考试等全过程数据，可以准确定位学生的薄弱知识点，并帮助他们快速提升。通过教育大数据的应用，学校能够更好地满足学生的个性化学习需求，促进他们在学术和个人发展方面的成长。

我国大数据教育主要有以下几个目标：

① 学生个性化发展。在当前教育发展的趋势下，个性化教育已经成为主流。大数据技术的应用使得教育者能够更精准地了解每个学生的学习特点和需求，从而为他们量身定制更合适的教育方案。通过分析学生的学习数据，教育者可以掌握学生的学习习惯、兴趣爱好、潜能优势等信息，进而提供更具针对性的教学内容和方式，实现真正意义上的因材施教，促进每个学生的全面发展。

② 重构评价体系是教育大数据应用的结果。在教育大数据的背景下，评价范围扩展到学生的课堂表现、当堂测验和自主学习等方面。评价更加注重结果而非过程，并呈现出规律性特点，同时学生也成为评价的主体。在教师评价方面，教师的科研成就、参与的研学培训

以及教学效果的提升等都成为评价指标。这些变化促使教育评价体系进行了重构，推动了教育改革的发展。通过教育大数据的应用，评价体系能更全面地了解学生和教师的表现，从而支持教育改革的决策制订和教学质量的提升。

③ 创新教学模式。教育大数据的应用为教育信息化带来了全新的发展机遇，并对传统的单向教学方式进行了颠覆。翻转课堂、微课等创新的教学模式逐渐成为主流。在教育大数据的支持下，教育资源如课件、视频和课堂实录得以共享，教师能够充分了解学生的学习情况，不再面临传统教学中的难题。教育大数据让教师能够进行教学反思，并基于数据分析结果对现有教学模式进行有效创新。

教育大数据的分析使教师能够更精准地理解学生的学习需求和进度，从而调整教学内容和方法，实现个性化的学习支持。创新的教学模式强调学生的主动参与和深入理解，提高了教育质量。翻转课堂鼓励学生在课前预习，课堂时间用于互动讨论和实践应用，培养了学生的自主学习能力和合作精神。微课提供了灵活的学习方式，允许学生根据自身进度和兴趣学习。综上所述，教育大数据的应用推动了教学模式的创新，使教学更加灵活化、个性化和互动化，促进了教育改革。

从企业角度来看，随着大数据技术在教育领域的广泛应用，不少教育工作者通过大数据来制订个性化的课程计划，预测学习结果，甚至帮助学生找到适合自己兴趣和技能的大学和专业。

调研国内外的教育现状发现目前教育存在以下痛点：①教育资源分布不均。目前学区划分多是人工划分，并未结合新生儿数量、适龄儿童数量情况，尤其是这两者未来两三年内的变化，导致教育资源不平衡。②学位信息缺少预警机制。对于适龄学生和学位未进行比对，对教育资源紧张区域没有预警。③控辍保学缺乏分析机制。对辍学的学生，没有有效的手段进行整合、分析，并采取相应的措施进行干预。④数据分散，存在孤岛现象，无法实现数据资源统一。

10.3　具体案例分析

10.3.1　智能技术助力语言学习

（1）基于眼球追踪技术提升外语学习元认知能力

元认知能力是学习者的重要素养，眼球追踪技术可以分析在线学习者的认知行为，且通过恰当的教学法刺激，有助于元认知能力的提升。翟雪松认为，外语学习者很难在形合语言和意合语言之间切换理解，这主要是缺乏对先前学习行为的元认知造成的。翟雪松从眼球追踪技术的测量、应用入手，分析了提升外语学习者元认知能力的有效策略，如将语言与自己的生活相联系。同时他还探讨了未来多模态的生理参数对语言学习的影响，从而能够和眼球追踪技术相互做数据验证。

（2）面向华裔青少年的机器人辅助华文学习的关键技术

为了更好地发挥 AI 机器人在辅助语言学习的强交互、语境感知等方面的优势，王华珍基于认知导师理论开展了华文教材智能化技术架构研究，设计了个性化学习和一对一辅导的应用模式，研发可部署在教育机器人上辅助语言学习的面向华裔青少年的学习智能导师系统，探索了人工智能技术支持下的新学习文化、新学习方式和新工具。其中的关键技术包括多源华文教育知识图谱的构建、问题与问题链智能生成技术、洋腔洋调智能语音技术以及非汉语母语者作文评测技术。

(3) 人工智能技术在语言学习中的应用

人工智能技术可以为语言学习提供个性化解决方案。已有公司开发的国际中文智慧教育云平台，利用人工智能和大数据技术，提供智能化教学解决方案，实现个性化语言学习，助力新形势下的国际中文的教与学。利用语音合成、语音识别、口语评测、机器翻译等人工智能技术，打造面向学生、教师和管理者的国际中文教育教学整体解决方案，覆盖"教、学、考、评、管"全场景，帮助全球中文学习者提升学习兴趣和效率，助力中文国际影响力的提升以及中华文化的传承、传播。

(4) 基于 HMM/ANN 模型的阅读素养纵向认知诊断研究

阅读素养是学生实现个人发展目标，增长知识，发展潜力，以及适应和参与社会生活的基本要素。对于阅读素养的有效评估有助于预测学生的未来表现，制定教育政策并开展阅读等方面的教学改革。温红博通过整合隐马尔可夫模型与人工神经网络，在认知诊断理论的基础上建立 HMM/ANN 模型来实现对阅读素养的纵向认知诊断评估，同时比较了两种类型的人工神经网络（MLP、SSOM）用于认知诊断分类的准确性。基于两段的阅读素养测评数据展开实证研究，结果显示 SSOM 分类准确性优于 MLP。HMM/ANN 能够准确追踪学生阅读技能的变化，这对纵向阅读素养评价、阅读教学具有重要意义。

10.3.2　智慧教育的实践探索

(1) 人工智能在教材中的教学呈现

2017 年国务院印发《新一代人工智能发展规划》，提出在中小学阶段设置人工智能相关的课程，逐步推广编程教育，鼓励社会力量参与开发并推广寓教于乐的编程教学软件、游戏等。在此基础上，2017 年教育部颁布的《普通高中信息技术课程标准》，初步把人工智能作为选择性必修模块，这也是高中开设人工智能课程的基础。

(2) 南京市人工智能教学实践探索

从江苏省来看，南京市在教育现代化建设中走在了全省的前列；从全国来看，南京市在全国教育改革的进程中也占据了重要地位。多年来，南京市的学校在人工智能时代的智慧校园建设，人工智能课程教学，人工智能在学习中的融合应用、教师信息素养等方面都进行了有效的尝试。

(3) 武汉市人工智能教学实践探索

武汉市是首批国家智慧教育示范区，通过在政府规划、教学教研、机制牵引等层面的系统推进，目前人工智能教学实践探索取得了一定成效。在政府层面，武汉市将人工智能教育纳入国家智慧教育示范区创建规划中，并在全市开展人工智能课程实验，组织相关专家对各区开展的人工智能实验建设情况和课程开设情况做专项督导。在教学教研层面，出台了全市人工智能教学意见以及课时建议，倡导开展有针对性的线上线下的教师培训，并在培训实施一年后开展人工智能教育现状调研和优秀的课例展示。在机制层面，由武汉市教科院牵头，武汉市教育局指导，各区教研室、电教馆参与，提供教材的企业加入，构建了市、区、校和企业四方的联动机制。

10.3.3　智能技术助力学校数字转型

（1）智慧校园建设的方向

智慧校园是指一种以面向师生个性化服务为理念，能全面感知物理环境，识别学习者个体特征和学习情景，提供无缝互通的网络通信，能有效支持教学过程分析、评价和智能决策的开放教育教学环境和便利舒适的生活环境。如北京理工大学，在智慧思政、课堂革命、智慧双创、智教体系和融智于国等方面实践了智慧校园建设。

（2）"5G＋智慧教育"和新基建背景下的技术治理

随着信息网络技术、智能化与无人技术的广泛应用，国家相关领域产业化结构加快调整，新型工业时代已然到来，并逐步带动传统行业向新型产业转变，信息化数字社会的建设与升级改造，也正以"新基建"为出发点逐步开始设计并实施。技术进步总会给教育带来推动，5G 技术同样如此。如增强网络和平台的支撑能力以及应对高频访问的要求；提升数据中心网络空间使用的效率；提升信息化的服务水平，解决数据孤岛的问题，提高办事效率，节省办事资源；提高数字资源管理水平，提升资源的生产质量，提高资源的使用效率，增强信息化装备运维的服务。

（3）人工智能助力学校治理

在智能技术助力学校数字转型的具体实践方面，不同学校结合实际采取了不同治理模式。学校 1 建设校园运营中心，对接省和市的云平台，打破数据隔阂，形成了数字化的治理底座，并在此之上打造了学校智慧文化、智慧教研、智慧考评和智慧五育。学校 2 运用互联网大数据、人工智能等技术与学科教学融合，具体通过智学网全方位系统地跟踪学生学习状况的全过程，帮助学生制订个性化的学习策略，提升学生的核心素养。学校 3 致力于发扬每一位学生的个性与价值，在搭建五育并举课程体系、重构学校学习场所、创新人才培养机制、打造融合信息技术的教育科研等方面进行了探索。学校 4 通过统一数据建设、统一平台建设，致力于实现教学从碎片化向系统化转变，从脉冲式向常态化转变，从标准服务向个性精准服务转变，以挖掘学生潜质，激发学生兴趣，指导学生学习，成就学生价值。

10.3.4　课程信号大数据教育应用

课程信号项目是一个备受关注和认可的大数据教育应用典型案例，在业内具有较高的曝光率和影响力。该项目经历了完整的研发和应用过程，积累了大量宝贵的应用数据。目前，该系统已与商业公司合作进行商业化推广，在美国国内得到广泛应用。

深入研究课程信号项目的案例，可以帮助我们更好地理解和掌握教育大数据的应用方法和实践经验。同时，该案例也为未来教育大数据的研究提供了有益启示，例如，如何更好地整合教育资源和数据、如何确保数据隐私和安全等方面的问题。通过对这些问题的深入探讨和研究，可以进一步促进教育大数据的发展，实现教育的持续改进和创新。

（1）应用原理

课程信号项目于 2007 年启动，旨在应对大学 1 内新生保持率下降和毕业周期延长等问题。其关键目标是帮助学生更好地适应学校学习环境。该项目提供以下功能：教师通过发送私人邮件的方式通知学生最近的学习表现；教师利用该系统推荐课程学习资源；教师综合学生的实时学习表现数据、历史学习数据和个人信息数据，对学生进行分析。通过这些功能，课程信号系统帮助教师更好地了解学生的学习情况，提供个性化的学习支持和建议。

　　课程信号系统是一个旨在帮助学生取得学习成功的系统。教师利用预测模型为学生提供有意义的学习反馈，以促进他们在课程学习阶段的成果。系统的基本工作流程如图 10.1 所示。首先，系统收集学生信息系统中的学习者基本信息数据和 Blackboard 网络学习平台中的学习行为数据，然后对这些数据进行存储和处理。接下来，系统进行数据分析，并使用学习者成功预测算法对每位学习者进行预测，以确定是否存在学习失败的可能性。

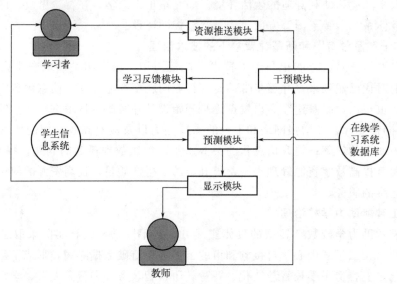

图 10.1　课程信号系统工作流程

　　一旦预测出可能存在学习失败的学生，任课教师将根据数据挖掘分析和预测结果给予适当的反馈和干预。主要形式是向学生推荐能够促进学习成功的学习资源，并指导学生如何有效利用这些资源。

　　该系统的目标是提高学生的学习效率和保持学习动力。通过使用数据分析和个性化反馈，课程信号系统为教师提供了有力的工具，帮助他们及时发现学生的学习困难，并提供个性化支持，以提高学生的学习体验和成功率。

　　课程信号系统的核心部分是预测模块，它使用学习者成功算法（SSA）进行工作。SSA 算法由四个主要组成部分构成：

　　① 课程表现：通过学生迄今为止所获得的学分百分比来评估学习成绩。

　　② 课程努力程度：通过学习者在 Blackboard 中的访问和互动次数来评估学习活跃度。

　　③ 前期学业历史：通过高中 GPA 成绩和大学标准测验分数来评估学习者的学术背景。

　　④ 学习者特征：包括地区、种族、性别和奖惩情况等方面的特征。

　　SSA 算法通过计算学习者在每个不同部分内的表现分数来操作，随后将该分数与分配给该部分的相应权重相乘。然后将这些计算的累积结果合并，作为最终预测的基准值。通过 SSA 算法生成的预测基准为红色、黄色和绿色信号灯表示的视觉指示系统提供了基础。这些信号灯显著显示在每个学生的学习界面上，意味着与课程学习结果相关的不同概率。

　　红色信号灯表示即将到来的课程学习挑战的可能性增加，暗示潜在的失败。相反，黄色信号灯表示课程中存在学习障碍，从而引发可能的学习困难。同时，绿色信号灯传达了对成功学习结果的乐观预测，预示着显著的成功概率。

　　这些信号灯的引入有助于为学生提供切实简洁的视觉提示，让他们深入了解自己的学习轨迹，并帮助教育工作者积极应对潜在的障碍。

在课程控制面板上，任课教师可以即时查看每位参与课程学习的学生在不同学习阶段的课程信号。这些信号提供了学生学习状态的实时反馈。根据信号的显示结果，教师可以采取一系列干预措施，包括发送电子邮件、短信以及约见面谈等形式，以帮助学生解决学习上的问题。此外，教师还可以向学生推荐学习导师和学习资源中心，以提供更多学习支持，帮助他们在课程学习中取得成功。这些个性化的干预和支持措施有助于促进学生的学习进步和成就。

（2）案例分析

从 2007 年开始，大学 1 启动了课程信号项目，开始了教学创新的轨道。该项目的启动利用了基于早期实验数据的初步预测模型。通过将期末考试成绩、课程学习活动的参与率以及实验组和对照组之间寻求学习帮助的情况等变量并置，课程参与度、学习支持利用率和随后的学习成绩之间出现了明显的相关性。这种基本的联系为专门用于预测的算法的制订铺平了道路。

从 2009 年起，随着课程信号系统采用了实时数据收集和分析，并注入了更复杂的 SSA（学生成功算法）方法，向精细化和自动化的进展显而易见。普渡大学与 SunGard 合作，推动了该系统的商业开发。2012 年，运营控制权移交给 ElLucian 进行商业部署，最终将该系统重新命名为"ElLucian 航向信号"。课程信号系统的采用获得了显著的吸引力，每学期有近 6000 名学生使用该功能。此外，它的影响在整个教学领域引起了共鸣，不同课程的多名教师将该系统融入了他们的教学方法中。

在历史数据的推动下，实证研究得出了值得注意的结论。比较分析显示，采用课程信号系统的课程中，达到 A 和 B 绩效的学生比例增加了 10.37%，同时达到 D 和 F 绩效的学生人数相应下降了 6.41%。这些统计凸显了课程信号系统对学生学习成绩的显著积极影响，从而肯定了这种创新教学工具的有效性。

科学家对课程信号系统进行了广泛的研究，其中一项重要研究是关于反馈对学习结果的影响。该研究利用课程信号系统的数据，分析了教师给学生提供的不同类型的反馈，并研究了这些反馈与学习者的学习结果之间的相关性。研究分为两部分，首先，研究人员确定了教师在课程信号系统中提供的反馈性质和类别。他们对教师使用的不同类型的反馈进行了分类，例如鼓励性反馈、建议性反馈和纠正性反馈。通过对反馈内容的分析，研究人员揭示了不同类型反馈的应用情况。其次，研究人员探讨了不同类型反馈与学习者的学习结果之间的关系。他们分析了学习者的数据和成绩，评估了教师反馈对学习者学习结果的影响。研究结果表明，特定类型的反馈与学习者的学习表现存在一定的相关性。例如，鼓励性反馈可以激励学习者更积极地参与学习，而纠正性反馈则有助于学习者纠正错误和提高学习成果。这项研究为理解课程信号系统中教师反馈行为以及其对学习者学习结果的影响提供了重要指导。研究结果对于改进课程信号系统的反馈功能具有指导意义，并为教师提供了指引，帮助他们更有效地利用课程信号系统提供的反馈，以促进学生的学习成果。

在研究的初始阶段，有目的地选择了一支由 8 名教育工作者组成的团队，他们将课程信号系统作为教学工具，作为这项研究的受试者。采用基于访谈的调查和内容分析技术相结合的方法，进行了研究性调查。为了确定面试过程，通过对相关文献的广泛审查，设计了一个面试框架。该框架建立后，参与者被邀请参加 20 至 50 分钟的访谈，重点是征求与教学反馈有关的见解。随后，这些采访被仔细转录并进行内容分析。这种分析方法最终确定了 106 个相关的反馈问题，经过仔细研究，发现 38％的问题涉及总结性反馈，24％的问题涉及形成性反馈，21％的问题涉及显性或隐性反馈，9％的问题涉及积极或消极反馈，7％的问题涉及动态反馈，剩下的 1％用于绩效或结果导向反馈。

在随后的调查阶段，整理了一个数据集，其中包括教育工作者在 2009 年秋季学期和 2010 年春季学期通过课程信号系统向学习者传播的 522 条反馈信息。通过内容分析，研究人员努力阐明学习者收到的反馈的基本特征和类别。随后，通过细致的数据分析，研究者深入探讨了反馈的性质和实质与参与者学习成绩之间的联系。利用方差分析（ANOVA）和卡方检验等统计工具，研究人员确定外显反馈以及外显和内隐反馈的融合与学习者的教育结果没有统计学联系。此外，我们发现，总结反馈，无论其对过程或结果的重视程度如何，都与学习者的教育成就没有统计学上的显著相关性。相反，形成性反馈与学习者的学习成绩表现出显著的正相关，特别是在以结果为中心的反馈方面，这表明在课程中取得成功的学生收到了更多以结果为导向的形成性反馈。值得注意的是，在所调查的背景下，反馈传播的频率与学习者的学业成功没有显著相关性。

课程信号项目是大数据实施领域中成功的教育应用中的一个显著例子，这是一项最近才实现的项目。在七年的时间里，该项目表现出了稳健和韧性，持续运营证明了这一点。通过大量的数据，实证证据一直强调课程信号在提高学习者学业成绩方面的积极影响。值得注意的是，该倡议已经超越了学术界的领域，并进行了商业化，预示着它将在未来的背景下得到利用。

10.3.5　学位罗盘大数据教育应用

大学 2 从推荐策略中汲取灵感，于 2011 年设计了一种创新的教育工具，名为"学位罗盘"。该系统旨在与上述公司所信奉的原则保持一致，熟练地处理复杂的任务，即在学生和课程之间安排最佳匹配，以与他们的个人能力和即将到来的学期的学术抱负产生共鸣。

（1）应用原理

学生刚进入大学生活就面临选择学位课程的艰巨挑战。面对一系列表面上满足学位要求的选择，关键问题出现了：哪些课程最有利于取得成功？更为复杂的是，选择一个能优化他们学术旅程的课程顺序是一个难题。虽然学术顾问能够在其职权范围内提供宝贵的指导，但当学生必须参与跨学科的课程时，情况就会变得复杂，这就需要他们在专业领域之外的咨询见解。

重要的是要强调，选择课程的前提是学生与一个与他们的能力和倾向产生深刻共鸣的专业保持一致。然而，现实清楚地表明，相当一部分学生在没有明确的专业偏好的情况下开始了他们的大学追求，或者选择了后来被证明与他们的愿望不一致的专业。美国完整学院（CCA）的一份报告强调了这一趋势，指出学生平均参加的课程比毕业时规定的多 20％。这种现象与对多样化学习体验的渴望相反，源于反复调整学术轨迹的需要。

（2）案例分析

大学 2 致力于建立一个以预测分析为指导的课程选择系统，强调了他们致力于让学生做出明智和谨慎的教育决策。与电影或文学等领域的传统推荐系统不同，学位指南系统超越了学生偏好的框架。相反，它利用基于成绩和入学数据的预测分析技术，根据课程在促进学生学业进步方面的功效对课程进行评估和分类。

学位罗盘系统的操作框架如下。从这个过程开始，系统会积累学生的相关入学记录和历史表现数据。随后，对一大批毕业学生的成绩进行审查，再加上学习成绩记录、正在进行的学习计划先决条件和每个学生的毕业先决条件。这种复杂的调查有助于识别与每个学生表现相近的群体。该系统从这个类似的群体中汲取见解，从那些与学生学习轨迹直接一致的课程中提取出最优化的课程顺序，形成了学术课程的基石。

　　该系统的功效不可或缺的是其预测分析模型，涵盖了整个课程范围。课程是根据衡量其在促进学生学术进步方面潜力的参数进行有序排名的。这一排名的高潮是向每个学生提供个性化的课程推荐，基于预测最有可能产生卓越学术成果的课程模型。当然，学位罗盘系统不仅引导学生学习毕业必备课程，而且支撑着大学课程和专业的核心结构，为学生的学术胜利铺平了道路。学位罗盘系统主要提供三种类别的信息：

　　① 以学生为中心的界面：以一种吸引人且信息丰富的方式呈现选择。

　　② 以顾问为中心的界面：使学生的学术顾问能够提供更细致的建议。

　　③ 一系列报告：大学可以使用汇总的推荐数据来优化未来的课程表，同时还提供早期预警数据，能够针对预计在其已注册课程中表现较差的学生提供支持计划。

　　虽然该界面避免向学生显示预期成绩，但它有助于向教育工作者和教师传播全面的信息，使他们能够有针对性地进行指导和支持。值得注意的是，这些研究揭示了不同的行为模式：在教师和学生都有选择权的情况下，偏好往往倾向于星级更高的课程。然而，当面对必修课且预测分数较低时，教育工作者会利用这一见解作为催化剂，采取积极的咨询干预措施或采用替代教学方法来提高学生的表现。

　　除了师生关系之外，学位罗盘系统还包括一个为机构需求量身定制的关键报告维度。这种报告机制为部门负责人和顾问提供了战略见解，使他们能够制定相关的干预策略。预警系统的潜在强化就是一个例证。在学期开始时部署预测的课程成绩，可以识别出能够从学术指导中受益的学生，从而为大学提供了一条在需要时激发支持的途径。

　　有趣的是，学位罗盘系统的范围超出了个性化的课程推荐。它在界面中包含一个名为"MyFuture"的复杂推荐引擎。对于在特定专业上磨炼过的学生，MyFuture 展示了一个全面的全景，包括学位轨迹、与未来职业道路的联系、劳动力市场的可用性，以及与所选专业毕业生有关的 O * Net 统计数据。

　　相反，对于那些专业仍处于未知领域或正在考虑转型的学生，MyFuture 扩展了一系列与预期学术成功一致的预测专业，同样也提供了关于这些替代专业的实质性信息，包括学位轨迹和未来的职业机会。利用数据挖掘方法，MyFuture 强调了其预测能力，利用 Degree Compass 系统预测课程成绩，这些技术的融合不仅提供了个性化的学术路线图，还引导学生走向知情的职业轨迹。

　　一系列的数据表明，当学生们选择最适合自己的、个性化的课程时，他们的表现会更好。大学 2 已经开始使用学位罗盘系统收集的数据来调整课程表，学位罗盘系统收集的数据有助于预测学生未来的课程需求并优化课程表。预测的学生课程成绩也可用于辅助教学计划。利用预测的成绩信息，向那些在特定课程上可能成绩不佳的学生及时提供校园辅导和学术指导。

10.4　未来趋势

　　教育大数据的未来趋势展现出令人期待的发展方向，关于教育大数据未来的趋势可以归纳为以下几个方面。

① 跨学科合作：教育大数据将促进教育领域与数据科学、人工智能等跨学科领域的合作。教育专家、数据科学家和技术专家将共同合作，基于大数据的分析和算法模型，深入研究教育的核心问题，推动教育创新和决策。

② 个性化学习：教育大数据将发挥重要作用，实现个性化学习的目标。通过对学生的学习数据进行分析，可以识别出每个学生的学习需求、兴趣爱好和学习风格，从而提供定制化的教学内容和学习计划，帮助学生更加高效地学习。

③ 智能辅导系统：利用教育大数据和人工智能技术，智能辅导系统将逐渐成为学生学习的重要支持工具。通过对学生学习数据的分析，智能辅导系统可以根据学生的弱点和需求，提供个性化的学习建议和指导，帮助学生克服学习难点，提升学习效果。

④ 教学设计优化：教育大数据将为教师提供更准确的反馈和信息，帮助他们进行教学设计的优化。通过分析学生的学习数据和反馈信息，教师可以了解学生的理解程度、学习进度和认知瓶颈，从而调整教学策略和教学资源，更好地满足学生的学习需求。

⑤ 教育政策制定：教育大数据可以为教育政策制定者提供客观的依据。通过分析教育大数据，政策制定者可以了解教育系统的整体状况、教育资源分配的公平性，以及教育政策的效果和影响。这样，他们可以制定更具针对性和科学性的教育政策，推动整个教育系统的进步。

需要注意的是，在教育大数据的发展过程中，隐私保护和数据安全是至关重要的。教育机构和数据科学家需要遵循严格的数据保护法规，确保学生和教师个人信息的隐私和安全。总体而言，教育大数据的未来将会在个性化学习、智能辅导系统、教学设计和教育政策等方面发展，为教育带来更大的创新和改善。通过充分利用教育大数据，我们有望建立更智能、高效和公平的教育体系，培养更全面发展的学生，推动社会的进步和发展。

 本章小结

本章首先阐述了教育大数据的问题与挑战、基本概念与发展历程，然后通过具体案例对于教育大数据的多种场景应用进行了详细的阐述。

教育大数据是教育教学、资源、教学评估等综合教育系统中的数据。借助大数据的思维和理念，可以为优化教育政策、创新教育教学模式以及改革教育测量与评价方法提供客观可靠的依据和全新的研究视角。这种数据驱动的方法能够更好地推动教育领域的变革，为教育机构提供更准确的学生需求了解和学习过程跟踪，从而提供更加个性化和有效的教育服务。

教育大数据的应用也能够帮助教师更好地理解学生的学习情况和学术表现，从而实施针对性的教学策略。同时，学校管理者可以利用大数据分析来改进学校的组织管理，提升教学质量和学生绩效。

教育大数据的出现为教育领域打开了广阔的机遇与挑战。充分利用这些数据，可以重新思考教育的方式和方法，优化教育过程，提高学生的学习成果，实现教育个性化和智能化的发展。这将促进教育领域的革新，推动社会的进步和人力资源的优化利用。

习题

1. 请简述教育大数据的基本概念。
2. 请简述教育大数据中的数据处理流程。
3. 请阐述我国大数据教育的目标有哪些。
4. 请阐述教育大数据的未来趋势。

参考文献

[1] 王萍，王文方. 基于教育大数据的中小学教学管理模式构建 [J]. 宁波大学学报（教育科学版），2023，45（05）：60-66.

[2] 张帆. 大数据时代高校思想政治教育面临的挑战与解决路径 [J]. 新西部，2023（08）：211-213.

[3] 周雨秸，严瑾. 大数据背景下高校思政教育模式创新思路研究 [J]. 湖北开放职业学院学报，2023，36（16）：3-5.

[4] 许丽丽. 大数据时代高校图书馆数据素养教育模式创新 [J]. 传媒论坛，2023，6（16）：105-108.

[5] 杨竞. 大数据思维视域下公安情报实训课程研究 [J]. 中国人民警察大学学报，2023，39（08）：93-96.

[6] XIAOMING D，SHILUN G，NIANXIN W. Research on academic prediction and intervention from the perspective of educational big data [J]. International Journal of Information and Communication Technology Education（IJICTE），2023，18（1）：1-14.

[7] ZHOU X，WU X. Teaching mode based on educational big data mining and digital twins [J]. Computational Intelligence and Neuroscience，2022，2022：1-13.

[8] XINYA Z. Retracted：big data's analysis and prediction method of art education based on the BP neural network [J]. Security and Communication Networks，2023，2023：1.

[9] YONGMING P，HONGMING C. Exercise recommendation model based on cognitive level and educational big data mining [J]. Journal of Function Spaces，2022，2022：1-11.

[10] ANG K L，GE F，SENG KP. Big educational data & analytics：survey，architecture and challenges [J]. IEEE Access，2020，8：116392-116414.

[11] LIBIAO C. Construction of big data technology training environment for vocational education based on edge computing technology [J]. Wireless Communications and Mobile Computing，2022，2022：1-9.

[12] XIAOMEI B，FULI Z，JINZHOU L，et al. Educational big data：predictions，applications and challenges [J]. Big Data Research，2021，26，100270：1-12.

[13] MUNSHI A A，ALHINDI A. Big data platform for educational analytics [J]. IEEE Access，2021，9：52883-52890.

第11章
金融大数据

本章导读

近年来，大数据、云计算、区块链、人工智能等前沿科技飞速崛起，并与金融行业紧密结合，激发出了金融行业的创新，这极大地推动了金融行业的改革，帮助金融更优质地为实体经济提供服务，并且有效地推动了金融行业的全面增长。在金融科技的发展过程中，大数据技术是最为成熟和广泛应用的领域。金融云的快速建设和应用为金融大数据的发展奠定了基础，成为发展的重要特点和趋势。同时，金融数据与其他领域的数据不断融合应用，增强了跨领域数据的价值。人工智能也成为金融大数据应用的新方向，其在金融行业的应用不断增加。此外，金融行业对数据整合、共享和开放的需求也日益增强，成为行业的发展趋势。这些发展趋势为金融行业带来了新的机遇和巨大的发展动力，大数据在各行业的潜在价值如图11.1所示。

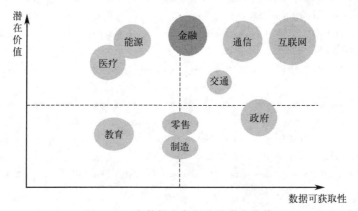

图 11.1　大数据在各行业的潜在价值

根据麦肯锡全球研究院（MGI）的《分析时代：在数据驱动的世界里竞争》报告显示，信息技术、金融保险、政府及批发贸易被认为是具有大数据应用综合价值潜力的四个行业。同时，信息、金融保险、计算机及电子设备、公用事业这四个行业在每家公司的数据量方面处于领先地位。这表明信息行业（互联网和电信）以及金融行业在大数据应用方面具有重要地位，无论是投资规模还是应用潜力都非常突出。

学习目标

本章首先介绍金融大数据所面临的机遇和挑战，接着介绍金融大数据的基本概念及发展历程，然后从精准营销和风险控制两个方面进行具体案例的应用原理介绍与多个案例的分析，最后介绍金融大数据的未来趋势。

11.1　机遇与挑战

大数据的研究和应用已经扩展到各行各业，大数据时代的到来推动了金融业数据量的增长，截至 2019 年 9 月，国内已有 3 家国有大型商业银行及 6 家全国性股份制商业银行先后在集团内部组建金融科技公司，持续加大对大数据应用的投入。下面将从大数据给金融业带来的发展机遇和影响两个方面进行介绍。

11.1.1　金融业发展面临的机遇

大数据技术给金融业的发展带来了四个主要机遇：

第一，大数据技术推动金融业实现了战略转型。当前，金融机构面临着核心负债流失和业务定位不明晰等挑战，而战略转型是实现长期稳定发展的必经之路。通过运用先进的数据技术，金融机构能够持续挖掘和分析市场和客户的内在需求，并根据市场需求积极调整业务结构，以向客户提供符合其需求的服务。大数据技术提供了更全面、准确的数据支持，帮助金融机构做出战略决策和调整，提高市场敏感度和竞争力。

第二，大数据有助于降低金融业的运行成本。通过充分利用大数据的分析能力，金融机构可以快速准确地发现内部管理存在的问题，并针对实际情况制订相应的措施，以提高管理效率和降低运营成本。大数据技术为金融业务提供了丰富多样的营销手段，方便金融机构及时采集和分析客户信息。金融机构可以利用大数据技术分析客户的消费习惯和行为特征，从而制定具有针对性的市场营销策略。通过深入了解客户需求和行为，金融机构可以更加精准地推出符合客户需求的产品和服务，提高市场竞争力。

第三，降低信息不对称性。传统金融行业通常依赖客户提供的财务报表来获取信息，但这种模式存在信息不对称的问题，从而增加了业务风险。然而，在大数据时代，金融机构可以利用信息技术获取客户的财务信息，并通过全程监控客户的流动性数据进行分析，降低信息不对称性，并确保信息的准确性。一些先进的国外银行通过大数据技术整合客户多种信息，并分析客户的违约概率，以降低贷款风险。

第四，降低金融风险。金融业作为一个信息密集的服务型产业，是大数据的核心应用领域之一。在金融业的运营过程中，大量产生消费记录、贷款记录等数据，这些数据成为大数据的重要来源。随着互联网信息技术的广泛应用，金融行业的信息化建设进程加速，电子银行、快捷支付等金融产品改变了人们的生活方式。在这个过程中，金融机构通过汇总和分析来自银行、证券、电商等多个领域的数据，形成了多元化的数据库。大数据在金融业中具备客户识别和分析的能力，能够为客户提供个性化的服务，增加客户的黏性与忠诚度。通过深入分析客户的消费行为、偏好和需求，可以制订更加精准的产品推荐和营销策略，提高客户满意度。同时，通过大数据可以监控市场情况。金融机构可以通过多渠道、多角度地挖掘数据和交易数据，实时监测市场动态与趋势，从而更加敏锐地调整业务策略和风险管理措施，降低风险管理成本，提高对金融业务发展的监管效率。

11.1.2　金融业发展面临的挑战

大数据时代为金融业带来了巨大的机遇，但同时也面临着前所未有的挑战。首先，越来越多的非金融机构涌入金融领域，给传统金融机构带来了冲击。传统金融机构需要发挥自身优势，争取更大的市场份额，但他们落后的组织架构和运作规则却限制了他们充分发挥优势，使他们在市场发展中处于劣势。

其次，数据安全问题日益严峻。金融业与大数据的融合发展需要金融机构加强软硬件基础设施建设，以满足数据管理的实际需求。大量敏感客户信息的存储和处理使得金融机构面临着网络攻击、数据泄露等风险。因此，金融机构必须采取有效的数据安全措施，加密数据、建立安全防护系统，并加强员工的安全意识以保护客户信息的安全和隐私。

在面对这些挑战时，金融机构需要加强与技术公司和创新企业的合作，引入先进的科技和数据分析技术，提升自身的数字化能力和创新能力。同时，金融监管部门也需要加强监管政策和技术监管的配套建设，确保金融业健康发展的同时保障数据安全和客户权益。

本书主要从以下三个方面介绍如何应对这些风险和挑战：

① 大数据在金融业的整体应用需加强。为提升管理水平、资金效率和服务质量，增强市场竞争力，金融业在信息化建设上进行了大量投资，并积累了大量交易和分析数据。然而，目前国内金融业对大数据的整体利用仍缺乏全局规划，存在"金融数据应用孤岛"的问题。这种孤岛现象导致金融机构在数据利用方面存在隔阂和碎片化，无法充分发挥数据的潜力。

② 针对传统的结构化数据分析和挖掘技术，金融机构在分析和处理方面具备先进水平。然而，对于新型的半结构化和非结构化数据，金融机构并未给予足够的重视。根据一份报告显示，超过 80％的金融机构主要集中在交易和日志数据的分析上，领先于其他行业。大多数金融机构依赖于结构化数据来实现数据检索、预测模型等大数据应用。这些数据是由金融机构内部的核心交易信息系统产生的，积累了多年，数据量相当可观；而仅有 20％的金融机构对非结构化数据（如音视频数据、图像数据等）进行利用和分析。

③ 金融机构面临着信息安全方面的挑战。通常情况下，金融机构会将客户的身份信息、交易数据和运营数据集中存储，这样做虽然提高了运营效率和数据综合利用能力，但也增加了数据存储和信息泄露的风险。一旦发生问题，可能导致巨大的经济损失和声誉损失，对社会造成严重负面影响。

总体而言，相对于互联网行业，金融行业在大数据应用方面起步较晚，应用的深度和广度仍有很大的提升空间。

11.2　基本概念与发展历程

11.2.1　基本概念

近年来，互联网的兴起，彻底颠覆了传统的商业模式，网上购物平台，已经成为人们生活中不可缺少的部分。2023 年 11 月 11 日，某网上销售平台宣布已产生 58 个破亿直播间，其中店播占比超过六成。此外，有 451 个店播成交破千万。通过网上购物平台的链接，实现了信息流在时间和空间上的整合，以大数据形式存在的信息流，又推动着商业模式的不断发展和创新。随着互联网和数字化技术的发展，各行各业都在积极探索如何利用大数据来提升效率、降低成本和创新发展。金融行业作为信息密集型行业，也在不断探索金融大数据的应用，以提高风控能力、优化产品设计和服务质量。本文将从金融大数据的基本概念入手，深入探讨其特点、价值和应用。

（1）金融大数据的定义

金融大数据是指在金融机构（如银行、保险、证券等）、厂商（如信息服务提供商等）、个人和政府机构（如行政、监管等部门）进行各种金融业务交易和相关行为时所产生的信息。它是大数据领域的一部分，具有大量、多维、完备和时效等特征，反映了人们的金融交易行为和相关数据。大数据技术在银行、证券、保险等金融细分领域中的应用如图 11.2 所示。

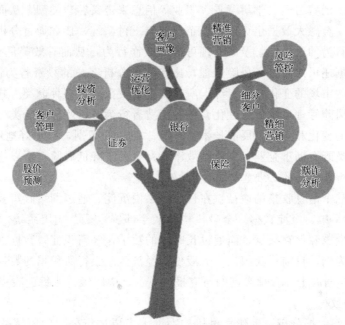

图 11.2　大数据技术在银行、证券、保险等金融细分领域中的应用

金融大数据包含了广泛的数据来源，如支付结算、股票投资决策、成本定价、期货期权交易、债券投资、资金拆借、货币发行、票据贴现与再贴现等金融业务。这些数据以结构化和非结构化的形式存在，包括交易记录、客户信息、市场行情、经济指标等。在处理金融大数据时，人们借助人工智能技术，如机器学习、物联网和区块链等进行数据的识别、分析和预测。对金融大数据的挖掘和分析，可以揭示隐藏的规律和趋势，为金融决策提供有力支持。同时，金融大数据的应用还可以改善风险管理、提高交易效率、优化产品设计和市场营销等方面的业务。

对于金融大数据而言，我们需要准确理解数据的价值。金融数据可以根据数据类型进行分类，主要包括结构化数据、半结构化数据和非结构化数据。

① 结构化数据。金融企业的结构化数据是从两个数据存储库中获取的：金融企业运营数据仓储（ODS）和数据仓库（EDW）。数据仓库（EDW）用于提供企业的分析决策服务，而运营数据仓储（ODS）则主要用于整合、共享和实时监控企业数据等。而利用 Hadoop 及其相关组件，可以实现历史数据的迁移和长期保存，无论是数月前还是几年前的数据。在分

布式存储结构下，可以显著提升结构化数据的存储和计算性能，从而能够对海量离线数据进行离线分析，并最大化利用离线数据的优势。这样一来，金融企业用户就可以获得全面的数据支持，从而构建出立体的用户画像。

② 半结构化数据。在数据整合中，整合半结构化数据是最为复杂的任务。金融企业需要处理来自外部单位的各种类型的数据，包括数据库、Excel 等。打通来自不同信源的异构数据是项目中最具挑战性的部分，完成数据整合后可以迅速进行建模和分析。

③ 非结构化数据。金融行业对非结构化数据的处理方法仍相对原始。非结构化数据包括新闻、视频、图片以及社交网络等内容。

金融大数据可以按照客户类型进行分类，用于支付系统和风险管理系统的分析处理。首先，金融大数据可以通过分析客户的信用记录和消费行为，对客户进行精细化分类，比如以客户的收入水平、消费习惯、学历背景、职业等信息来定义客户类型，从而提高客户后续服务的质量。其次，金融大数据也可以帮助企业改善支付系统，比如通过分析支付数据，可以分析和评估支付行为的合法性，及时发现可能的欺诈行为，从而有效降低支付系统的风险。此外，金融大数据还可用于市场风险管理，比如可以分析客户的投资行为以及市场的变化，从而更准确地预测市场的变化趋势。综上所述，金融大数据有多种分类方式，可以按客户类型、支付系统、风险管理系统、个性化营销和消费者行为分析等进行分类。不仅如此，还可以根据金融市场的变化和不断发展的技术，不断添加新的类别，以更好地应用金融大数据。金融大数据的分类既有助于企业提高营销效率，又有助于降低风险，所以应用金融大数据将会成为未来金融行业发展的必要趋势。

金融机构有三个信息收集的途径：在自己体系内沉淀、通过网络收集和向第三方购买。

① 在自有体系中，沉淀数据。金融机构一般会部署数百个应用系统，这些信息系统在日常运营中不断生成和保存数据，而通过长时间的数字化经营积淀，数据处理的规模已相当巨大。以银行业为例，目前在我国，一家股份制经济商业银行所积累的数据，已超过了几百太字节（TB）。根据波士顿管理咨询的研究报告显示，中国银行业每创收一百万元，平均就会生成 820GB 的数据。

② 在网上进行数据分析。现代金融机构在网上主要进行公司的舆情数据分析和个人的行动数据分析。将公司舆情数据分为两大方面：一是政务公开数据分析，工商、司法、行政机关和一行三会的处罚/涉诉数据分析等；二是公司的运营动向信息，资产重组、投融资、高管变更、人员招聘、最新产品推出情况和市场销售状况等。而个人行为数据也分为两大方面：一是基本属性数据，性别、年龄、学历、职位等；二是基本兴趣爱好数据，访问网页、浏览产品、网页时间、所关注的产品、消费的商品、产品评价、产品投诉、产品建议、所参与的社群、经常交流的话语等。

③ 向第三方购买数据。目前银行大多是从政策方面购入公共数据，比如公积金、社会保险和税收信息等。

(2) 金融大数据的特点

① 数据量巨大：金融大数据的数据量非常庞大，包括历史数据和实时数据，需要借助计算机和云计算等技术手段来进行处理和存储。

② 数据来源广泛：金融大数据的数据来源非常广泛，包括金融机构、金融市场、第三方数据提供商、社交媒体等多个方面。

③ 数据种类繁多：金融大数据的数据种类繁多，涵盖了金融市场、金融产品、金融客

户等多个方面，包括结构化数据和非结构化数据。

④ 数据价值高：金融大数据的价值在于其能够提供对金融市场、金融产品和金融客户等方面的深入洞察和分析，从而支持决策和创新。

⑤ 数据处理技术复杂：金融大数据的处理技术非常复杂，需要借助机器学习、数据挖掘、人工智能等多种技术手段。

⑥ 数据安全重要性：金融大数据在处理和应用过程中需要注意数据安全和隐私保护问题，防止数据泄露和滥用等风险。

（3）金融大数据的价值

① 支持风险控制：金融大数据可以通过对客户行为、市场走势和交易数据等方面的分析，提供全面的风险控制方案，降低金融机构的风险。

② 优化产品设计：金融大数据可以通过对客户需求、市场趋势和竞争情况等方面的分析，提供更加个性化和符合市场需求的金融产品设计方案。

③ 提升服务质量：金融大数据可以通过对客户行为、反馈信息和投诉记录等方面的分析，提供更加优质的金融服务，提高客户满意度和忠诚度。

④ 支持商业决策：金融大数据可以通过对市场趋势、客户需求和竞争情况等方面的分析，提供更加准确的商业决策支持，为企业创新发展带来新的机遇。

11.2.2　发展历程

（1）金融大数据的发展阶段

① 数据获取阶段（2000 年前）：在这个阶段，金融机构主要是通过传统的数据收集方式，如调查、问卷、电话等，获取数据。数据量较小，难以有效地分析和利用。

② 数据数字化阶段（2000—2010 年）：随着信息技术的发展和数据处理能力的提高，金融机构开始采用数字化方式收集、存储和处理数据，数据量逐渐增大。同时，这一阶段也出现了大量的数据分析工具和技术，如数据挖掘、人工智能等，使得金融机构能够更加有效地利用数据。

③ 大数据应用阶段（2010 年—至今）：随着互联网、移动互联网等技术的普及，金融机构开始收集更多、更全面的数据，并运用大数据技术对数据进行分析和挖掘，进一步提高风险控制、产品创新、营销策略等方面的能力。同时，金融科技企业也开始涌现，通过技术手段和创新模式，不断推动金融行业的数字化和智能化发展。

总的来说，金融大数据的发展历程是一个从数据获取到数据数字化再到大数据应用的过程，不断提高了金融机构的数据处理能力和业务水平，为金融行业的发展注入了新的动力。

（2）金融大数据发展特点

① 金融云的快速落地夯实了大数据分析的应用基石。金融机构利用云计划具备的高速交付、高扩展速度、低运维成本等特点，可以在充分考虑金融机构对数据安全、监管合规、数据隔离和中立性等方面需求的情况下，为金融机构及时解决突发服务需要、有效部署服务快速上线、进行服务创新改革等提供强大支撑。所以，金融机构一直在较为积极地推进着云计划的落地。

目前，主流机构纷纷开始了基于云计算技术的信息系统结构转变之路，逐渐将服务向云端转移。大型机构一般青睐于混合云结构，把非核心应用先转移到公共云上，然后再把部分核心应用转移到私人云平台上，在关键服务上则仍然采用传统结构。而新型机构，如蚂蚁金服、微众银行等从发展之初就已经将整个 IT 体系架构到云端之上。

②　实时的统计数据分析能力，是金融大数据分析应用的首要关键。银行的经营需要大数据分析平台具备即时运算的功能。目前，银行最常使用的大数据分析运用领域，包括精准销售、数字风控、交易分析和抗欺诈等，均需要即时运算的支持。

以精准销售与交易预警为例，精准销售需要在对顾客短暂的访问和咨询时段内发现顾客的投资偏好，并推介合适的商品。交易预警场景，需要通过大数据分析平台在秒级内完成由情况出现到感知市场变化到得出正确计算结果的完整流程，以辨识出用户行为的重大异常，从而及时进行交易警示。所以，流式运算架构的实时计算大数据分析平台目前正逐步被金融机构使用，以适应低延迟的复杂应用场合需要。

③　金融业务创新将更加依赖于大数据的分析能力。顾客对金融服务体验的需求也愈来愈高，要求金融机构随时都可以提供金融服务。而金融企业创造新商品与服务的重点，也逐渐由单纯的标准化，转换为人性化。

大数据分析可以从产品与服务两个层面增强创新能力。在产品中，大数据分析可以有效地运用各种信息，对用户形成完整的用户画像，了解用户的需要。通过有效的用户感知，银行能够细分用户的需要，从而有针对性地制订出满足他们多样化需要的场景化的服务。在客户服务方面，大数据分析能够提升服务的智能化水平，进而拓展产品与服务的覆盖面、扩大用户基数，让银行能够覆盖原先需求不足的长尾用户。另外，服务自动化也可以迅速地根据用户要求进行反馈，增强用户黏性。

(3) 金融大数据的发展趋势

①　大数据分析的运用水平正成为金融机构提高竞争力的核心要素。现代金融服务的核心在于风险控制，而大数据分析成为风险控制的重要导向。金融机构的风险控制和管理水平直接影响着坏账率、业绩和盈利能力。随着数字化转型的推进，金融机构积累了大量信息系统，并且利用这些信息系统积累了海量的数据。然而，这些数据分散在各个系统中，无法进行集中分类和管理。因此，金融机构开始意识到需要更高效地管理其日益重要的数据资产，并积极思考和实施数据化资产管理。

目前，金融机构正不断增加在大数据管理项目中的资金投入，并结合了大数据管理平台建设，逐渐形成了公司内部统一的大数据管理池，以进行大数据管理的"穿透式"管理。大数据时代，数据管理是金融必须深刻反思的命题，通过合理的数据资产监管，才能让大数据资产变成金融机构的核心竞争力。

在国内，机构对大数据分析的理解开始由摸索阶段进入认知阶段。普华永道调查表明，83％的国内机构表示期待在大数据分析上开展融资。金融服务产业对大数据分析的要求处于服务驱动型，其迫切希望应用大数据分析技术使市场营销更精确、风险辨识更精准、运营策略更具针对性、产品设计更具吸引力，进而减少公司生产成本，增加公司收益。随着更多机构通过大数据分析获取可观的收益，将逐步消除担忧，促进大数据分析的广泛应用。

②　金融行业信息整合、共享和公开将是必然趋势。信息越关联，越公开越有效益。随着各国政府部门和公司越来越意识到数据共享产生的效益和商业价值，世界开始出现一场信息开放的浪潮。大数据的蓬勃发展要求各种机构与个人的联合合作，把个人私有、公司自有、政府部门自有的信息加以集成，使私人大数据变成公众大数据。

综上所述，大数据分析必须贯彻在客户产品整个生命周期的始末。基于大数据分析的自动评估模型、自动审核体系以及催收管理系统，是现代消费信贷的重要基石。

11.3 具体案例分析

11.3.1 精准营销

(1) 应用原理

基于客户画像，银行可进行精准营销，具体包括：

① 实时营销。实时营销是基于客户当前状态的个性化营销策略。根据客户所在地、最近消费等信息，进行有针对性的推销活动。

② 交叉营销。交叉营销是指银行根据客户的交易记录，通过分析来识别出小微企业客户，并利用远程银行等方式来推荐其他业务或产品，实现有效的交叉推荐。

③ 个性化推荐。银行能够依据客户偏好为他们提供个性化的服务和银行产品推荐。例如，图 11.3 所示的在客户画像的基础上开展精准营销，根据客户的年龄、资产规模、理财偏好等因素，精确定位不同客户群体，分析他们潜在的金融服务需求，然后有针对性地进行营销推广。

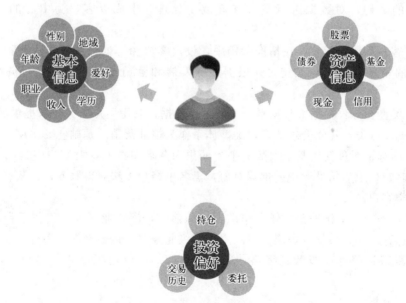

图 11.3 在客户画像的基础上银行可以有效地开展精准营销

客户生命周期管理是指在客户关系管理中，全面管理客户从获取到流失的整个过程。它包括新客户获取、客户流失预防以及流失客户的赢回等方面。以下是一个例子，展示了银行如何通过客户生命周期管理降低客户流失率并提升客户忠诚度。该银行采取建立客户流失预警模型的措施，以识别可能流失的客户。他们通过分析客户行为、交易数据以及其他关键指标，确定了流失的风险因素，并建立了一个预警模型。该模型能够及时发现流失风险高的客户，并为银行提供预警信号。一旦识别出可能流失的客户，该银行将采取一系列措施来留住这些客户。其中一项措施是推出高收益理财产品，以吸引客户继续保持与银行的关系。这些高收益理财产品为客户提供了更有吸引力的投资机会，使客户更愿意留在银行并继续享受其服务。这一举措取得了显著的成效。根据数据统计，金卡客户的流失率降低了 15 个百分点，而金葵花卡客户的流失率也降低了 7 个百分点。通过有效的客户生命周期管理，银行成功地减少了客户流失率，提升了客户忠诚度，并保持了良好的客户关系。

随着移动互联网的发展，消费者的消费需求和行为也发生了快速变化。消费者对金融产品的需求变得更加细致化，迫切需要个性化的解决方案。此外，在消费行为方面，互联网金融企业难以准确了解消费者需求并推销产品，因此营销资源和机会变得非常宝贵。为了在激烈的行业竞争中保持竞争力，互联网金融企业迫切需要更精准的营销解决方案，以降低用户干扰和营销成本，并提高营销转化率。银行业精准营销的主要应用目标可归纳为以下三点。首先，寻找目标客户并进行精准定位是首要目标。其次，一旦获得客户挖掘结果，下一步的精准营销应用应专注于具体客户，为其提供一整套智能决策方案。最后，配置完善的业务操作平台，实现从客户发掘到业务完成的精细营销工作流程，以最大程度地缩减业务操作流程，实现精细营销的"一站式"操作。

利用大数据平台的模型分析结果，银行能够挖掘潜在客户，并实施可持续的营销计划。银行业精准营销的技术流程包括以下五点：

① 客户信息整合和验证：利用大数据平台打破内外部数据、不同业务数据、不同结构数据之间的障碍，对数据进行整合和规范化处理，生成以客户为中心的一致性数据记录。

② 设定客户和场景标签：在精准营销中，设定客户和场景标签非常重要。这些标签可以根据不同的精准营销视角设定，并根据业务发展和营销场景的变化进行灵活的增减或更改。

③ 客户类型初分：根据大数据平台上的客户数据，利用用户画像技术提供的分类标准，对客户进行初步分类，建立合理的客户类型体系作为精准营销的基础。

④ 客户筛选：通过使用基于大数据平台的黑白灰名单技术，对客户进行筛选和质量把控。白名单客户被视为精准营销的推荐对象，黑名单客户无法获得服务，而灰名单客户则属于风险提示类客户。

⑤ 配置业务统一工作平台：作为精准营销的前端，配置业务统一工作平台，通过 API 接口连接数据存储层、数据处理层、算法层和高级业务层。该平台提供银行产品推荐、客户准入和客户跟踪管理等高级营销策略，通过门户网站、应用程序和应用程序接口等方式实现。

（2）案例分析

案例一：××所投资者适当性管理体系

① 项目背景。互联网财富管理平台借助高效开放的网络工具，显著降低了传统资产管理机构的服务门槛，并提升了价格发现效率，为投资者提供了更开放和普惠的投资体验。然而，行业内出现了一些平台的倒闭和跑路事件，给广大投资者带来了伤害和损失。这种情况引起了大众对互联网财富管理平台的关注。

② 应用场景。该技术可广泛应用于投资者适当性管理、用户画像、精准营销和风险管理等领域。

③ 成果概述。××所在投资者适当性管理体系的设计和建立方面进行了创新。他们运

用了大数据和机器学习等新技术，以精准评估投资者的风险承受能力。为了使客户更加直观地了解自身的风险承受能力，××所进行了量化处理，并提供了名为"坚果财智分"的评估结果。通过准确对金融资产进行风险分类，将投资者按照其风险承受能力进行划分，并使用量化模型进行匹配。此外，××所还结合了全面的信息披露和投资者教育体系，实现了资产和资金的精准匹配，以及产品全生命周期的风险管理。这样的管理体系的目标是将适合的产品销售给适合的投资者，以保护其合法权益。

④ 项目收益。自 2016 年以来，××所成功实现了超过 3 万亿的产品与投资者的销售匹配，累计对超过 127 万人和 236 万笔交易进行了风险超配提示和拦截，总金额达到 3829 亿元。同时，××所观察到拦截不匹配的投资者数量和交易笔数呈下降趋势且趋于稳定，这表明其系统能够有效地引导投资者购买适合自己的产品。

案例二：银行基于大数据的客户关系管理系统

① 项目背景。在互联网金融迅速发展的背景下，个性化服务和差异化营销变得越来越重要，这成为银行长期维系客户的关键。传统银行的 CRM 系统主要关注内部数据，致力于从各个业务环节中收集、整合和完善零散的客户信息。然而，在大数据时代，随着社交媒体和移动技术的广泛普及，外部数据的获取性也越来越高。因此，银行不仅需要关注内部数据，还需要积极整合和利用外部数据。通过多种渠道获取大量具有中高价值的潜在客户信息，银行能够获得更多的销售机会和线索，全面了解客户的个性化需求，并提供个性化的服务和解决方案。同时，银行还需要扩展传统的销售渠道，利用新媒体和新渠道进行精准营销，以提高营销的效益。

② 应用场景。应用于客户关系管理、精准营销场景。

③ 成果概述。银行的 CRM 系统利用自主研发的企业级大数据技术平台，运用微服务软件架构、实时流处理技术和人工智能技术，深度整合和提炼内外部数据的价值。该系统提供了多项功能，包括客户 360 度视图、工作提醒、智能客户推荐、发掘营销机会、优化产品货架与组合方案、提供行业资讯、预警客户风险、支持移动信贷业务、协同团队管理和展示业绩等。通过这些功能，帮助商业银行的业务团队更好地了解市场动态、识别客户价值、预测客户风险，从而实现精准营销和团队协作。这些措施将显著提升商业银行的客户服务水平和市场竞争力。

④ 项目利益。通过分析客户经理生成的流失客户预警，实施客户挽留策略，成功降低了客户流失率。同时，通过推荐适合的产品和利用智能获客方法，提高了新客户的增长率和产品的持有率。新客户增长率、价值客户增加率和重点产品的持有率都有显著提升。

案例三：××保险行业智慧电销解决方案

① 项目背景。保险行业传统电销模式趋于同质化，业务红利期正在渐渐过去，增速趋于平缓。另外，企业虽然拥有数据，但字段简单，无法形成标签；数据沉睡难以被激活；数据不具备流动性，无法实时更新。

② 应用场景。可用于识别潜在客户、数据运营和促进交易等场合。

③ 成果概述。××保险行业智慧电销大数据平台是为传统电销中心提供综合技术和服务解决方案的平台。该方案的核心思路是整合电销中心的存量数据、拓展数据、渠道数据和场景数据等，构建用户大数据中心，并利用用户画像、用户评分体系等模型筛选出具有不同价值的潜在客户。然后，借助智能电销系统、语音识别、人工智能等基础设施和技术支持，根据不同潜在客户的特征制订个性化的营销策略，如个性化内容推送、AI 互动和事件营

销等。

④ 项目收益。该解决方案的收益主要表现在电销中心的效率提升和业绩改善两个方面。初步估计，目前电销行业的人均年销量为1.62万，通过该系统化提升方案，预计初期可实现15%至30%的增长。

11.3.2　风险控制

（1）应用原理

关于风险管理和控制，主要包括评估中小企业贷款的风险以及识别欺诈交易。

① 中小企业贷款风险评估。银行可利用大数据挖掘方法，结合企业的生产、流通、销售、财务等相关信息，对贷款风险进行分析，量化企业的信用额度，以更有效地进行中小企业贷款。

② 为了实时识别欺诈交易和进行反洗钱分析，银行可以利用持卡人的基本数据、卡片信息、交易历史、客户历史行为模式以及当前行为模式等数据，并结合智能规则引擎来进行分析。通过智能规则引擎，银行可以检测到一些异常行为，例如在不常见的国家进行转账或在陌生地点进行在线交易等。为了有效地预防和管理金融犯罪，银行可以采用IBM金融犯罪管理解决方案等技术工具。这些解决方案利用大数据技术和分析算法，帮助银行实时监测和识别可疑交易模式，并快速采取措施进行调查和防范。类似地，银行也可以运用大数据技术来跟踪那些试图盗取客户账号或侵入自动柜员机（ATM）系统的犯罪分子。通过分析大量的交易数据和行为模式，银行能够及时发现异常活动，并采取相应的安全措施来保护客户免受金融犯罪的侵害。

在传统方法中，银行对企业客户的违约风险评估主要依赖过去的信贷数据和交易数据等静态数据。然而，这种方式存在一个明显的弊端：缺乏前瞻性。企业违约的重要因素不仅限于其历史信用状况，还包括行业整体发展状况和实时经营情况等。随着大数据的引入，信贷风险评估越来越趋向于事实导向。大数据信贷风险评估的前提是整合内外部数据资源。商业银行通常需要使用已知的内部客户信息以及外部机构提供的个人征信数据、客户公共评价信息、商务经营数据、收支消费数据和社交关系数据等来识别客户需求、评估客户价值、评判客户优劣以及预测客户违约风险。该策略的主要目的是丰富数据分析的角度并提高数据的实时性，以共同构建商业银行贷款风险评估的资源。

信贷风险评估的步骤：

① 基于客户级别的大数据，对已有客户进行画像，使银行能够全面、友好且灵活地向各管理机构、业务条线和产品条线提供客户级别的大数据。

② 创建一个专门的企业和个人风险名单库，统一"风险客户"等级标准，集中支持各专业条线以及各金融产品对高风险客户的筛选工作。

③ 针对大数据增量信息，需要统筹各专业条线和各业务环节的需求优先级，对新客户、高等级客户、高时效业务以及高风险业务进行实时的大数据采集式更新。对于存量、一般、普通时效业务以及低风险业务，则可以实现大数据的集中、批量、排序和滚动更新。

供应链融资的风险控制已从授信个体转向整个供应链。作为核心企业，其资产丰富，资金充足且信用额度高。然而，依赖于核心企业的上下游企业可能面临资金短缺的困境。供应链融资能够通过核心企业提供担保，以产品或应收账款作抵押，帮助上下游企业解决资金问题。

银行可以运用大数据技术来构建企业网络，通过分析企业之间的投资、控股、借贷、担保以及股东和法人之间的关系，对相关企业进行分析和风险控制。知识图谱可以建立数据之间的关联，将碎片化的数据有机地组织起来，使得数据更易于人类和机器理解和处理，并为搜索、挖掘和分析等提供便利。

在风险控制方面，银行将重点关注核心公司，并将供应链上的多个关键企业视为一个整体。通过使用交往圈分析模型，持续监测企业之间的通信数据变化情况，并与基准数据进行比较，以识别异常的交往动态。这样可以评估供应链的健康状况，并为企业的贷后风险控制提供参考依据。

（2）案例分析

案例一：银行"艾达"大数据风控平台

① 项目背景。现今国内外金融形势均变得更加复杂，GDP 增速放缓，企业业绩下滑，负债率持续攀升。同时，银行信贷成为企业经营中降低依赖度的一个因素，企业呈现出"跨业、跨界、跨境"的经营态势。集团客户关系复杂，更加分散、隐秘、多元，资金从实体经济向虚拟经济转移迅速，风险扩散飞快，且呈现"跨渠道、跨区域、跨产品"的传播趋势。与此同时，银行对资金流向的监控手段有限。在新的经济环境中，以往被动的风险防控方式已难以满足新常态下客户需求的高效性和多样性。

② 应用场景。适用范围包括但不限于企业用户画像、风险管理以及精准营销等领域。

③ 成果概述。"艾达"大数据智能风控平台是为银行各级业务人员（包括客户经理、风险经理、审计经理和管理层）提供的一个大数据风控平台。该平台整合结构化和非结构化数据，并利用新技术如大数据和人工智能来改善业务流程和风险管理。它被视为提升风险管理能力的关键工具和重要途径，同时也是银行首次尝试利用大数据建模进行风险控制管理，以挖掘数据的价值。

④ 项目效益。项目成功解决了数据孤岛问题，发现并提升了企业内部存量数据的价值。这不仅释放了生产力，还提高了企业的运营效率。通过在业务环节中嵌入"艾达"系统，节约了大约 20 个工作日的时间，尤其对于突发事件和隐藏风险的及时知晓提供了保障，有效地避免了潜在的损失。自上线以来，该系统已经触发了超过百万个风险预警标签，这使得成本中心能够向利润中心转化。通过这一系统，银行已经成功提升了全行的大数据应用能力，并且创造了一个健康的数据生态圈。

案例二：信用卡中心电子渠道实时反欺诈监控交易系统

① 项目背景。该项目旨在实现实时接收电子渠道交易数据并整合其他业务数据的能力，以实现快速建模、实时告警和在线智能监控报表等功能。该项目的背景要求系统能够实时接收官网业务数据，并整合包括客户信息、设备画像、位置信息、官网交易日志和浏览记录等的多种数据来源。通过应用规则，系统能够实现快速建模、实时告警和在线智能监控等关键功能。

② 应用场景。应用于风险预警场景。

③ 成果概述。明略数据为信用卡中心提供了反作弊模型、实时计算和实时决策系统，帮助该信用卡中心建立了电子渠道实时反欺诈交易监控系统。该系统能够处理数十太字节（TB）的历史数据和每日增长的数千万条日志流水。通过采用分布式实时数据采集技术和实时决策引擎，信用卡中心能够高效整合多系统业务数据，并处理海量高并发的线上行为数据。系统能够识别出恶意用户和欺诈行为，并实时进行预警和处置。此外，引入机器学习框

架对海量数据进行分析和挖掘，构建并定期更新反欺诈规则和模型。

④ 项目收益。明略数据反欺诈系统项目的收益表现非常显著。该系统的稳定高效运行能够快速监控电子渠道产生的各种新型风险和欺诈行为，包括虚假账号、伪装账号、异常登录和频繁登录等。系统每天 24 小时稳定运行，能够实时识别出近万笔风险行为并进行预警。整体数据接入、计算报警和案件调查的处理时间从数小时降低至秒级，监测时效提升近3000 倍。在上线 3 个月内，该系统已经帮助信用卡中心挽回数百万元的风险损失。通过及时发现和预警风险行为，信用卡中心能够迅速采取措施，避免进一步的损失。该系统的高效性和准确性使得欺诈行为无处遁形，有效保护了卡中心的资金安全。通过引入明略数据反欺诈系统，卡中心不仅成功降低了风险损失，还提升了风险管理的效率和准确性。系统的快速响应和实时预警功能使得卡中心能够及时采取行动，有效防止和打击欺诈行为，维护了客户的信任和满意度。

案例三：某银行大数据风控智能化数据产品

① 项目背景。近年来，随着大数据和移动互联网等新兴技术的迅猛发展，实体经济正面临着前所未有的变革和创新机遇。这一趋势也促使银行的风险管理决策方式逐渐向智能化和移动化转变。在这样的背景下，某银行科技创新机制积极支持各类创新项目，推动业务智能化转型。特别是大数据实验室在风险管理领域开展了积极的研究，成功孵化了名为"滤镜"的数据产品。滤镜利用先进的大数据技术，对企业客户进行准确的筛选和分析，提供了高信用的企业名单。这项数据产品为某银行的风险管理决策者提供了科学精准的决策支持。同时，滤镜依托银行首个移动数据应用平台"光速观察"，大大提高了风险决策的时效性和灵活性。

通过借助大数据技术和移动互联网平台，该银行的科技创新机制正积极推进银行业务的智能化转型，为风险管理提供了更加高效、精确的工具和方法。这不仅提升了银行的风险管理能力，还为实体经济的发展注入了新的活力。

② 应用场景。应用于风险预警、风险分析、风险排查等场景。

③ 成果概述。某银行首个移动应用平台"光速观察"为滤镜数据产品提供了强大的支持，通过多项大数据分析技术构建大数据风险预警信号。该数据产品采用名单式管理模式，向总分行风险管理决策者提供具有高信用违约风险的企业信息，以提升风险决策的时效性和精准度。为实现这一目标，滤镜充分利用社交网络分析技术，并综合应用图算法进行客户风险预测。它能够准确识别潜在风险客户，通过客户、群体和网络评分的方式进行评估。同时，该数据产品还通过对客户行为和交往圈中的特征进行分析，揭示潜在的信用违约风险事件，例如资金短缺、风险传播和群体违约等。滤镜数据产品在"光速观察"平台的支持下，运用先进的大数据分析技术，为银行的风险管理决策者提供了准确的风险预警信息。它不仅提高了风险决策的效率，还增强了决策的准确性和可靠性。

④ 项目收益。滤镜于 2016 年 5 月底开始上线试运行，并进行了后评价分析。根据数据显示，该大数据预警信号成功过滤出的企业在预警后 6 个月内发生违约的平均概率为27％。与基于传统专家规则模型的预测相比，滤镜明显提高了预测的准确度。目前，每月约有 300 个预警客户名单被生成，这些客户的预警授信余额高达 300 亿。基于上述数据，可以估算通过滤镜的预警机制，可能减少的损失金额可达数十亿元。这些数据表明，滤镜的应用在风险管理中具有重要的价值。它能够准确识别潜在的违约风险，为银行提供更可靠的决策依据。同时，它的准确预警也有助于减少可能发生的损失，为银行和企

业提供更稳健的经营环境。

11.4　未来趋势

近年来，中国的金融业科技高速发展，在许多领域都一直走在全球前列。新兴科技如大数据分析、人工智能、云计算和移动互联等与传统金融业务深度融合，极大地推动中国金融业的转型升级，有助于传统金融业更好地为实体经济提供服务，并有效推动中国普惠金融的发展。在这一发展过程中，大数据分析技术发展得最成熟，应用也最广泛。

金融领域信息来源丰富，信息应用由来已久。根据应用特征与发展趋势分析，金融服务的快速落地夯实了金融大数据分析的应用基础，而金融数据分析和其他跨行业数据分析技术的整合应用也日益完善，人工智能化日益成为金融大数据分析应用的最新趋势，金融行业数据的集成、共享与开放日益形成了潮流。

随着大数据分析技术的广泛应用和不断完善，金融领域的大数据分析已成为业界的热点发展趋势。它在许多具体服务领域得到了广泛应用，包括交易前欺诈鉴定、精准销售、黑产预警、消费信贷、信贷风险评级、供应链融资、股市行情预测、股票预警、智能投顾、骗保鉴别、风险定价等。这些应用涵盖了银行、证券、保险公司、支付清算机构和网络金融服务等多个行业，并出现了许多创新和业务突破的应用案例。总而言之，针对大数据的运用和分析能力已成为金融机构未来发展的核心竞争要素。

毋庸置疑，金融大数据已经具备了巨大的应用前景。但是，金融大数据应用中也存在着数据资产管理能力欠缺、企业技术创新困难较大、技术标准不足、政府安全监管压力较大，以及政策法规保护体系仍不健全等各种约束因素。为促进金融业大数据的更好发展应用，需要从政策法规支撑保护、数据处理能力增强、产业标准规范建立以及应用合作创新等几个方面着手，提高企业应用的基础实力，以不断完善产业生态环境。

随着互联网的普及和金融市场的不断发展，金融大数据已经成为金融行业中不可或缺的一部分。随着科技的不断进步，金融大数据未来的趋势也将会发生一些变化。

① 人工智能与金融大数据的结合。人工智能作为计算机科学的重要分支，涵盖了机器学习、深度学习、自然语言处理等多个方面，其技术应用在金融大数据中表现尤为突出。通过人工智能技术的应用，金融机构可以更好地对客户进行分析，提高风险控制水平，同时也可以提高金融机构的效率和盈利能力。

② 区块链技术的应用。区块链技术是近年来最具有突破性的技术之一，其将会在金融大数据领域中得到广泛的应用。通过区块链技术，金融机构可以更好地实现数据的共享和交换，提高金融市场的透明度和安全性，同时也可以降低金融机构的风险。

③ 高性能计算技术的应用。高性能计算技术是指在计算机领域中，通过采用多核处理器、分布式计算等技术，实现计算机性能的提高。在金融大数据领域中，高性能计算技术可以帮助金融机构更快地处理大量的数据，提高金融机构的效率和决策能力。

④ 数据安全和隐私保护。随着金融大数据的不断增长，数据安全和隐私保护问题也日益突出。金融机构需要采取一系列措施来保护客户的数据安全和隐私，包括数据的加密和存储、访问权限的控制等。

⑤ 金融大数据与智能投顾的结合。智能投顾是指利用人工智能等技术，为客户提供个性化的投资建议和资产配置计划。金融大数据可以为智能投顾提供更为准确的数据支持，提

高投资决策的准确性和效率，同时也可以降低客户的投资风险。

⑥ 金融大数据的开放和共享。金融大数据的开放和共享已经成为金融机构发展的趋势。通过数据的开放和共享，金融机构可以更好地实现数据的互通互联，提高金融市场的竞争力和创新能力。

总之，随着科技的不断进步和金融市场的不断发展，金融机构需要积极应对这些变化，不断提高自身的技术水平和竞争力，以适应未来金融市场的发展需求。

 本章小结

本章首先阐述了金融大数据的问题与挑战、基本概念与发展历程，然后对金融大数据中精准营销和风险控制两个场景下的多个应用案例进行了详细的阐述。

金融大数据是指金融机构收集、存储、处理和分析的海量数据，它可以帮助金融机构更好地了解客户行为，改善风险管理，提高投资收益，改善客户服务，以及更好地把握市场机会。此外，金融大数据还可以帮助金融机构提高运营效率，降低成本，提高服务质量，以更好地满足客户需求。

金融大数据尽管在实施和应用过程中存在诸多挑战，但通过智能技术改进现有的金融体系，以更低的成本获得更优质的金融服务，既是全球各国政府和民众的共同期盼，也是人类取得重大进步的新机遇。智能技术为金融服务领域带来的不仅仅是单纯的技术进步或简单的流程再造，它有望从根本上对金融观念、客户关系、金融路径、金融模式实现重塑。

 习题

1. 请列举三种常见的金融大数据来源，并简要描述其特点。
2. 金融大数据的应用有哪些？请举例说明其中一个应用场景，并分析其优势。
3. 大数据技术在金融行业中的挑战是什么？请列举并简要描述其中一项挑战。
4. 金融行业如何保护金融大数据的安全？请提供至少三种保护措施。
5. 金融大数据有哪些价值？请列举并简要描述其中一项价值。

参考文献

[1] 杨健. 浅谈金融大数据面临的机遇和挑战 [J]. 商场现代化, 2019 (17)：144-145.
[2] 周蕾蕾, 张蔚蔚, 张莎莎, 等. 关于计算机技术在互联网金融中的应用探析 [J]. 卫星电视与宽带多媒体, 2020 (04)：61-62.
[3] 白佳玉, 吴绍鑫. 大数据时代下互联网金融发展的机遇与挑战 [J]. 现代营销 (经营版), 2019 (01)：170.
[4] 王文, 李明, 戚晨. 浅析金融大数据平台的架构与建设 [J]. 金融电子化, 2015 (12)：86-87.
[5] 杨俊. 浅析金融学中大数据思维的应用 [J]. 现代营销 (经营版), 2019 (03)：204-205.
[6] 陆学睿. 金融学中大数据思维的应用 [J]. 今日财富, 2019 (05)：37.
[7] 张成林. 大数据背景下商业银行风险管理研究 [J]. 上海商业, 2022 (07)：89-91.
[8] 贾迎欣. 大数据时代商业银行风险管理策略研究 [J]. 商业文化, 2022 (10)：66-67.

［9］ 伍旭川．大数据在金融领域的应用与作用［J］．黑龙江金融，2018（08）：16-18.

［10］ 李承远．浅析"大数据＋金融"结合下的智能投顾发展前景［J］．租售情报，2022（3）：42-44.

［11］ 成领，曾士珂．大数据技术的最新发展及其在金融监管领域的应用［J］．产业科技创新，2023，5（01）：75-77.

［12］ 任笑锐．浅谈大数据时代下金融行业未来的发展走向［J］．现代商业，2019（16）：105-107.

［13］ 韦东．浅析大数据时代互联网金融创新与传统银行转型发展［J］．商情，2020（8）：37.

［14］ 章费寅．浅析大数据背景下互联网金融的创新发展路径［J］．中国商论，2020（18）：72-73.

［15］ 李哲豪．浅谈大数据与人工智能对金融行业的影响［J］．数字化用户，2019，25（24）：130.

第12章
交通大数据

 本章导读

在经济水平提高的背景下，人们对出行质量的要求提高。不同人对出行质量的要求可能有所不同，但提供舒适、安全、便利、环境友好的出行体验已经成为大家关注的重要问题。经济在快速增长的同时，人口数量也在大幅上升，汽车保有量的迅猛增长也势不可挡。由于我国人口基数大，汽车保有量也是一个庞大的基数，这大大加剧了交通管理的难题，明显地，目前的交通行业发展需求已经超越了传统的交通管理模式的适应能力。为解决不断严峻的城市道路交通难题，许多城市已开始引入智能交通建设理念，利用大数据技术，实现智能交通管理模式的应用。这一方法极大地增强了交通运输能力，成功缓解了城市交通拥堵，并为实现交通的整合化、信息化和智能化打下坚实的基础。除此之外，采用各种先进的大数据技术来合理调配交通资源，克服处理海量数据的困难，增进智能交通运输效率，对于构建高效的国家交通网络具有重要意义。借助这些措施，我们可以有效地应对当前城市交通领域的重大挑战，从而实现可持续的交通发展目标。现如今，我国每年在这一领域上的投资超过了200亿元，为解决城市交通运输难题提供了有效的资金支持。未来的智能交通技术及其系统运营并不会局限于陆地交通，也可以运用到航空、海运等领域中，这将有助于我国综合交通领域向着现代化和智能化的方向革新。在"十四五"发展阶段，中国将进一步加快建设交通强国，在完善基础设施布局的基础上，构建现代化综合交通运输体系，并提出促进科技创新、引领智慧交通的新要求。公开数据显示，未来智慧交通市场蕴藏着巨大的潜力和发展空间。"大数据"的出现给交通调查，交通数据采集、应用和管理带来了重大变革。新的交通数据采集方法的出现使得许多之前只是设想的交通调查成为可能，同时也给交通数据管理带来了巨大的挑战。

2019年9月，中共中央和国务院联合发布了《交通强国建设纲要》，提出了加大智能交通发展力度的目标。该纲要包括推动新技术与交通行业融合，加速数据资源对交通发展的赋能，促进交通基础设施网络、运输服务网络、能源网络和信息网络的融合发展，建立先进的交通信息基础设施，构建综合的交通大数据中心体系，深化交通公共服务和电子政务发展，并推动北斗卫星导航系统的应用。这一纲要为实现交通行业的现代化和智能化提供了明确的方向和目标。2020年发布的《智能汽车创新发展战略》旨在推动智能网联汽车的创新发展。其中提出了支持智能网联汽车的测试验证和示范应用，推进车联网与5G、云计算、大数据、人工智能等技术的深度融合，加快完善智能网联汽车相关法律和标准等方面的工作。

学习目标

　　本章首先介绍交通大数据所面临的问题和挑战，接着介绍交通大数据的基本概念、发展历程和数据分类，然后通过路面异常检测、上海公交优先智慧一体化服务和贵州互联网＋云平台 3 个具体案例的应用原理与案例分析介绍交通大数据的应用，最后介绍交通大数据的未来趋势。

12.1　问题与挑战

　　尽管大数据为各个领域的发展提供了便利，但同时也存在多种制约因素，这些因素对大数据的增长速度和程度产生了影响。换句话说，尽管大数据具有重要作用，但它并非万能解决方案。一般而言，在海量的数据库中搜索答案时，只有不到 20％ 的数据实际上适用于行业发展，并具有真正的价值。大数据技术在具体应用中受到多种因素的影响，如数据基础、软件性能、硬件配置以及数据转换方法等。以一个示例来说明，陈旧的数据信息采集技术、有限的数据采集量以及数据无法无损保存等因素，都会对数据的分析和综合处理造成直接影响。因此，这些因素将导致数据库中的大部分数据丧失了其最初的有效性。同时，我国在道路交通管理方面的发展起步较晚，这导致了交通管理的发展较为缓慢。这给基础数据的采集、数据的整合存储以及后期处理都带来了影响，主要体现在以下五个方面：

　　① 数据采集：在智能交通系统的运行过程中，广泛采用大数据技术，从而产生了大量的数据信息。为了充分发挥数据的实用性和价值，需要在数据收集方面根据实际应用目标进行妥善处理。然而，我国智能交通系统尚处于初步运行阶段，缺乏科学明确的数据采集标准，各部门之间的沟通与协作关系尚未建立，导致数据采集工作的效率有所不足。另外，不同类型的交通信息数据采集缺乏一致的管理，设备的安装、运行和维护质量存在差异，无法提供高质量数据，进而严重阻碍了数据采集工作的高效开展。同时，许多交通信息采集设备未能充分发挥其采集交通信息数据的潜能，仅限于简单的视频监控功能，造成了资源的浪费问题。

　　② 数据整合与存储：智能交通系统具有数据量庞大的显著特点，在各个运行和管理阶段都持续产生新的数据。因为这些数据具有相当高的应用价值，所以必须确保进行有效的数据存储工作。然而，由于数据种类繁多且数量庞大，确保存储系统的安全性和完善性变得相对困难。围绕城市交管业务，部、省、市等各级交管部门相继投入建设了很多信息化平台，这些平台之间存在相互孤立的情况，由于不同系统之间的"数据孤岛"现象比较严重，导致数据整合和共享程度不足，缺乏统一的数据整合和存储标准，造成了数据的碎片化和重复性存储，增加了数据管理的复杂性和难度。新推出的系统常要求一线交警重复输入大量业务数据，给基层警员增添了负担，同时也有数据质量问题，例如数据重复、数据结构不一致和数据类型不兼容等。另外，由于数据存储技术尚未跟上交通数据的更新速度，进一步提高了管理工作的难度。

　　③ 数据共享与合作：当前，城市交通管理部门使用的信息化系统和平台比较多，既有公安部交管局统一建设和推广的系统，也有各城市交管部门自建的系统。不同类型系统要真正在交通管理中发挥作用，就必须解决好系统之间、系统与交管业务之间的互通、融合问

题。考虑到信息安全保密需求，公安部推广的交管信息化系统，如集成指挥平台等，一般是部署和运行在公安内网，而各城市交管部门自建系统由于要涉及大量交管业务数据的采集、汇总、展示等，一般部署和运行在视频专网。系统部署架构、运行网络、数据安全保密需求的差异，导致系统之间互联互通不够顺畅，系统之间的跨网交互需要较长的时间，导致系统之间的跨网互通出现问题，严重影响了系统的使用效能。为了将数据成功转化为有价值的信息，需要综合分析海量信息数据的来源，并进行有效分类处理。交通大数据的存储相对分散，受制于技术水平的限制，目前仍存在信息孤岛的问题。不同单位和部门之间的信息数据难以高效共享，这无形中浪费了大量资源，并降低了数据信息的利用效率。

④ 数据分析：受限于交通管理的缓慢进展，数据后期处理的能力和水平也相应受到限制。由于缺乏有效的数据分析和挖掘手段，无法充分发掘数据潜在的价值，因此限制了交通管理决策的科学性和精准性。由于大数据技术的应用时间较短，因此在处理多样化的数据对象时，也很难同时满足管理要求的速度和准确度。此外，对数据价值缺乏深入分析，同样可能导致提供的信息缺乏必要的专业性和可靠性。

⑤ 数据应用：在数据应用阶段，仍然存在一些难以克服的挑战，比如系统与交通管理业务的融合问题。由于智能交通的用户涵盖广泛，包括地方政府、交通规划单位、交通管理机构以及相关信息机构等，这些用户的工作职责和需求各不相同，因此对数据信息的应用需求也各异。基层交管部门受限于自身使用水平、系统操作权限等因素，导致信息化系统在交管业务中发挥的支撑作用不突出。为了充分发挥智能交通的功能价值，需要持续深入研究大数据技术，并根据实际情况进行改进，尤其是在复杂情境下。然而，就目前的技术而言，这仍然面临相当大的挑战和难度。

12.2　基本概念与发展历程

12.2.1　基本概念

面对大量数据的整合和快速高效的管理系统制定这一挑战，为了使管理人员能够快速获取所需的数据资料，我国在大数据环境下创新了新的道路交通管理方式。这一模式在大数据背景下实现了高效、强大的处理能力以及提升的交通管理水平。然而，随着我国现代科技的迅速发展，交通管理也面临着巨大的压力，包括工作效率、工作能力以及新型道路交通问题等方面带来的新挑战。近年来，出现了多个方面的矛盾和挑战：一是快速增加的车辆和驾驶人与有限的道路资源之间的矛盾；二是迅速的机动化和综合治理体系之间在交通安全方面的不足之处；三是人民群众对交通服务需求逐渐增加，但供给不足的问题；四是繁重的交通保障任务与严重不足的警力之间的矛盾。在当前大数据时代的环境下，通过改革和提升业务能力，更好地为人民服务，提升我国人民生活的整体质量水平。基于大数据技术的智能交通具有以下四个主要优势。

首先，拥有出色的信息清晰度。智能交通管理工作主要借助智能交通系统，利用传感器、摄像头和其他设备，智慧交通系统实时监测交通流量、道路状况、停车场容量等数据，以便更好地管理交通。通常，数据和信息的采集工作利用高分辨率摄像头完成。高分辨率摄像头的使用使车辆和交通环境的监控变得更加全面，为交通监管工作提供了巨大的便利，并为公安部门的案件侦破工作提供了技术支持。如图 12.1 所示，智能交通系统在城市交通供需关系中扮演着特定的角色并发挥作用。

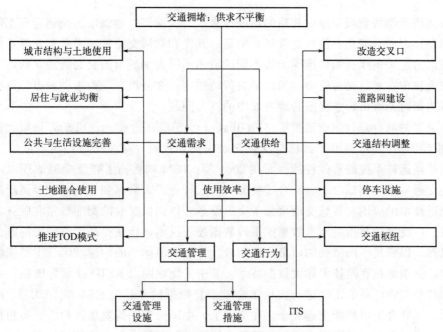

图 12.1　智能交通系统在城市交通供求关系中的角色和作用

其次，系统具备卓越的管理功能。智能交通管理系统整合了多个功能系统，包括电子交通警察系统和智能车流量控制系统等。这些系统为智能管理系统提供了强大的管理功能，利用视频监控、交通违规检测等技术，减少交通事故，有效地降低了管理成本。

再次，拥有高效的交通调度能力。智能交通管理工作覆盖更广泛的领域，需要收集、分析和处理大规模的数据和信息。为驾驶员和乘客提供实时的交通信息、路况报告、导航建议，以帮助他们更好地规划路线。因此，智能管理系统必须具备高效的调度能力，以提高解决局部交通问题的效率。

最后，拥有高度精准的识别能力。智能交通管理系统能够精确识别车辆及相关信息，并以动态方式进行分析，以最大程度还原交通事件的真实情况。这有助于管理人员做出准确的决策，提高交通事件处理的公正性。

随着社会的不断进步，城市交通管理体系正逐渐改进完善。大数据技术为智能交通管理提供了强有力的支持，通过智能交通管理的推动，城市交通拥堵问题得到了明显的缓解。智能交通系统的使用为绿色交通的实现奠定了坚实的基础。在智能交通管理模式下，交通基础设施的利用效率显著提高，交通运营的安全水平也大幅度提高。智能交通系统的不断发展和应用有望改善城市的交通状况，提高居民的生活质量，减少交通拥堵和污染，促进城市的可持续发展。因此，智能交通系统的建设和发展方向必须与城市交通未来的发展趋势相一致，只有这样才能实现交通系统和城市发展的双赢。目前，智能交通系统已成为全球范围内的发展趋势，并在一段时间的应用后取得了显著效果。智能交通系统需要依托设备基础，逐步采用数字化和智能化系统，结合以往的设备维修模式，通过利用大数据技术，收集和分析与交通运行和车辆运输相关的数据，以实现轨道交通的智能化管理目标。

12.2.2 发展历程

随着我国新型智慧城市建设战略的不断推进，二线城市、地级市的交通管理工作也开始逐渐从信息化走向智能化、智慧化管理，采集、开发和利用交通管理大数据，对于提升城市交通管理能力至关重要。如何准确了解不同区域和不同类别城市的交通管理现状，发挥一线城市和省会城市在智慧交通管理方面的辐射带动作用，并分级、分类推动城市智慧交通管理建设，成为新时期城市智慧交通管理发展中的重要问题。

智慧交通的前身是智能交通系统（intelligent transport system，ITS），该概念首次由美国在 20 世纪 90 年代初提出，目标是优化交通管理和控制，减少交通拥堵、事故和环境污染，提高道路运输系统的整体性能。而在 2009 年，IBM 则提出了智慧交通的理念，将其建立在智能交通系统的基础之上，整合了物联网、云计算、大数据和移动互联等高新技术。借助这些先进技术的应用，智慧交通聚集了交通信息，以提供实时的交通数据和服务。在智慧交通领域，广泛采用数据模型、数据挖掘等数据处理技术，旨在提高道路交通的效率、安全性和环保性，以满足不断增长的城市交通需求。智慧交通体系的构建和运营主要依赖于两项核心技术，分别是物联网技术和大数据技术。其中，物联网以 RFID 技术为核心，而大数据技术则为智慧交通体系的正常运行提供了海量信息数据的支持。2021 年 10 月 14 日，北京举行了第二届联合国可持续交通大会。在会议上，中国强调了需要加强智能交通和智能物流的发展，促进大数据、互联网＋、人工智能、区块链等新技术与交通领域的深度融合，以推动交通行业的创新和发展，使人享其行，物畅其流，同时宣布建立中国国际可持续交通创新和知识中心，为全球交通发展贡献力量。在政策的倡导和技术的推动下，智慧交通正迎来重要的历史发展机遇。就技术领域而言，大数据、互联网＋、人工智能、区块链等新技术的持续创新和演进，为智慧交通提供了丰富多样的应用可能性。另一方面，在政策制定上，各级政府陆续出台的关于交通强国、新基建、数字交通等相关政策，皆为智慧交通的高质量发展提供了保障与指引。

12.2.3 交通大数据分类

目前，广义上，交通大数据可主要按照交通方式划分为四大类，包括铁路、公路、水路和航空。而每个大类又可以进一步细分，形成多种不同的类别。在这里，我们重点介绍了交通领域内已经可以应用的几种大数据类型，包括高速大数据、车辆大数据、ETC（electronic toll collection，电子不停车收费）大数据、运力大数据和运政大数据。

（1）高速大数据

高速大数据的开放最为全面，目前已开放的国有高速大数据覆盖全国范围超过 13 万公里的高速网络（西藏、海南除外），超过 20000 个高速出入口站点实时采集车辆通行数据，从 2017 年 6 月 1 日起，客货共计超过 1.93 亿辆车产生了 188.3 亿条高速行驶记录，其中客车超过 1.82 亿辆，货车超过 3700 万辆，活跃货车超过 1204 万辆，包括里程、载重、通行时间、站点、频次等多个重要因子，是目前全国范围车辆数据覆盖最全的国有交通大数据。高速大数据已经应用在保险、物流等领域，未来还会在更多领域中应用。

在保险领域，基于高速大数据目前已经开发出高速里程保、货车风险分、货车信用宝等模型产品。简单地说，未来买车险保费可以做到"一车一价"。

（2）车辆大数据

目前开放的共享车辆大数据包含 2013 年之后的全部乘用车及商用车的信息，包括车辆上所有零部件的数据。然而，由于数据量大，目前在商业应用过程中仅能查询到部分数据，包括车牌号、VIN（车辆识别码）、车辆档案详情等。车辆档案的详细信息包括总质量、出厂日期、整备质量、核定载质量、最大功率、轴数、品牌名称、轴距、车身颜色、前轮距、使用性质、后轮距、车辆类型、车牌型号、发动机号、发动机型号、初次登记日期、车架号、机动车所有人、车辆状态、核定载客数、强制报废期、燃料种类、排量、车牌号、车辆类型代码、姓名是否一致等相关信息。这些信息对于车辆管理、注册和监管非常重要，可以确保车辆在道路上的安全和合法使用。

目前，车辆大数据是由交通运输部直接对外开放的，在细粒度、更新、覆盖面、连续性、信息丰富度上，比从 4S 店、主机厂拿来的数据更加全面。

车辆大数据可应用场景丰富，最直接的就是用在二手车交易中，让价格更加透明，此外在保险、维修、汽车金融等领域都可以应用。

① 二手车行业：主要销售和交易已经被使用过的汽车。

② 汽车金融行业：用于核查及评估车辆价值，用于汽车融资及租赁。

③ 汽车保险行业：主要用于保险登记、理赔处理以及保险费率的调整等方面的信息查询。

④ 共享汽车/物流行业：主要用于车辆管理和维护，包括车辆登记注册以及实现车辆信息化管理的目的。

⑤ 车辆维修及服务行业：主要用于诊断车辆问题、计算机自动匹配零部件、订购配件、推荐配件以及客户关系管理等方面。

（3）ETC 大数据

ETC 大数据主要指车辆通行费支付行为，目前其应用场景比较窄，主要应用在物流金融领域，帮助金融机构在针对司机发卡时做评估。

在高速数据中，包括高速车辆通行次数、通行里程、高速运力指数、高速通行支付方式、高速超载超速行为，以及高速月过路费评估等数据因素。在疫情期间，高速大数据的应用可用于疫情防控。通过高速大数据的分析，可以判断车辆是否近期有过疫情高发区域的通行情况。此外，高速大数据还可以应用于以下方面：

① 物流平台、企业车队的经营管理优化及风险评估。

② 金融机构针对物流企业的企业贷款风控评估（评估企业经营状况）。

③ 过路费/运费贷款场景的风控评估。

④ 货车（汽车）保险保额评估及定价。

（4）运力大数据

通过车牌号获取货车排名占比（指定月份的累计上路时长在当月所有高速行驶的同车型货车上路时长的排名占比），百分比越高，表示该车辆排名越靠前，上路时长越多，同时给出该指数同比及环比的变化趋势，这就是运力指数数据。运力指数可以应用的场景很丰富，例如：

① 银行等金融机构的运力贷、ETC 信用卡、ETC 贷款等针对中小物流企业及司机的信贷产品的贷前用户筛选及风控。

② 货车融资租赁、保理等物流金融平台对承租企业车辆运力情况进行定期跟踪，了解

企业车辆的运营情况及物流企业的经营情况。

③ 大中型物流企业了解外部车辆的历史运力情况，筛选外部合作车辆，提升车辆管理能力。

④ 网络货运平台了解入驻平台车辆的历史运力情况，优化车货智能匹配算法。

⑤ 货车险保前定价模型优化、保前风险信息核验。

⑥ 物流科技企业、物流系统集成商优化系统运力模块、司机管理模块功能，提升客户服务能力。

⑦ 货车二手车企业了解货车历史的运输情况，对货车价值进行参考评估。

（5）运政大数据

运政，也被称为道路运输管理机构，其职责是执行国家道路运输法律法规和方针政策。通过行业管理，运政可以保护合法的经营行为，维护货主和旅客的合法权益。根据其管理权限，运政机构负责进行道路运输行业的行政许可，并实施行业管理，以确保运输行业的安全性和市场秩序。另外，运政机构还承担监管道路客货运输、运输站点、汽车维修以及运输服务等领域的职责。目前，运政大数据对外开放的是道路运输许可证核验、企业道路运输经营许可证核验、道路运输从业人员资格证核验、企业运力评估核验这四大类，下面重点介绍前三类。

① 道路运输许可证核验。道路运输许可证是验证运营车辆合法经营的有效证明文件，也是记录运营车辆审验情况和对经营者奖惩的主要证据，是为了确保道路运输行业的安全性、合法性和市场秩序而设立的。道路运输许可证必须随车携带，并在有效期内适用于全国范围的行驶。通过输入车牌号码、车牌颜色等信息就可以核验道路运输证号、证照状态、营运状态等信息。目前，该数据和高速大数据一样，均覆盖全国范围。该数据的开放可以帮助以下行业。

物流行业：物流企业及网络货运平台对申请加盟企业或入驻平台的车辆的道路运输许可证进行实时核验，并对企业或平台车辆的证件到期时间进行提前预警，提醒车主更新证件。

物流金融/银行：对申请办理运力贷、运费贷、货车 ETC 记账卡的车辆进行实时的证件真伪核验。

汽车行业：货车二手车交易企业或平台对入驻平台的二手货车进行实时证件核验。

② 企业道路运输经营许可证核验。道路运输经营许可证是一种证明单位、团体和个人有权从事道路运输经营活动的许可证。它是从事物流和货运的企业经营时必须获得的前置许可证书，主要目的是确保运输行业的合法性、安全性和市场秩序。根据当地政策情况和物流公司的经营范围不同，办理道路运输经营许可证的程序也有所不同。只有持有这个证书的公司才能运营车辆，该证书是车辆进行运营的必要条件。不同国家和地区的道路运输经营许可证的规定和程序可能有所不同，但其主要目标是确保道路运输活动的安全、合法和有序进行。持有这种许可证对于运输行业的参与者来说是重要的，因为它提供了合法开展业务所需的权威认可。道路运输经营许可证是由地方道路运输管理局颁发的，到期后需要进行换证手续。输入道路运输经营许可证编号、企业名称等信息就可以核验企业的经营状态、证照状态、经营范围等信息，可有效帮助以下行业。

物流行业：物流企业及网络货运平台对申请加盟企业或入驻平台的中小物流企业车队的经营许可证件进行实时核验，并对企业/车队的证件到期时间进行提前预警，提醒企业/车队更新证件。

物流金融/银行：对申请办理运力贷、运费贷、货车 ETC 记账卡的中小物流企业车队进行实时的证件真伪核验。

汽车行业：在商用车汽车金融业务中，对申请货车融资租赁、购车贷款的中小物流企业/车队进行实时的证件真伪核验，以降低欺诈风险。

③ 道路运输从业人员资格证核验。道路运输从业人员资格证是指道路运输从业人员所持有的从业资格证件。这个证件是在通过交通部门的道路运输相关知识和技能考试后颁发的，通常与道路运输行业的安全性、合法性和专业性相关。它也被视为一种能够从事职业驾驶等活动并获取报酬的资质证明。

根据《道路运输从业人员管理规定》的规定，道路运输从业人员资格证件包括《中华人民共和国道路运输从业人员从业资格证》和《中华人民共和国机动车驾驶培训教练员证》，这两种证件统称为道路运输从业人员从业资格证件。道路运输从业人员资格证是确保道路运输行业的安全性和专业性的关键工具。持有这种证书的个人通常被认为具备必要的知识和技能，可以有效地从事与道路运输相关的工作。与企业道路运输经营许可证相似，道路运输从业人员资格证件也在类似的应用场景中使用。

12.3 具体案例分析

12.3.1 路面异常"智能巡逻"

路面异常，如凹坑、裂缝、颠簸和障碍物，是引发交通事故和车辆损坏的主要因素之一。这些路面异常不仅对车辆的轮胎构成威胁，同时驾驶者在发现路面问题后的避让和转向行为也存在较大的安全隐患。道路的损坏和磨损需要定期的维护和修复，这需要大量的资金和时间。

目前，我国主要采用人工勘查的方式来检测路面情况和驾驶行为，只有高端车型上安装了用于检测路面状况和驾驶行为的传感器系统，然而，国内的地图导航软件目前尚未具备路面异常检测功能，无法满足公众对道路状况监测的需求。搭载了加速度计、磁力计以及全球定位导航系统等传感器的智能手机可以用于采集路面凹坑、障碍物等信息。这些信息将被发送到中央服务器进行进一步分析，并经过量化处理后以道路凹坑地图的形式传播出来，及时向使用智能手机的驾驶员和行人发出道路安全警告。

综上所述，路面异常智能巡逻研究的目的是通过现代技术和智能系统来发现道路状况，提高道路的安全性、舒适性和效率，同时降低维护成本，促进可持续交通发展。这对于城市和道路管理部门以及驾驶者和乘客都具有重要意义。

(1) 应用原理

美国《连线》杂志的作者 Jeff Howe 首次提出了众包的概念。众包（crowdsourcing）是一种通过向大众或群体征集外部资源、思想、信息或劳动力来完成任务、解决问题或实现创新的方法。这个概念的核心思想是将任务分发给广大的未知公众，以便他们协力完成工作，通常通过互联网平台进行组织和协调。作为一种群体智慧的利用模式，众包通常吸引来自不同背景、专业领域、地理位置和经验水平的参与者。同时，交通智能化使得交通管理机制从职能管理向新型的协调管理模式转变，公众参与和个性化服务成为智慧交通管理系统的核心。

第12章

在众包的知识框架下，人们在不同的时期扮演着信息使用者或贡献者的不同角色，不仅改变了工作方式和商业模式，还推动了全球协作、创新和问题解决。它为个体提供了更多的机会，也为组织者提供了更多的资源和人才。他们产生的大量个人信息成为实现智慧交通公众参与和人性化服务的重要基础。互联网是众包的关键媒介，通过在线平台、应用程序或网站，任务组织者可以与参与者进行沟通、协作和数据收集。随着硬件和软件的优化升级，智能手机可以作为多模式传感器，收集并分享各种类型的数据，例如图片、视频等，传递位置、移动速度、方向和加速度等信息。政府和个人通过机制实时获取、汇总和分析交通信息，从而实现对道路交通的有效控制。随着技术的不断进步，众包在未来将继续发挥更大的作用，影响人类生活的多个方面。

动态时间规整（DTW）算法是一种用于动态模式匹配的技术，用于衡量两种模式在时间和空间上的相似性。其具体原理是计算两个时间序列之间的相似性，并返回一个距离值。距离值越低表示匹配度越高，接近零的值表示序列越相似。DTW算法的主要目标是找到两个时间序列之间的最佳匹配，以便在时间和幅度上将它们对齐，使它们能够进行有效的比较和分析。为了分析收集的路面整体状况数据，我们采用DTW算法进行结果分析。然后，将分析结果与存储的模板进行比较和套用，并与人工标记的实际异常情况的GPS点、假阳性率和假阴性率进行比较。这样可以计算出与模板参考匹配模式相对应的异常点位置。相比现有技术，DTW算法不需要固定阈值，克服了其局限性，并降低了算法的复杂性。

路面异常智能巡逻从动态时间规整（DTW）的角度出发，提出了一种基于众包的道路异常检测新技术，称为"智能巡逻"，旨在发现路面凹坑、障碍物等异常问题。该技术基于众包技术，提出了智能交通构想：基于先进的技术和智能化的方法，改善交通流动性、安全性、效率和环境可持续性。利用移动群体智能感知的概念，通过智能手机采集路面数据，并结合传感器数据，通过信息分析和融合平台，能够提供更准确、实时性更强的路面状况。

该构想利用移动群体的智能感知概念，通过智能手机和传感器采集路面信息。随后，通过信息分析与整合平台，实现更精确和实时的路面状况数据获取。然后，该平台将实时更新的路面动态通过一个共享的用户界面传输到其他移动设备上，从而形成一个动态地图，用户可以在他们的移动手机上查看，随时了解路面状况的变化。这种智能巡逻技术为交通管理者和居民提供了一种全新的方式来共同关注和解决道路异常问题。该构想方案的实施流程如图12.2所示。

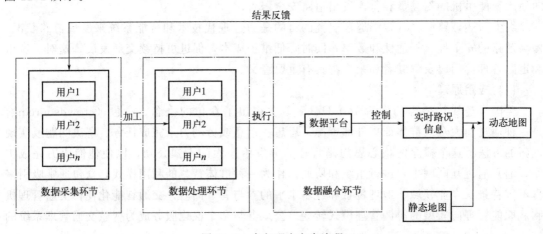

图 12.2 众包理念方案流程

（2）案例分析

为了设计"智能巡逻"模型，该案例首先利用多种传感器来实现位置数据采集，并通过噪声滤波服务器和 DTW 技术对数据进行分析。接下来，在中央服务器或云平台上，将分析得到的数据与参考模板数据进行对比和评分，以检测与 GPS 位置对应的道路异常情况。一旦检测到路面异常，模型需要触发警报系统，通知相关部门。最后，完成定位输出，以便准确了解道路状况。这一模型的设计能够更好地利用智能手机和相关技术来实现道路异常的监测与定位。

该案例的目标是借助智能手机来探测道路上的不正常情况，例如路面凹坑、颠簸以及障碍物，以实现对路面异常的实时监测和管理。将"智能巡逻"模型应用于现有的地图 APP 中。当车辆行驶在凹凸不平或颠簸的道路上时，观察到的数据与行驶在平坦道路上时的数据会有明显的差异。

智能手机可用于获取数据，并将其存储在应用软件中，也可以发送到数据云平台，供使用同一应用的其他用户进行访问。当道路发生凹坑或颠簸等异常情况时，用户需要手动启用相应功能，以收集实时的路面数据并实现数据的即时共享，从而实现基层层面上"人、车、路"三者之间的真正互联互通。使用"智慧巡逻"模型来检测路面异常情况的机制如图 12.3 所示。

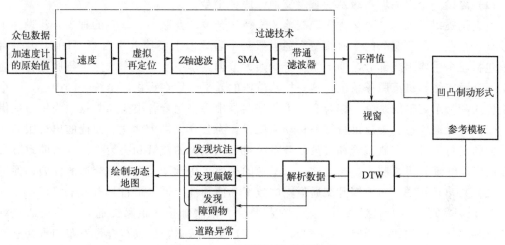

图 12.3　"智慧巡逻"检测模型

在"智慧巡逻"模型图中，我们可以看到本文设计的模型运行过程。首先，将加速度计的原始值输入一个滤波器中进行数据平滑处理，随后将平滑后的数据保存到参考模板数据库中。接着，将参考模板中的数据模式输入动态时间规整（DTW）算法中，该算法用于从数据中检测相似的模式。通过实时的数据采集，我们能够检测路面上的坑洞和凹坑等异常现象。这样设计的模型能够帮助我们实时地监测道路状况并提供及时的警示。

本案例提出了一种融合众包技术和动态时间规整（DTW）算法的"智能巡逻"模型，将交通系统与最新的科技集成在一起，旨在提高城市交通的效率、安全性和可持续性，为改善城市交通问题提供了创新和可行的解决方案。

该模型能够提前预警道路障碍并给出避让建议，实现"人、车、路"的互联互通。研究结果表明，利用众包技术、智能手机的加速度数据流以及 DTW 算法，能够提高路面异常检测的准确性。DTW 算法是一种强大的工具，可用于处理具有不同时间尺度、速度或采样率的时间序列数据，以便进行有效的比较和分析。实验数据显示，"智慧巡逻"模型对路面异常情况的平均检测率达到88.66%，优于现有技术。因此，本案例提出的模型具有良好的路面检测精度，为我国未来路面检测和交通智能化的研究与实践提供了新的发展视角和实现模式参考。

12.3.2 "公交优先"特色的上海智慧交通云服务

面对交通信息服务平台呈零散化且各自为政的状态，一方面，上海市政府和本地的企业推出了多个面向交通信息服务的软件产品，如"上海公交""地铁指南""智行者""乐行天下""上海停车"等应用。另一方面，还有众多互联网企业加入了新兴的"互联网＋交通"领域，包括自驾车服务应用，网约出租车业务应用，定制公交服务应用，共享单车等骑行交通应用，以及综合出行服务的应用。

然而，这些交通信息服务平台之间存在分散和独立运营的问题，难以为公众提供一个统一的信息服务入口，以获取多种服务信息。此外，大多数这些应用只提供独立的、没有联动关系的交通信息服务，既缺乏准确的交通运营企业业务数据，也没有形成完整的出行链服务。总的来说，目前市场上的应用还不能满足公众对一站式、全覆盖、个性化综合交通信息服务的需求。

(1) 建设一个上海城市级别的智慧交通云服务平台

本案例提出了推进"公交优先"战略，秉持"开放、互联、共享"的理念，建设一个面向公众、企业和政府服务的上海智慧交通云服务平台（以下简称云平台）。目前，云平台的构建包括三个主要组成部分，即上海综合交通大数据共享中心、上海智慧出行服务移动应用和上海交通监管和决策服务系统。这一构建阶段的云平台旨在提供一个统一的中心，一个便捷的应用和一个完整的系统。综合交通大数据共享中心将聚合各类交通数据，为用户提供准确、全面的交通信息。智慧出行服务移动应用旨在为公众提供个性化、便捷的出行服务，满足他们的出行需求。交通监管和决策服务系统将提供强大的监管和决策支持，帮助政府实现有效的交通管理和决策制定。通过这一云平台的构建，将推动上海智慧交通的发展，促进交通信息的共享和互联，从而提升交通运输的效率和便利性。该云平台具有以下特点：

① 统一管理交通大数据资源：云平台将整合、汇聚和接入道路交通、公共交通、对外交通以及其他行业的数据资源。统一维护和处理这些大数据，使其符合可发布和可共享的数据规范要求。

② 提供精准智能的交通出行服务：基于企业运营数据、道路通行数据、客流分布数据等交通大数据的分析，云平台能够自动生成多个优化的出行规划方案。同时，它提供更精准可靠的交通信息服务，使用户能够享受到更准确和智能化的出行体验。

③ 符合监管精细化和决策科学化：云平台能够采集到最原始、最细粒度的交通数据，通过这些数据构成的监管数据能够真实反映交通状况，并且数据具有溯源性。同时，基于这些数据的分析、比较和模拟等功能，使政府能够做出更科学的决策，实现监管工作的精细化管理。

(2)"一中心、一应用、一系统"的功能定位

综合交通大数据共享中心（以下简称大数据中心）作为云平台的主要数据存储载体，它不仅存储涵盖城市道路、公共交通、慢行交通、停车、高速公路和对外交通等交通领域的数据，还承载了通过数据交换等方式获取的公安、气象、环保、旅游、住建、安监、规划、测绘以及电信等行业的数据。

大数据中心在数据处理和分析方面遵循"公交优先"原则，即优先利用数据挖掘和分析技术，以提供数据支持，优化公共交通两网融合。

大数据中心具备开放、共享和可流通的特性，并且在符合相关规定的前提下，可以与政府的非交通管理部门、企业等实现数据的共享和交换，以推动全社会在交通数据分析和数据增值等方面的应用。

大数据中心与其他交通数据中心存在联系，但它们在定位上各有不同。目前上海已设立了两个交通数据中心，其中一个隶属于上海交通委员会信息中心，另一个则隶属于上海交通信息中心。表 12.1 展示了这两个交通数据中心以及即将建设的云平台中的大数据中心之间的定位和关系。根据表 12.1 的内容可以得知，云平台具有主要的数据资源聚集和系统定位，区别于其他两个数据中心。其目标是避免重复建设，促进数据资源的共享。三个数据中心将以开放、互联和共享的模式共同发展，以实现更好的合作与协同。这样的努力有助于提高数据的效用和价值，并推动整体的发展与创新。

表 12.1　交通数据中心和云平台中的大数据中心的定位和关系

数据中心	主要汇聚数据资源	定位
交通委员会科技信息中心	行业监管数据、行政审批数据等	监管、审批等管理职能
上海交通信息中心的综合信息平台	交通基础地理信息、道路交通数据、交通事件数据等	以道路路况、交通指数发布为主
上海智慧交通云服务平台大数据共享中心	交通全行业数据和关联行业数据等	公共交通及其他运营、出行、决策

(3) 云平台系统总设计实现——交通大数据共享中心

① 通常情况下，在安装 Linux 系统时，会使用开源版本的 Redhat 系统（例如 CentOS）作为底层平台。为了确保硬件基础的稳定性，在进行硬盘的 RAID 设置和数据存储节点的挂载时，需要根据具体情况进行相应配置。例如，可以选择对 HDFS 的 nameno-de 进行 RAID2 设置，以提高其稳定性，并将数据存储和操作系统分别放置在不同的硬盘上，以确保操作系统的正常运行。这样的配置可以提供一个稳定的环境和可靠的存储方案。

② 在当前的分布式计算平台安装方面，国内外大多采用 Hadoop 系列开源系统。Hadoop 的核心组件是 HDFS，即分布式文件系统。这个系统在分布式系统领域非常流行并被广泛应用。在其基础上常用的组件有 Yarn、Zookeeper、Hive、Hbae、Sqoop、Impala、ElasticSearch、Spark 等。

使用开源组件有以下优点：a. 使用者众多，网上可以找到很多关于解决 bug 的答案（这通常是开发过程中最耗时的部分）；b. 开源组件一般是免费的，学习和维护相对较容易；c. 开源组件通常会持续进行更新，提供必要的更新服务，尽管更新操作可能需要手动进行；d. 由于代码开源，如果出现 bug，可以自由地对源码进行修改和维护，这样可以更好地满足特定需求和解决潜在问题。

就分布式集群的资源管理而言，通常采用 YARN（Yet Another Resource Negotiator）。Hive 和 HBase 是常用的分布式数据仓库。Hive 可用于执行 SOL 查询，尽管效率稍低，而HBase 则可以实现快速且接近实时的行级读取。在外部数据库导入和导出方面，需要使用Sqoop 实现数据从传统数据库（如 Oracle 和 MySQL）到 Hive 或 HBase 的转移。ZooKeeper

提供数据同步服务，对于 YARN 和 HBase 而言，它是必需的支持。Impala 则是 Hive 的一个补充，可实现高效的 SQL 查询。ElasticSearch 是一个分布式搜索引擎。在数据分析领域，目前最热门的是 Spark，这里忽略了其他组件，例如基础的 MapReduce 和 Flink。Spark 在其核心库上提供了 MLlib、Spark Streaming、Spark SQL 和 GraphX 等功能库，能够满足几乎所有常见的数据分析需求。值得一提的是，将上述组件有机地结合起来以完成特定任务并非一项简单的工作，可能会非常耗时。

③ 使用 Sqoop 作为数据导入工具。Sqoop 能够将数据从文件或传统数据库导入分布式平台，通常主要导入 Hive，也可以导入 HBase。

④ 数据分析通常包括数据预处理和数据建模分析两个阶段。数据预处理是为后续的建模分析做准备，其主要工作是从海量数据中提取有用特征并构建大型宽表。在这个过程中，我们可能会使用到 Hive SQL、Spark SQL 以及 Impala 等工具。

数据建模分析是针对通过预处理提取的特征/数据进行建模，以得到我们想要的结果。正如之前提到的，Spark 是最常用的工具。在 MLlib 中已经提供了常见的机器学习算法，例如朴素贝叶斯、逻辑回归、决策树、神经网络、TF-IDF、协同过滤等。使用 MLlib 调用这些算法非常方便。

⑤ 对于结果可视化和输出 API，常见的做法是对结果或部分原始数据进行可视化展示。一般情况下，有两种展示方式，即行数据展示和列查找展示。在这种情况下，基于大数据平台的展示通常会使用 ElasticSearch 和 HBase。HBase 提供了快速（毫秒级）的行查找能力，而 ElasticSearch 可以实现列索引，并提供快速的列查找功能。

(4) 上海智慧出行服务移动应用和上海交通监管和决策服务系统

上海智慧出行服务移动应用和上海交通监管和决策服务系统都融合在上海智慧出行移动应用程序（APP）中。由图 12.4 可以看出，上海智慧出行 APP 可分为三个模块。第一个模块主要用于实时显示线路界面，用户可以输入所需查询的出行线路，例如输入 11 号线。当用户站在江苏路等待 11 号线时，在开启定位功能后，界面将显示从 11 号线的第一站到最后一站的每辆地铁位置，以便用户准确了解还有多少分钟可以上车等相关信息。如果用户查询的线路出现事故或者 11 号线晚点 5 分钟等情况，这些信息将会在第一模块的头部展示，并且底部将实时显示上海市的天气情况以及穿衣指导等信息。

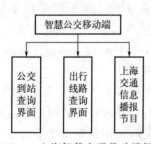

图 12.4　上海智慧交通移动端框图

第二部分是线路查询，用户可以输入目的地，系统将接入地图应用，并允许用户选择他们信任的地图服务。第三方接口将提供相应的数据。第三个部分是上海实时交通消息，以整张地图的形式展示。例如，如果中环路距离李子园出口 300m 的第一条车道发生了交通事故，预计通行时间为 5min，用户可以实时查询这些信息。所有这些实时信息都是根据大数据平台进行数据分析，并经过交通监管部门的监管和决策系统处理后发布的。上海市智慧交通出行系统由数据大平台、智慧移动应用和交通监管决策服务系统三个部分组成。数据大平台用于收集各类移动数据，并将其传送给交通监管和决策服务系统进行分析，最终在智慧出行移动应用上展示。整个系统为上海市的用户提供了便利的出行服务。

12.3.3　贵州交广"互联网＋智慧交通云平台"

广播收听率是评估广播市场竞争力的重要指标。长期以来,各地广播电台都将收听率作为衡量传播效果的评估方式。多数电台通常聘请专业的媒体调查公司,收集单位时间段内的调查数据,以指导节目制作和经营收入的决策。百度词条上对"电台收听率"的解释如下:某地区在某特定时段内,收听某电台节目的人数占该地区潜在听众的比例;潜在听众指的是在该地区具备收听广播能力的人群。评估一档广播节目的收听率,以及该节目在本地收听市场上的占比,以及各档节目之间的交替变化是否合理设置,收听率数据是最直观的衡量指标。通过各种渠道收集的数据,成为对广播节目品牌建设和经营收入进行情报分析的重要信息源。

目前,贵州省各地广播电台已经委托第三方媒介调查公司每月提供收听率报告,其中采样样本为 300 个。然而,传统的调查方法已经无法满足交通广播在节目制作和经营收入方面的实际需求。标题设置是否合适,后续是否要做调整,都需要更及时、更详细的收听率数据来做分析。在移动互联让信息获取渠道多元化的竞争情境下,交通广播更需要更实时的受众分析报告。

"互联网＋智慧交通云平台"具有以下主要特点:统计范围广泛,并且拥有高准确度。只要车辆在系统中进行登记,其动态情况就能以数据的形式迅速传回平台,并能进行多重分析。汇集的数据可进行分类、分拣、统计,并能实现实时性细分统计项。云平台能为交通广播的节目生产提供实时的参考数据,即谁开什么车、在什么位置、从何时开始听节目、持续时间多久等,包括驾驶的车型、价位、职业、年龄、收入、家庭情况等等既可作为节目受众成分的分析,也可以成为经营创收的重要依据。

(1) 贵州交广的四个发展方向

贵州交广对根植于城市交通生活的"互联网＋智慧交通云平台"大数据项目进行梳理分析,并进行产业化的开发应用。目前在广播广告上取得了成功,今后将实现以下四个方面的发展:

① 开展商圈建设:系统内登记在册的所有车主即可成为商圈的初级会员,这个资源的消费能力将成为精明的商家看中的市场。

② 新的营销空间:进入商圈的限定条件为广播的广告经营创造客户资源,广播现有广告客户也可成为商圈的最初商户,开拓出新的营销方式。

③ 技术和资本共同推进:广播与互联网之间,不是此消彼长的生死存亡,而是相伴相生的新型伙伴,借助"互联网＋智慧交通云平台"项目不断创新的思维在大时代唱响最好的主旋律。

④ 全新模式转变:首先,交通广播不再只是本土最强大的广播媒体,而是转变为提供各种交通服务和生活资讯等信息的专业服务提供商;其次,广播的听众也发生了转变,他们成为使用该平台接受服务的用户。这一变化使得广播成为更加综合和创新的交通服务平台。

(2) 成果分析

广播和互联网之间的关系不是竞争与生存的关系,而是一种相互合作的新型伙伴关系。通过采用"互联网＋智慧交通云平台"项目,贵州交通广播可以为用户提供更好的交通信息和服务。传统媒体能够凭借不断创新的思维在大时代唱响最好的主旋律这一变化,是技术和资本共同推进的,其核心是解构和颠覆,任何人无法阻挡。历史经验告诉我们,在变革时刻

第12章

我们需要顺势而为，借机重新定义交通广播。这种创新的模式转变展现了无限的前景和市场潜力。

12.4　未来趋势

截至 2022 年，中国的城市化率已达到 65.22%。随着城市化进程的不断推进，交通问题成为其中的一大挑战。研究表明，交通拥堵和交通管理失误所导致的经济损失占城市人均可支配收入的 20%，相当于每年 GDP 损失的 5%~8%。随着城市发展速度的加快，城市车辆数量飞速增长，各个城市都面临不同程度的交通拥堵问题。目前，能耗和拥堵问题是城市交通中最突出的问题。在交通领域，高能耗是限制交通事业和谐发展的首要问题。随着节能减排政策的提出，交通管理部门迫切需要思考如何通过交通监管来降低能源消耗。因此，将智能交通系统应用于交通运输管理变得势在必行。以物联网、大数据、人工智能等新技术为代表的智能交通技术可以有效解决交通拥堵、停车资源有限、红绿灯调控不合理等问题，最终实现智能交通的目标。

智慧公路管理通过动态分析，在当前交通系统中做出更科学的交通管制决策，以节省车辆行驶时间，缓解交通拥堵，提高交通流畅性。基于大数据技术的智能交通管理系统可以有效分析和整合实时交通信息，并应用各种先进交通技术改善城市的通行情况和减少交通能耗。通过分析智能交通系统的数据，可以了解不同时间和空间上的车流分布特征。在大数据技术的支持下，可以进一步了解交通路段的拥堵指数，提前预测可能出现拥堵的时间和路段等。大数据技术的应用使人们对交通运输规律逐渐了解，提高了交通系统的抗风险能力，同时科学合理地规划交通路线，提高交通监管效果，降低交通能耗，为未来的城市交通建设提供宝贵的参考和全面提高城市交通规划质量。交通管理系统主要收集车辆信息和行驶轨迹等数据，通过综合和全面地分析这些信息，判断当前交通拥堵情况，利用信息发布渠道为交通参与者提供出行建议，帮助他们规划最高效的路线，缓解道路交通拥堵，提高交通运行效率。

物联网技术应用于交通领域的四大场景主要有停车引导、车辆信息采集和引导、智能公共交通、被动安全。停车诱导是交通信息采集和引导的一部分，其目的是帮助驾驶员找到适当的停车位，提高停车服务水平，并减少空驶和碳排放。车辆信息采集和引导实时收集路网数据，并将其处理为状态信息，用于车载导航和路线选择。目前国内已经在研究和示范中采用了 VMS 形式发布个性化车载导航信息。智能公共交通利用公交车 GPS 定位实时获得公交车辆在途信息，优化调度和合理配车，实时发布公交车辆到站信息，并提供网络和其他智能终端的公交换乘查询服务。被动安全通过外围设施的辅助控制来保护行人和驾驶人的交通安全，例如车内疲劳驾驶识别报警、设置防撞设施和安全避险提示等。这些措施明显地降低了交通事故的发生概率。

目前，在物联网环境下，智能交通系统的有效应用主要包括以下几个方面：

① 共享汽车：共享经济催生了一场新的科技革命，共享单车和共享汽车行业便快速崛起，显著提升了交通工具的利用效率，有效缓解了众多交通问题。物联网、大数据和人工智能的发展给移动出行带来了革命性的改变。由于传统汽车租赁经营模式未能与物联网融合，其发展较为缓慢，逐渐被共享汽车所取代。因此，汽车租赁企业应充分运用智能化理念来改变传统的运营模式，物联网技术将为汽车租赁行业提供全新理念，以实现人们高效便捷的出

行需求。

② 智能网联汽车：近几年来，随着 5G 技术的推广应用，智能网联汽车必将成为新一轮科技革命背景下的新兴产物。智能网联汽车是由车联网与智能汽车有机结合而成的一体化系统，将传感系统、决策系统和执行系统融合成一个综合体，并结合现代通信和网络技术，实现车辆与车辆、道路、行人、云等之间智能信息的交换和共享。它具备复杂环境感知、智能决策和协同控制等功能，是未来交通问题的有效解决方案，同时也指明了汽车行业未来的发展方向。智能网联汽车作为一个跨技术、跨产业领域的新兴汽车体系，具有显著的潜力来改善交通安全问题、实现节能减排、减缓交通拥堵和提高交通效率。

③ 智能交通信号灯：传统交通信号灯已无法满足智能交通的需求，无法根据行人和车辆流量动态调整工作时间，无形之中增加了道路通行的压力。现代智能交通灯控制系统可利用大数据技术根据行人和车辆的流量进行实时动态调整，确保时空资源的高效利用，一些城市的智能交通信号灯具备特殊车辆检测功能，例如救护车、消防车和警车等，可以实时切换信号灯的操作状态，以确保周围的车辆和行人安全。

④ 高速公路 ETC 电子收费系统：传统的高速路口采用人工收费方式，需通行车辆等候缴费，必然会增加收费路段的通行压力，这种情况导致了车辆燃油消耗增加和尾气排放超标，给环境带来了严重的污染，并给收费人员带来了繁重的工作负担。高速公路 ETC 电子收费系统是一种全天候智能系统，实现了车辆无须停车即可进行收费。该系统结合了无线通信、自动控制、传感技术、计算机网络和信息处理、图像识别和匹配等多种现代高新智能技术。当车辆通过安装了 ETC 系统的收费站时，系统会自动记录车辆的信息，快速完成车辆的登记、建档和收费工作，并对信息进行处理，整个过程无须人为干预。这有效提高了车辆通行速度，降低了用工成本，避免了收费站堵塞的情况，彰显了智能交通的魅力。

⑤ 交通信息服务系统：机动车保有量的增多所带来的问题不只是堵车这一方面，随之而来的还有交通事故多发、能源消耗过多等现象。这些问题的出现会对我们的日常生活造成一定的困扰。随着交通信息服务系统的出现，这些问题将逐渐减少，车辆的出行信息、道路的安全隐患都可以通过该系统准确了解，给人们出行安全提供了科学保障。车辆在运行过程中，通过车辆或者气象中心的传感器进行数据共享，这样更有利于行驶的车辆获取道路信息。人们在驾车出行的时候，可以结合这些信息，规划好自己的行程路线和掌握出行天气状况，如果经过交通拥堵地段，根据这些有利信息我们可以提前规划最优的交通路线，提前更改出行计划，选择不容易堵车的路段，从而减少出行过程中的时间浪费。车辆的疏散通行，很大程度上使车辆在路段上均匀分布，减少了交通事故的发生概率。

⑥ 智能公共交通系统：公共交通系统最主要的还是应用到了不同方式的信息技术，从而进行高效的交通运输过程，使公共交通系统实现更加高效、更加经济的运输目的，运量也会随之增大。随着物联网智能技术在交通领域的广泛应用，城市的公共交通运输方式也变得越来越先进。利用互联网和公交车上的公共电视等设施，公众可以方便地选择出行方式，并获取相关路线和车次的咨询信息。在乘客乘坐公交车的过程中，车辆内部配备的语音播报功能会及时向乘客播报路况信息，这样乘客就可以了解到车辆的运行进程，在到达自己的目的地之前做好下车准备。该系统主要运用在公交车辆管理中心，可以根据公交车辆的运行信息，为客户推送车辆运行动态位置信息，并根据短期内的平均客流量做出合理的车辆调度计划。这样既提高了工作效率，也在车辆运行过程中让乘客感受到高服务质量。

⑦ 紧急救援系统：大多数车辆都装有 GPS 定位导航系统，紧急救援是一种专门设计应

用于紧急情况的系统，旨在提供及时、高效的救援服务。通过 ATIS（交通信息系统）以及 ATMS（交通管理系统）将交通路段实时情况和救援机构结合在一起构成一个整体，为在行驶中的车辆提供紧急避险车道以及最佳的道路规划路线。发生交通事故的车辆，道路交通管理人员会在接收到讯息后第一时间对车辆进行拖车和现场救护，具体的表现为：车辆在遇到交通事故后在允许范围内可根据电话、短信了解车辆的具体位置和车辆的行驶轨迹。当然交通事故不只是车辆碰撞或者车辆故障，还有车辆丢失这个问题，出现这种问题，车主完全可以对丢失的车辆进行远程操控，使车辆断油断电强行停止，运用定位系统找到车辆目前的位置，并对自己的车辆进行追踪找回。交通意外是交通事故发生的一个主要原因，而导致交通意外的因素有很多。无论是外部因素还是内部因素造成的交通意外事故，安装该系统的车辆都能自动识别出事故发生的情况。一旦发生交通意外，系统将在十秒钟后自动触发求助电话或求助信号，通知救援人员进行紧急救援。

⑧ 车辆控制系统：车辆控制系统也是近几年比较热门的一个话题，从推出无人驾驶汽车开始，这股浪潮就一直存在着。但要注意的是无人驾驶最好还是应用在智能公路上，在普通的公路行驶就仅仅是一辆加了安全辅助系统的普通车辆。

智能交通系统是交通现代化建设的重要组成部分，符合国家对交通运输的重大需求。它旨在解决我国综合运输效率低下、公众出行不便、交通安全形势严峻、交通服务水平滞后等紧迫问题，并以应用需求为导向，持续推动智能交通的创新引领和发展。这是我国智能交通行业未来发展的主要思路，承前启后，不断创新，推动智能交通行业持续发展。

本章小结

本章首先阐述了交通大数据的问题与挑战、基本概念与发展历程，然后通过路面异常智能巡逻、上海智慧交通云服务和贵州交广"互联网＋智慧交通云平台"的 3 个案例，分析了交通大数据在智能交通领域的应用。

交通大数据包含交通流量数据、交通安全数据、交通拥堵数据、交通需求数据、交通行为数据、交通设施数据、交通服务数据、交通环境数据、交通运营数据、交通管理数据等。

交通大数据的应用可以实时监测和分析交通情况，优化交通控制和资源分配，提高交通效率、安全性和服务质量，改善交通安全，减少交通拥堵。互联网和交通大数据的结合为智慧交通带来了更多创新的解决方案，为数据驱动的智能交通系统、数据驱动的智能交通管理、数据驱动的智能交通服务、数据驱动的智能交通分析、数据驱动的智能交通决策等多个方面带来了更多的机遇。

习题

1. 请阐述交通大数据管理目前面临的问题有哪些。
2. 请阐述基于大数据技术的智能交通有哪些主要优势。
3. 请简述交通大数据的类别。
4. 请简述案例一中动态时间规整算法如何实现路面异常"智能巡逻"。

5. 请简述案例二中云平台系统有什么特点。

6. 请简述案例三中"互联网＋智慧交通云平台"具有哪些主要特点。

7. 请阐述物联网技术应用于交通领域的四大场景。

8. 请阐述智能交通系统的有效应用主要包括几个方面。

参考文献

[1]　李燕妮. 大数据技术在智能交通领域的应用［J］. 西部交通科技，2021，168（07）：143-146.

[2]　朱笠. 国内大数据与交通研究综述［C］//新常态：传承与变革——2015 中国城市规划年会论文集（04 城市规划新技术应用），2015：717-726.

[3]　谢成. 大数据下智能交通系统的发展综述［J］. 通讯世界，2019，26（07）：187-188.

[4]　孙马驰. 大数据背景下智能交通系统发展综述［J］. 科技风，2018（24）：82-83.

[5]　岳建人. 大数据技术在智能交通管理中的运用研究［J］. 投资与合作，2021，363（02）：175-176.

[6]　韩轶. 基于大数据技术的智能交通管理模式探析［J］. 黑龙江交通科技，2021，44（05）：163-164.

[7]　费晔. 建设具有"公交优先"特色的上海智慧交通云服务平台方案［J］. 计算机应用与软件，2018，35（07）：169-172.

[8]　刘述平，赵瑜."互联网＋智慧交通云平台"应用浅析——以贵州交广为例［J］. 中国广播电视学刊，2016（10）：102-104.

[9]　陈立新. 基于物联网环境下智能交通系统应用研究［J］. 时代汽车，2022，391（19）：181-183.

[10]　赵启林. 浅析大数据技术在交通领域的应用［J］. 科技传播，2020，12（08）：103-104.

[11]　林群，关志超，杨东援，等. 基于手机数据的城市交通规划决策支持系统研究［C］//全国智能交通系统协调指导小组，全国清洁汽车行动协调领导小组，中国智能交通协会，深圳市人民政府. 第五届中国智能交通年会暨第六届国际节能与新能源汽车创新发展论坛优秀论文集（上册）——智能交通. 北京：电子工业出版社，2009，7：205-211.

[12]　TORRE-BASTIDA A I，DEL SER J，LAÑA I，et al. Big data for transportation and mobility：recent advances，trends andchallenges［J］. IET Intelligent Transport Systems，2018，12（8）：742-755.

[13]　NEILSON A，DANIEL B，TJANDRA S. Systematic review of the literature on big data in the transportation domain：concepts and applications［J］. Big Data Research，2019，17：35-44.

[14]　ZHENG X，CHEN W，WANG P，et al. Big data for socialtransportation［J］. IEEE Transactions on Intelligent Transportation Systems，2015，17（3）：620-630.

[15]　WELCH T F，WIDITA A. Big data in public transportation：a review of sources andmethods［J］. Transport reviews，2019，39（6）：795-818.

[16]　ZHU L，YU F R，WANG Y，et al. Big data analytics in intelligent transportation systems：Asurvey［J］. IEEE Transactions on Intelligent Transportation Systems，2018，20（1）：383-398.

[17]　WANG C，LI X，ZHOU X，et al. Soft computing in big data intelligent transportation systems［J］. Applied Soft Computing，2016，38：1099-1108.